全国专业技术人员新职业培训教程

人工智能工程技术人员 初级

人工智能应用产品集成实现

人力资源社会保障部专业技术人员管理司　组织编写

中国人事出版社

图书在版编目(CIP)数据

人工智能工程技术人员：初级．人工智能应用产品集成实现／人力资源社会保障部专业技术人员管理司组织编写．--北京：中国人事出版社，2023

全国专业技术人员新职业培训教程

ISBN 978-7-5129-1804-7

Ⅰ.①人… Ⅱ.①人… Ⅲ.①人工智能-应用-技术培训-教材 Ⅳ.①TP18

中国国家版本馆 CIP 数据核字（2023）第 071344 号

中国人事出版社出版发行

（北京市惠新东街 1 号　邮政编码：100029）

＊

保定市中画美凯印刷有限公司印刷装订　　新华书店经销

787 毫米 ×1092 毫米　16 开本　25.5 印张　383 千字

2023 年 6 月第 1 版　2023 年 6 月第 1 次印刷

定价：65.00 元

营销中心电话：400-606-6496

出版社网址：http://www.class.com.cn

版权专有　　侵权必究

如有印装差错，请与本社联系调换：（010）81211666

我社将与版权执法机关配合，大力打击盗印、销售和使用盗版图书活动，敬请广大读者协助举报，经查实将给予举报者奖励。

举报电话：（010）64954652

本书编委会

指导委员会

主　　任：杨建军

副 主 任：吕卫锋

委　　员：龚怡宏　闵华清　陶建华

编审委员会

总 编 审：孙文龙

副总编审：吴东亚

主　　编：毛新勇

副 主 编：张　馨　卢瑞炜

编写人员：李　斌　李　沨　袁志坚　钱鹏江　姚　健　范　超　蒋亦樟
　　　　　汪冠春　褚　瑞　杨晴虹　原　鑫　王　滨

主审人员：戴忠建　陶建华　常　鹏　张治斌

出版说明

当今世界正经历百年未有之大变局，我国正处于实现中华民族伟大复兴关键时期。在全球经济低迷，我国加快形成以国内大循环为主体、国内国际双循环相互促进的新发展格局背景下，数字经济发挥着提振经济的重要作用。党的十九届五中全会提出，要发展战略性新兴产业，推动互联网、大数据、人工智能等同各产业深度融合，推动先进制造业集群发展，构建一批各具特色、优势互补、结构合理的战略性新兴产业增长引擎。"十四五"期间，数字经济将继续快速发展、全面发力，成为我国推动高质量发展的核心动力。

近年来，人工智能、物联网、大数据、云计算、数字化管理、智能制造、工业互联网、虚拟现实、区块链、集成电路等数字技术领域新职业不断涌现，这些新职业从业人员通过不断学习与探索，将推动科技创新、释放巨大能量，推动人们生产生活方式智能化、智慧化、数字化，推动传统产业转型升级，为经济高质量发展注入强劲活力。我国在技术、消费与应用领域具备数字经济创新领先优势，但还存在数字技术人才供给缺口较大、关键核心技术领域自主创新能力不足、数字经济与实体经济融合的深度和广度不够等问题。发展数字经济，推进数字产业化和产业数字化，推动数字经济和实体经济深度融合，急需培育壮大数字技术工程师队伍。

人力资源社会保障部会同有关行业主管部门将陆续制定颁布数字技术领域国家职业标准，坚持以职业活动为导向、以专业能力为核心，遵循人才成长规律，对从业人员的理论知识和专业能力提出综合性引导性培养标准，为加快培育数字技术人才提供基本依据。根据《人力资源社会保障部办公厅关于加强新职业培训工作的通知》（人社厅发〔2021〕28号）要求，为提高新职业培训的针对性、有效性，进一步发挥新职业培训促进更好就业的作用，人力资源社会保障部专业技术人员管理司组织相关领域的专家学者编写了全国专业技术人员新职业培训教程，供相关领域开展新职业培训使用。

本系列教程依据相应国家职业标准和培训大纲编写，划分初级、中级、高级三个等级，有的职业划分若干职业方向。教程紧贴数字技术人员职业活动特点，定位于全国平均水平，且是相关数字技术人员经过继续教育或岗位实践能够达到的水平，突出该职业领域的核心理论知识、主流技术及未来发展要求，为教学活动和培训考核提供规范和引导，将帮助广大有意或正在从事数字技术职业人员改善知识结构、掌握数字技术、提升创新能力。

希望本系列教程的出版，能够在加强数字技术人才队伍建设、推动数字经济快速发展中发挥支持作用。

目 录

第一章　人工智能应用集成基础 ……………… 001
　第一节　人工智能应用集成实现基础 ……………… 003
　第二节　人工智能应用集成实现典型应用 ………… 011
　第三节　人工智能应用集成实现职业发展 ………… 020

第二章　人工智能应用集成需求分析 ……………… 027
　第一节　人工智能应用的用户需求收集与分析 …… 029
　第二节　人工智能产品的需求分析 ………………… 040
　第三节　人工智能应用集成需求分析文档规范 …… 053

第三章　人工智能应用集成设计开发 ……………… 071
　第一节　人工智能应用数据梳理及分析方法 ……… 073
　第二节　人工智能应用相关模块代码开发 ………… 131
　第三节　人工智能应用接口的基础性开发 ………… 144
　第四节　应用集成设计开发案例 …………………… 156

第四章　人工智能应用集成产品交付 ……………… 171
　第一节　人工智能应用集成的交付及实施 ………… 173
　第二节　人工智能应用集成交付文档编制 ………… 208

第三节　人工智能应用集成产品交付案例………… 218

第五章　人工智能应用集成产品运维…………… 235
第一节　基于手册的人工智能产品部署与操作…… 237
第二节　基于手册的人工智能产品运维…………… 251
第三节　运维日志和运维文档撰写………………… 261

第六章　人工智能应用集成产品认知实操………… 271
第一节　人工智能开源工具………………………… 273
第二节　工业 AI 图学习算法开源工具 …………… 304
第三节　有监督学习性能劣化场景构建
　　　　认知实验………………………………… 331
第四节　无监督学习性能劣化场景构建
　　　　认知实验………………………………… 362

参考文献………………………………………… 391

后记……………………………………………… 395

第一章
人工智能应用集成基础

人工智能应用集成就是建立一个统一的综合应用，面向人工智能应用场景，将基于各种不同平台、用不同方案建立的应用软件、各种硬件和算法等，有机地集成到一个无缝的、并列的、易于访问的单一系统中，并使它们像一个整体一样，进行业务处理和信息共享，提供人工智能业务能力，满足用户总体人工智能需求。应用集成由数据库、业务逻辑以及用户界面三个层次组成。它是一个面向用户的应用技术。

- **职业功能：** 人工智能应用集成的基础知识。
- **工作内容：** 人工智能应用集成涉及算法模型选型，智能应用集成开发，集成接口设计，集成部署调试等方向。
- **专业能力要求：** 能够了解不同领域的机器学习和深度学习模型，能够使用智能开发平台和智能开发框架进行应用开发，能够设计实现应用集成接口，了解交付流程和调试优化。
- **相关知识要求：** 机器学习的概念、机器学习和深度神经网络的评估和调优方法、深度学习框架的使用方法、深度学习的并行训练方法、模型压缩方法、需求调研方法、集成接口设计方法、数据处理和分析方法、通用集成技术、故障排查与修复方法、应用集成评估方法、可行性研究方法。

第一节　人工智能应用集成实现基础

考核知识点及能力要求：

- 熟悉可行性研究方法；
- 熟悉通用集成技术；
- 熟悉集成接口设计方法。

一、可行性研究

可行性研究是指在项目投资决策前，对项目有关工程技术、经济、社会等方面的条件和情况进行调查、研究和分析。机会研究、初步可行性研究、详细可行性研究、评估与决策是投资前期的四个阶段。其中，前两个阶段可以省略或合并，详细可行性研究不可缺少。

可行性研究是立项前的重要工作，信息系统的可行性包括可能性、效益性和必要性三个方面。可能性包括技术、物资、资金和人员支持的可行性；效益性包括经济效益和社会效益；必要性包括社会环境、领导意愿、人员素质、认知水平等。

信息系统项目的可行性研究包括技术可行性、经济可行性、运行环境可行性、法律可行性、执行可行性等方面分析。

（1）技术可行性分析。技术可行性分析是指在当前市场的技术、产品条件限制下，能否利用现在拥有的以及可能拥有的技术能力、产品功能、人力资源来实现项目的目标、功能、性能，能否在规定的时间内完成整个项目。

技术可行性分析往往决定了项目的方向，一旦开发人员在评估技术可行性分析时估计错误，将会出现严重后果，造成项目根本上的失败。要确定使用现有技术能否实现系统，就要对开发系统的功能、性能、限制条件进行分析，确定在现有资源条件下，技术风险有多大，系统能否实现。

（2）经济可行性分析。经济可行性分析就是进行开发成本的估算，以及了解取得效益的评估，确定要开发的系统是否值得投资开发。对于大多数系统，一般衡量经济上是否合算，应考虑一个最小利润值。经济可行性研究范围较广，包括成本效益分析、公司经营长期策略、开发所需的成本和资源、潜在的市场前景等。除经济效益外，在可行性分析方面，还应包括项目实施对社会环境、自然环境的影响，以及可能带来的社会效益分析。

（3）运行环境可行性分析。运行环境是制约信息系统在用户单位发挥效益的关键。因此，其可行性分析需要从用户单位的管理体制、管理方法、规章制度、工作习惯、人员素质，甚至包括人员的心理承受能力、接受新知识和技能的积极性数据资源积累、硬件（包含系统软件）平台等多方面进行评估，以确定软件系统在交付以后，是否能够在用户单位顺利运行。在进行操作可行性分析时，可以重点评估是否可以建立系统顺利运行所需要的环境，以及建立这个环境所需要进行的工作，以便可以将这些工作纳入项目计划之中。

（4）法律可行性分析。法律可行性分析主要是指在信息系统开发过程中可能涉及的各种合同、侵权、责任以及各种与法律相抵触的问题，特别是在系统开发和运行环境、平台和工具方面，以及产品功能和性能方面，往往存在一些软件版权问题，是否能够购置所使用环境、工具的版权，有时也可能影响项目的建立。

（5）执行可行性分析。执行可行性分析是指信息系统使用单位在行政管理、工作制度和人员素质等因素上能否满足系统操作方式的要求。最常见的问题就是人和制度的问题，人为抵触信息系统的投入和使用。

可行性研究的步骤：

1）确定项目规模和目标；

2）研究正在运行的系统；

3）建立新系统的逻辑模型；

4）导出和评价各种方案；

5）推荐可行性方案；

6）编写可行性研究报告；

7）递交可行性研究报告。

二、系统集成

系统集成是指将计算机软件、硬件、网络通信等技术和产品集成为能够满足用户特定需求的信息系统，包括总体策划、设计开发、实施、服务及保障。网络协议是为计算机网络中进行数据交换而建立的规则、标准或约定的集合。网络协议由三个要素组成，分别是语义、语法和时序。语义表示要做什么，语法表示要怎么做，时序表示做的顺序。具体来说，语义是解释控制信息每个部分的含义，它规定了需要发出何种控制信息，以及完成的动作与做出什么样的响应；语法是用户数据与控制信息的结构与格式，以及数据出现的顺序；时序是对时间发生顺序的详细说明。

1. 开放系统互连参考模型（OSI）

OSI，其目的是为异种计算机互连提供一个共同的基础和标准框架，并为保持相关标准的一致性和兼容性提供共同的参考。OSI 采用了分层的结构化技术，从下到上共分为七层。

（1）物理层：包括物理联网媒介，如电缆连线连接器。该层的协议产生并检测电压以便发送和接收携带数据的信号。物理层具体标准有 RS232、V.35、RJ-45、FDDI。

（2）数据链路层：控制网络层和物理层之间的通信。该层的主要功能是将从网络层接收到的数据分割成特定的可被物理层传输的帧。数据链路层常见的协议有 IEE802.3/2、HDIC、PPP、ATM。

（3）网络层：主要功能是将网络地址（例如 IP 地址）翻译成对应的物理地址（例如网卡地址），并决定如何将数据从发送方路由到接收方。在 TCP/IP 协议中，网络层具体协议有 IP、ICMP、IGMP、IPX、ARP 等。

（4）传输层：主要负责确保数据可靠、顺序、无错地从 A 点传输到 B 点。在

TCP/IP 协议中，传输层具体协议有 TCP、UDP、SPX。

（5）会话层：负责在网络中的两节点之间建立和维持通信，以及提供交互会话的管理功能，如三种数据流方向的控制，即一路交互、两路交替和两路同时会话模式。会话层常见协议有 RPC、SQL、NFS。

（6）表示层：如同应用程序和网络之间的翻译官。在该层，数据将按照网络能理解的方案进行格式化，这种格式化也因所使用的网络的类型不同而不同。该层管理数据的解密加密、数据转换、格式化和文本压缩。表示层常见的协议有 JPEG、ASCII、GIF、DES、MPEG。

（7）应用层：负责对软件提供接口以使程序能使用网络服务，如事务处理程序、文件传送协议和网络管理等。在 TCP/IP 协议中，应用层常见的协议有 HTTP、Telnet、FTP、SMTP。

2. 网络设备

当前，信息在网络中的传输主要有以太网技术和网络交换技术，而网络交换技术日渐普及。网络交换是指通过一定的设备，将不同的信号或者信号形式转换为对方可识别的信号类型从而达到通信目的的一种交换形式，常见的有数据交换、线路交换、报文交换和分组交换。

中继器：工作在物理层，对接收信号进行再生和发送，只起到扩展传输距离的作用，对高层协议是透明的，但使用个数有限（以太网中只能使用4个）。

网桥：工作在数据链路层，根据帧物理地址进行网络之间的信息转发，可缓解网络通信繁忙度，提高效率，只能够链接相同 MAC 层的网络。

路由器：工作在网络层，通过逻辑地址进行网络之间的信息转发，可完成异构网络之间的互联互通，只能连接使用相同网络层协议的子网。

网关：工作在高层（第4~7层），是最复杂的网络互联设备，用于连接网络层以上执行不同协议的子网。

集线器：工作在物理层，是多端口中继器。

二层交换机：工作在数据链路层，是指传统意义上的交换机，多端口网桥。

三层交换机：工作在网络层是带路由功能的二层交换机。

多层交换机：高层（第 4~7 层）是带协议转换的交换机。

3. 网络服务器

网络服务器是指在网络环境下运行相应的应用软件，为网上用户提供共享信息资源和各种服务的一种高性能计算机（或者计算机集群）。

4. 网络存储技术

目前，主流的网络存储技术主要有三种，分别是直接附加存储（DAS）、网络附加存储（NAS）和存储区域网络（SAN）。网络存储技术的目的都是为了扩大存储能力，提高存储性能。这些存储技术都能提供集中化的数据存储并有效存取文件；支持多种操作系统，并允许用户通过多个操作系统同时使用数据；可以从应用服务器上分离存储，并提供数据的高可用性；同时，都能通过集中存储管理来降低长期的运营成本。因此，从存储的本质上来看，它们的功能都是相同的。事实上，它们之间的区别正在变得模糊，所有的技术都在用户的存储需求下接受挑战。在实际应用中，需要根据系统的业务特点和要求（如环境要求、性能要求、价格要求等）进行选择。

5. 网络接入技术

目前，接入互联网的主要方式可分为两个大的类别，即有线接入和无线接入。其中，有线接入方式包括 PSTN、ISDN、ADSL、FTTx+LAN 和 HFC 等，无线接入方式包括 3G、4G 和 5G 接入等。

6. 网络规划与设计

人工智能应用集成开发是一个极其复杂的系统工程，是对计算机网络、信息系统建设和项目管理等领域知识的综合利用的过程，项目团队必须根据用户单位的需求和具体情况，结合当前网络技术的发展和产品化程度，经过充分的需求分析和市场调研，确定网络设计方案，依据方案有计划、分步骤地实施。按照实施过程的先后，网络工程可分为网络规划、网络设计和网络实施三个阶段。

7. 数据库管理系统

目前，常见的数据库管理系统主要有 Oracle、MySQL、SqlServer、MongoDB 等。其中，前三种为关系型数据库，而 MongoDB 是非关系型数据库。Oracle 是流行的关系数据库管理系统，系统可移植性好，使用方便，功能强，适用于各类大、中、小、微机环境,是一种高效率、可移植性好的适应高吞吐量的数据库解决方案。

8. 数据仓库技术

数据仓库是一个面向主题的、集成的、非易失的,且随时间变化的数据集合,用于支持管理决策。传统的数据库系统中缺乏决策分析所需的大量历史数据信息,因为传统的数据库一般只保留当前或近期的数据信息。为了满足中高层管理人员预测、决策分析的需求,在传统数据库的基础上产生了能够满足预测、决策分析需要的数据环境——数据仓库。

9. 中间件技术

关于中间件,目前还没有形成一个统一的定义,下面是两种现在普遍比较认可的定义:

(1)中间件是在一个分布式系统环境中处于操作系统和应用程序之间的软件。

(2)中间件是一个独立的系统软件或服务程序,位于客户机服务器的操作系统之上,管理计算资源和网络通信。分布式应用软件借助这种软件在不同技术之间共享资源。

中间件作为一大类系统软件,与操作系统、数据库管理系统并称"三套车",优越性体现在:缩短应用的开发周期,节约应用的开发成本,减少系统初期的建设成本,降低应用开发的失败率,保护已有的投资,简化应用集成,减少维护费用,提高应用的开发质量,保证技术进步的连续性,增强应用的生命力。

10. 高可用性和高可靠性的规划与设计

可用性是系统能够正常运行的时间比例。可靠性是软件系统在应用或系统错误面前,在意外或错误使用的情况下,维持软件系统的功能特性的基本能力。高可用性通常用来描述一个系统经过专门的设计,从而减少停工时间,而保持其服务的高度可用性。高可靠性指的是运行时间能够满足预计时间的一个系统或组件。

三、集成接口

API(Application Programming Interface,即应用程序编程接口),是一些预先定义的函数,目的是提供应用程序与开发人员基于某软件或硬件得以访问一组例程的能力,而又无须访问源码,或理解内部工作机制的细节。

智能应用集成一般通过网络进行调用，Web API（网络应用程序接口）是智能应用常见的服务提供方式。Web API 包含广泛的功能，网络应用通过 API 接口，可以实现存储服务、消息服务、计算服务等能力，利用这些能力可以进而开发出强大功能的智能应用。常见的 Web API 有 REST、RPC、MQ 等。

（一）REST

REST 架构风格最初由罗伊·菲尔丁（Roy T. Fielding，HTTP/1.1 协议专家组负责人）在其 2000 年的博士学位论文中提出。HTTP 就是该架构风格的一个典型应用。从其诞生之日开始，它就因其可扩展性和简单性受到越来越多的架构师和开发者们的青睐。一方面，随着云计算和移动计算的兴起，许多企业愿意在互联网上共享自己的数据、功能；另一方面，在企业中，RESTful API（也称 RESTful Web 服务）也逐渐超越 SOAP 成为实现 SOA 的重要手段之一。时至今日，RESTful 架构风格已成为企业级服务的标配。

RESTful 架构风格规定，数据的元操作，即 CRUD（create, read, update 和 delete，即数据的增删查改）操作，分别对应于 HTTP 方法：GET 用来获取资源，POST 用来新建资源（也可以用于更新资源），PUT 用来更新资源，DELETE 用来删除资源，这样就统一了数据操作的接口，仅通过 HTTP 方法，就可以完成对数据的所有增删查改工作。即

GET（SELECT）：从服务器取出资源（一项或多项）。

POST（CREATE）：在服务器新建一个资源。

PUT（UPDATE）：在服务器更新资源（客户端提供完整资源数据）。

PATCH（UPDATE）：在服务器更新资源（客户端提供需要修改的资源数据）。

DELETE（DELETE）：从服务器删除资源。

（二）RPC

RPC（Remote Procedure Call）即远程过程调用，是一种标准，可屏蔽底层通信细节，可以直接调用。简单地说，RPC 就是从一台机器（客户端）上通过参数传递的方式调用另一台机器（服务器）上的一个函数或方法（可统称为服务）并得到返回的结果。RPC 在使用形式上像调用本地函数（或方法）一样去调用远程的函数（或方法）。

RPC 的主要功能目标是让构建分布式计算（应用）更容易，在提供强大的远程调用能力时不损失本地调用的语义简洁性。为实现该目标，RPC 框架需提供一种透明调用机制让使用者不必显式的区分本地调用和远程调用。

常见的 RPC 框架有阿里的 Dubbo/Dubbox、Google gRPC、Spring Boot/Spring Cloud。

（三）MQ

MQ（Message Queue）即消息队列，是基础数据结构中"先进先出"的一种数据结构，是指把要传输的数据（消息）放在队列中，用队列机制来实现消息传递——生产者产生消息并把消息放入队列，然后由消费者去处理。消费者可以到指定队列拉取消息，或者订阅相应的队列，由 MQ 服务端给其推送消息，如图 1-1 所示。

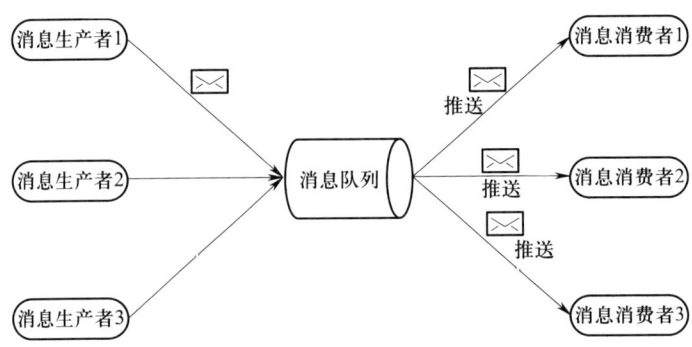

图 1-1　消息队列流程

消息队列中间件是分布式系统中重要的组件，主要解决应用解耦、异步消息、流量削峰等问题，实现高性能、高可用、可伸缩和最终一致性架构。

解耦：一个业务需要多个模块共同实现，或者一条消息有多个系统需要对应处理，只需要主业务完成以后发送一条 MQ，其余模块消费 MQ 消息，即可实现业务，降低模块之间的耦合。

异步：主业务执行结束后从属业务通过 MQ，异步执行，减低业务的响应时间，提高用户体验。

削峰：高并发情况下，业务异步处理，提供高峰期业务处理能力，避免系统瘫痪。

主要的 MQ 产品包括 RabbitMQ、ActiveMQ、RocketMQ、ZeroMQ、Kafka、IBM WebSphere 等。

第二节　人工智能应用集成实现典型应用

考核知识点及能力要求：

● 人工智能应用集成实现典型应用。

目前的人工智能应用集成已经在各个领域有所体现，这里以某企业智能管理应用集成系统为例。整个智能管理应用集成系统的开发过程分为4个部分：需求分析、设计开发、产品交付、产品维护。该系统的整体架构如图1-2所示。

一、需求分析

企业智能化建设近年来取得了长足的发展。但目前智能办公、智能设备监控、智慧营业厅等核心业务仍未实现智能化办理，同时面向单一业务建设，难以满足跨部门跨业务的信息化需求，面临标准不统一、信息孤岛、缺少统一的应用系统门户等诸多问题。

（1）企业级智能办公系统存在部分缺失，核心业务未实现智能化办理。企业部分核心业务如基层常用文档写作等仍采用手工管理的方式，未实现所有业务的智能化办理，管理流程冗杂，效率低下。

（2）各类应用系统间基本完全独立、信息孤岛现象突出、数据重复录入、重复管理，而且数据大量不一致。用户在进行单位信息化建设时均是立足于解决本部门工作的需要，各个系统都是于不同的时间，采取不同的标准和数据库，在不同的开发环境下进行建设的，因此系统间彼此独立、各自为政，从而形成了企业网上一个个"信息

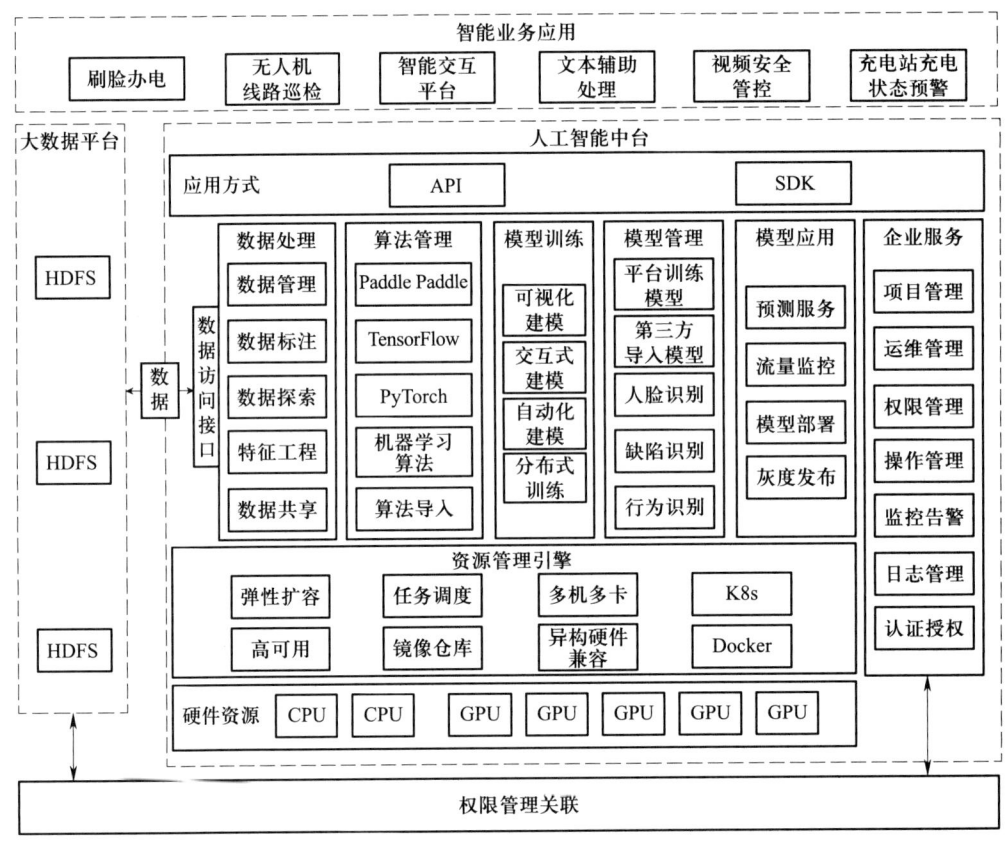

图1-2 某企业智能应用集成系统整体架构

孤岛",信息和资源无法实现高效共享,也造成了信息的重复管理,数据无法实时更新,同一个类别的数据在一个系统上也许已经更新,但是在另一个系统里却没有变化,源数据获取困难。

(3)应用系统建设缺乏顶层设计以及明确的技术要求和技术标准,面临越建越乱的风险。企业各应用的建设未经过统一规划,系统的开发平台、数据库和运行环境千差万别,没有明确的技术规范和要求。随着企业网上应用和资源越来越多,应用缺乏有效的组织和管理,技术升级存在风险,从而也带来业务系统维护成本不断增加的问题。

二、设计开发

(一)设计原则

以平台为框架,无缝集成企业已建和今后新建的业务应用系统。在符合国家行业标准的体系指导下,建设智能电网管理应用平台系统,以该平台系统为框架,无缝集成已建和新建的业务应用系统,促进数据利用的最大化。把数据交换集成、用户管理、统一身份认证、业务数据整合、信息资源展示等都融合起来,以标准、数据、应用、用户作为重点要素为主线进行规划和建设。遵循全面规划、分步实施的原则,为智能化持续建设打下良好基础。

遵循全面规划、分步实施的原则,在充分保障企业现有投资(如业务系统、服务器设备等)下,建设智慧企业平台,以及各系统之间的接口标准与规范,为今后业务系统的建设与整合打下基础。具体设计原则包括先进性原则、扩展性原则、系统安全性原则。

(1)先进性原则:系统设计采用先进的智慧企业理念、先进技术和先进的系统工程方法,建设一个可持续发展的、具有先进性、开放性的智慧化企业。

(2)扩展性原则:系统架构设计合理,考虑对未来的发展,设计充分考虑今后扩展的要求,包括与其他应用系统之间的互联以及系统的扩容能力等,在满足现有系统互联的前提下,能够很好地适应未来信息系统增长的需要。

(3)系统安全性原则:在系统软件设计与建设中,充分考虑系统的安全,包括数据安全、网络安全、传输安全、管理安全等。

(二)系统设计内容

该智能管理应用平台系统包括企业服务管理模块、模型中心、资源管理引擎、智能数据中心、硬件资源中心、智能业务应用平台几个部分。

1. 企业服务管理模块

企业服务管理模块提供用户管理(组织、用户、角色)、运维管理(监控、告警、日志、审计)、系统安全性等参数设置等功能。

(1)用户管理。

用户管理包含三个部分,主要进行组织—项目、用户、角色的管理,帮助企业进行"人"和"事"的精细管理。

组织是用来管理用户所属组织架构,项目是用来进行同一目标的多任务、多实例的管理。通过组织—项目两级,达到项目间权限隔离、同组织或跨组织人员项目协作的目的。

用户管理为企业客户提供统一身份、统一认证、单点登录等产品功能，以解决复杂的身份管理问题。

角色管理是对企业内的不同职能角色的管理，主要用于平台的身份管理和访问控制，通过对不同员工授予不同权限，解决用户的集中授权与管理、资源分享与多用户协同工作等问题。

（2）运维管理。

运维模块提供了从底层 Kubernetes 到不同细分功能模块的多层面运维管理。其基于 Prometheus 建立了完整的监控系统，实时监控各系统软硬件运行状况，并且提供迅速、准确、可靠的故障报警功能，以便相关人员及时发现问题，准确定位问题，快速解决问题，可以大幅度提高系统的整体安全性，及早发现、排除安全隐患。

运维模块包括监控功能、告警功能、日志功能、审计功能四大功能。

监控功能：系统以可视化方式提供了系统概览、系统资源监控、机器池资源监控、系统服务监控、自定义监控。其中，系统概览包括平台计算资源（CPU、人工智能加速卡、内存）、存储卷的使用及剩余情况。系统资源监控包括系统资源的 CPU/ 人工智能加速卡 / 内存的平均使用率、网络平均 IO 等情况。机器池资源监控可查看机器池及节点级别的 CPU、人工智能加速卡、内存的使用及剩余情况，CPU/ 人工智能加速卡 / 内存平均使用率，人工智能加速卡显存 / 算力使用率，网络平均 IO，磁盘 IOPS，磁盘使用，节点目录使用率等指标。系统服务监控提供 JupyterHub、GlusterFS、Docker、K8s 等组件的服务运行情况。自定义监控面板提供业内通用的 Prometheus+Grafana 监控模式，供客户自行获取并编辑需要展示的监控面板。

告警功能：系统支持创建规则，允许指定监控维度、节点、监控项。允许设定监控的阈值和持续时间，以及告警对象。系统支持查看指定时间范围内的告警事件。

日志功能：系统支持查看指定服务、组件、POD 的日志。

审计功能：系统支持对平台的所有操作行为进行审计记录，可查询或导出用户的操作日志，包括用户名、操作时间、IP 地址和操作状态等。

2. 模型中心

模型中心提供模型纳管、多版本模型管理、模型预测发布服务、模型优化、模型转化、模型转换、模型加密、模型分享等功能。下面重点介绍其中的几种。

（1）模型纳管：支持管理本应用系统训练得到的模型，并导入第三方模型进行统一管理。应用系统训练模型可来源于 Notebook 建模、可视化建模、自动化建模及智能产线（智能视觉、智能文本）；第三方导入模型支持从本地上传或从存储选择模型文件，模型类型支持主流框架，包括 TensorFlow、PaddlePaddle、PyTorch、Sklearn、XGBoost、ONNX、PMML 等。支持管理单个模型的多个版本信息。每个版本包括模型名称、模型版本、模型来源、模型状态、模型类型、模型框架、模型网络结构（或算法类型）、模型标签、模型描述等信息。

（2）模型部署：支持将模型快速发布至运行平台，以提供预测推理服务。支持三种部署模式，包括云部署（发布为预测服务）、边缘部署（下发至边缘设备）、离线部署（生成离线部署包）。

（3）模型压缩：在不降低模型推理准确性或可承受准确性的情况下大幅压缩模型复杂度，提升模型性能，从而提升预测推理速度或降低资源消耗。当前支持的压缩方式为量化压缩。

（4）模型加密：支持在导出模型时对模型包进行加密，并提供解密工具，进而对模型文件进行保护。

（5）模型共享：可将模型共享给平台的其他用户使用，共享范围支持当前组织或全平台。

3. 资源管理引擎

资源管理引擎提供服务管理、弹性伸缩、AB 实验、应用接入、监控面板等服务。

资源管理功能对计算资源和存储资源进行丰富灵活的使用控制。

计算资源为 CPU、内存、人工智能加速卡资源配额的集合，规定了一组计算资源的可用能力及使用量上限。通过机器池，可实现资源硬隔离，确保训练和预测服务调度在不同的机器上，或实现企业内部的管理要求。通过资源池，达到项目之间计算资源的软隔离，避免单个项目占用过多资源导致整个平台不可用。支持灵活的资源池定义，通过定义资源类型（CPU/人工智能加速卡）及允许资源使用的服务达到灵活配置的目的，便于针对不同服务提供对应的资源，提升资源的利用效率并且降低企业成本。资源池支持共享或独占使用。硬件方面，支持 GPU、XPU、比特大陆等多种人工智能加速卡，对于主流的加速卡如 V100/P40/T4，支持 GPU 虚拟化（显存切分、算力分时共享）功能，提升 GPU 的利用率。调度策略方面，支持将 CPU 任务优先调度至 CPU 机器上，优化资源使用。

存储模块主要用于存放各类用户在平台中需要使用或产生的数据。整体存储资源管理包括存储源和存储卷两部分功能。其中，存储源主要用于管理存储集群的连接信息，支持多种类型的存储接入及使用（如 GlusterFS、HDFS、NFS、PVC 等，具备可扩展性）。存储卷对应存储集群的某个子目录，可绑定至组织或项目使用。客户可通过设置存储卷的"共享/私有"属性决定存储内部数据对不同项目的可见性，维护数据安全。

（1）服务管理：旨在将用户的模型以 Web Server 的方式运行起来。用户可用 REST API 的形式去复用已经训练好的人工智能模型，执行预测任务（注意目前只支持 Http 协议方式）。出于通用性考虑，服务管理可以使用用户自定义的 Docker 镜像，执行用户指定的"运行命令"将用户所需运行的"模型服务"以 Web Server 的方式运行起来；也可以使用已有框架，用户只需提供训练好的模型，系统自动匹配合适的预测服务镜像；还可以使用内置算法生成的模型部署预测服务。系统将给成功运行的预测服务分配一个"访问地址"，用户可以通过该"访问地址"访问模型服务。此外，在服务管理中还支持 QPS 超分、预测数据收集、挂载存储、静态端口、GPU 共享等人工智能服务运维中所需的高级能力。

（2）弹性伸缩：为预测服务提供了自动扩缩容的能力支援。系统支持根据当前 Pod 资源的使用率（如 CPU、磁盘、内存等），进行 Pod 副本的动态的扩容与缩容，以便减轻各个 Pod 副本的压力。当 Pod 副本负载达到一定的阈值后，会根据扩缩容的策略生成更多新的副本来分担压力；当副本的使用比较空闲时，在稳定空闲一段时间后，还会自动减少副本数量。

（3）AB 实验：是人工智能 S 中对预测服务进行 AB Test 的模块，可无缝对接平台纳管的人工智能服务，方便用户验证模型的线上效果。AB实验模块底层基于百度万亿流量转发引擎BFE，可在超大用户压力、数次流量波峰下平稳运行。用户可以在AB实验模块内创建并管理实验，每个实验内可配置一个对照组服务和多个实验组服务。配置规则支持按流量划分和在请求内自定义规则。

（4）应用接入：是面向应用开发者的预测服务统一接入模块。在应用接入模块中，用户可以再为自己的应用申请若干个预测服务的QPS配额。申请成功后，平台会为用户的应用分配AK/SK，便于服务安全集成到应用中。此外，应用接入还支持可视化测试，即上传图片来获取预测结果。目前，平台提供图像分类、目标检测和图像处理（覆盖图像脱敏）三种交互模板。

（5）监控面板：是服务的统一指标监控平台，面向服务运维人员、模型开发者和应用开发者，提供了不用服务维度和应用维度的监控指标，便于用户追踪服务的运行状况、统计每个应用的服务使用情况等。

4. 智能数据中心

智能数据中心提供数据管理、数据清洗、数据标注等服务。

（1）数据管理：智能数据中心提供了数据集中管理的功能，帮助企业实现数据资产梳理、发挥数据价值。支持对图片、文本、音频、视频四种类型数据的统一管理，支持用户对有标注数据和无标注数据的导入、导出、查看等操作。

（2）数据清洗：智能数据中心提供数据清洗功能，支持对数据集中的图片进行去模糊、去近似、旋转、镜像等多种清洗，提升图片数据质量，方便进行下一步的图片数据标注等操作；同时，支持对数据集中的文本进行去除emoji、繁体转简体、去除url、转utf-8等多种清洗，提升文本数据质量，方便进行下一步的文本数据标注等操作。

（3）数据标注：数据标注为算法训练和算法测试提供了基础支持。智能数据中心提供多种数据标注场景，供客户选择自有数据进行标注。系统会根据数据集类型、选择的标注分类及模板，展示对应的标注操作框、数据类型、标注类型及模板关联关系。

5. 硬件资源中心

硬件资源中心提供了整个应用系统所需要的CPU、GPU等算力资源，以及大部分的集中存储的硬盘等储存资源。

6. 智能业务应用平台

智能业务应用平台提供智能写作、输电通道可视化、智慧营业厅等功能。

（1）智能写作：使用大数据平台的数据进行分析，使用模型中心提供的模型自动展现新事件与热点分析，减少信息筛选成本，显著提升文章素材搜索效率，减少各专业人员文档编写负担。

（2）输电通道可视化：通过云边协同提升边缘智能的识别准确率和实时性，第一时间发现危险，减少重大损失。

（3）智慧营业厅：应用人脸识别技术，实现线上用电业务办理，解决传统营业厅普遍存在的排队时间长、身份识别难度大、业务推荐不精准问题。

三、产品交付

系统试运行期间，承建方应积极工作，尽量完整地使用系统的各项功能，项目维护组现场解决问题，进行客户培训、初始化系统数据等，系统进入正常运行状态；客户应按照系统验收计划的安排，在项目组配合下，进行系统验收，并形成验收报告，经双方领导签字同意后交给项目组归档，通过验收的系统，正式交付用户，用户应给出具交付记录。各阶段产生的相应文档（具体文档以实际为准）如图1-3所示。

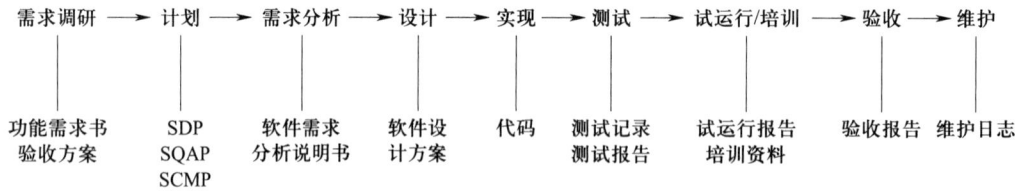

图1-3　系统验收各阶段文档

为了使本项目尽快投入运行，用户应尽最大努力，充分发挥人才优势和技术优势，保证系统按期成功试运行。同时，一个中大型软件的实施需要用户方给予高度的重视及配合。所以，为保证该系统的顺利实施，按时开通，建议用户采取如下措施：

（1）配合项目各小组成立用户方相关项目组。

（2）组织人力配合开发方开展数据采集、录入及校验工作。

（3）明确业务需求：业务需求频繁变化是一个大型计算机系统建设最大的障碍，业务需求不明确，提取不出业务处理原型，会直接影响项目进度。因此，在业务需求不明确的地方，一定要尽早确定，以及本着先运行、再调整的顾大局原则处理。

（4）准备现场环境：为了保证平台系统安装、调试、试运行的顺利进行，一定要提前准备好现场环境。

四、产品维护

"提供持续优质的售后服务"是承建方经营理念的一个核心组成部分。承建方应直接面对客户，采取直接为用户提供服务的策略，以保证用户能够在最短的时间内组织、协调研发工程师、实施工程师、培训工程师等各方面经验丰富的工程师为客户提供量身定做的服务。

承建方应具有完善的服务体系，服务人员要严格按照标准化服务手册进行服务。标准化服务手册中对于服务原则、服务管理、服务监督、服务考核等都有明确的规定。其中，承建方的服务原则是：保证系统的稳定、连续运行；保证系统的安全性和稳定性；以积极响应为主要特征，保证为客户提供全方位（包括日常维护、新需求开发、技术支持等）的服务。

1. 实施服务

（1）现场实施：通过对用户的实际调研，制定用户系统实施方案，并按照方案进行系统实施。

（2）二次开发：针对用户的各种个性化需求进行二次定制开发，全面满足用户需求。

（3）现场维护：系统上线运行后，指派专人对用户进行培训，帮助管理与操作人员进一步熟练和掌握系统。试运行期间，随时根据使用情况，对功能做出调整和修改满足用户需求。

2. 售后服务

（1）迅速响应：通过服务热线、远程支持、现场响应等多种方式，承建方的技术人员应以最快的速度、最恰当的形式提供服务。

（2）应急技术服务：当系统出现异常时，承建方会在4小时内安排相关技术和项目管理人员尽快赶到现场解决问题；建立完善的服务回访监督跟踪机制。

第三节　人工智能应用集成实现职业发展

考核知识点及能力要求：

- 人工智能应用集成实现职业发展。

2021年9月29日，人力资源社会保障部办公厅、工业和信息化部办公厅发布《人工智能工程技术人员国家职业技术技能标准》。该标准第1.3条指出，人工智能工程技术人员的职业定义是"从事与人工智能相关算法、深度学习等多种技术的分析、研究、开发，并对人工智能系统进行设计、优化、运维、管理和应用的工程技术人员"。

人工智能工程技术人员的主要工作任务：①分析、研究人工智能算法、深度学习等技术并加以应用；②研究、开发、应用人工智能指令、算法；③规划、设计、开发基于人工智能算法的芯片；④研发、应用、优化语言识别、语义识别、图像识别、生物特征识别等人工智能技术；⑤设计、集成、管理、部署人工智能软硬件系统；⑥设计、开发人工智能系统解决方案。

《工业和信息化部关于印发〈促进新一代人工智能产业发展三年行动计划（2018—2020年）〉的通知》（工信部科〔2017〕315号）中指出，以信息技术与制造技术深度融合为主线，推动新一代人工智能技术的产业化与集成应用，发展高端智能产品，夯实核心基础，提升智能制造水平，完善公共支撑体系，促进新一代人工智能产业发展，推动制造强国和网络强国建设，助力实体经济转型升级。以市场需求为牵引，积极培育人工智能创新产品和服务，促进人工智能技术的产业化，推动智能产品在工业、医疗、交通、农业、金融、物流、教育、文化、旅游等领域的集成应用。

我国政府高度重视人工智能发展，将新一代人工智能技术的产业化和集成应用作为发展重点。

一、当前就业人群分析

（一）人工智能企业总量与分布状况

人工智能企业可划分为基础层、技术层和应用层三类。基础层企业以AI芯片、计算机语言、算法架构等研发为主；技术层企业以计算机视觉、智能语言、自然语言处理等应用算法研发为主；应用层企业以AI技术集成与应用开发为主。据艾瑞咨询发布资料显示，2018年我国人工智能相关公司总数达到2 167家，其中应用层企业占比达到77.7%，技术层和基础层企业占比相对较小，两者之和仅占到22.3%。由此可见，人工智能集成应用职业方向的需求较广。

（二）人工智能产业市场规模

近几年，人工智能技术在实体经济中寻找落地应用场景成为核心要义，人工智能技术与传统行业经营模式及业务流程产生实质性融合，智能经济时代的全新产业版图初步显现，2019年人工智能核心产业规模预计突破570亿元，目前，安防和金融领域市场份额最大，工业、医疗、教育等领域具有爆发潜力。

（三）人工智能产业人才供需现状

随着人工智能概念的持续火爆，大批求职者主动向人工智能相关岗位靠近。根据《2017年全球人工智能人才白皮书》，过去几年中，我国在AI领域工作的求职者正以每年翻倍的速度迅猛增长。

（四）人工智能工程技术人员薪资水平现状

根据各大招聘网站的数据来看，人工智能行业的高薪主要分布在京津、长三角、珠三角及部分内陆省会城市。北京、上海、深圳及杭州的薪水位列第一方阵；苏州、南京、广州及厦门位列第二方阵；其他沿海及内陆省会城市，如成都、重庆、长沙及济南等位于第三方阵。

二、职业发展通道

人工智能工程技术人员在企业中的最终角色是首席技术官（CTO），其职业通道大致可分为初级工程技术人员、中级工程技术人员、高级工程技术人员。

初级工程技术人员在企业中扮演的角色为：负责功能的实现方案设计、编码实现、疑难问题分析诊断、攻关解决。

中级工程技术人员在企业中扮演的角色为：开发工作量评估、开发任务分配；代码审核、开发风险识别/报告/协调解决；代码模板研发与推广、最佳实践规范总结与推广、自动化研发生产工具研发与推广。

高级工程技术人员在企业中扮演的角色为：组建平台研发部，搭建公共技术平台，方便上面各条产品线开发；通过技术平台、高一层的职权，管理和协调各个产品线组。现在每个产品线都应该有合格的研发经理和高级程序员。

CTO在企业中扮演的角色为：①业绩达成。洞察客户需求，捕捉商业机会，规划技术产品，通过技术产品领导业务增长，有清晰的战略规划、主攻方向，带领团队实现组织目标。②前沿与平台。到这个研发规模级别，一定要有专门的团队做技术应用创新探索和前沿技术预研，而且要和技术平台团队、应用研发团队形成很好的联动作用，让创新原型试点能够很平滑地融入商业平台，再让应用研发线规模化地使用起来。③研发过程管理。站在全局立场来端到端改进业务流程，为业务增长提供方便。④组织与人才建设。公司文化和价值观的传承；研发专业族团队梯队建制建设、研发管理族团队梯队建制建设；创建创新激发机制，激发研发人创新向前发展，激发"黑马"脱颖而出。

三、职位举例

人工智能应用集成产业所需的人才涵盖了人工智能应用集成共性技术应用、人工智能应用集成咨询、人工智能应用集成设计开发、人工智能应用集成交付与运维等领域，具体需要的人才类型如图1-4所示。

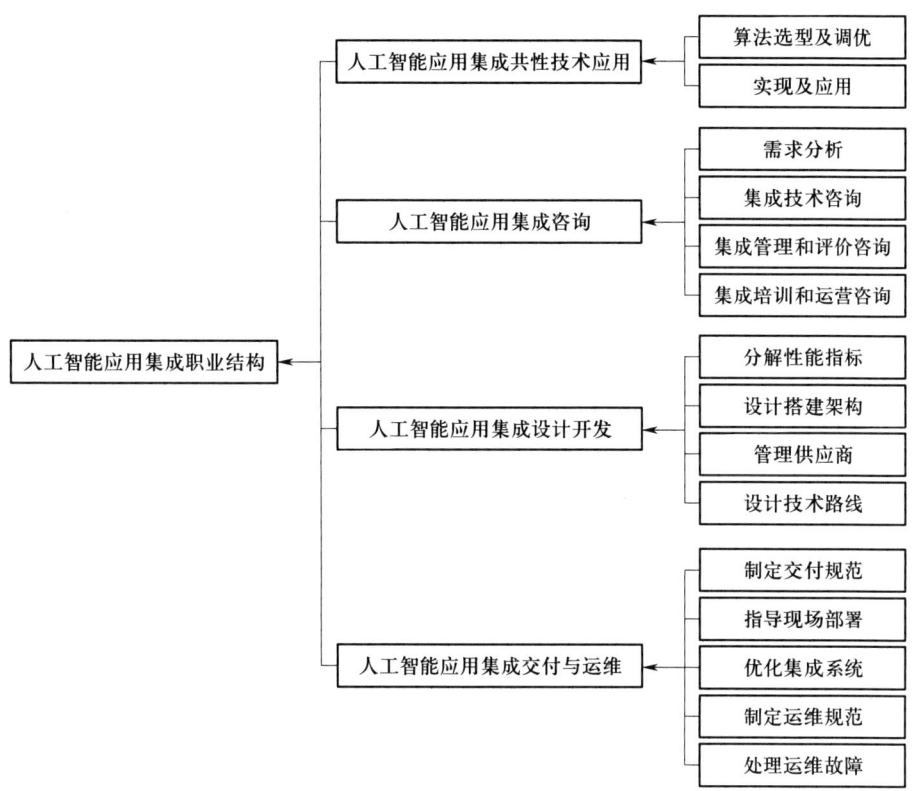

图1-4 人工智能应用集成职业结构

根据人工智能应用集成技术架构以及人工智能企业的实际用人需求，针对技术架构中的基础层和技术层涵盖的人工智能岗位是人工智能应用集成开发工程师。

要从事人工智能应用集成行业就要深度了解行业的发展方向以及专业相关知识，具备相应的通用能力。人工智能应用集成开发工程师定位于产业研发人才层次，是集成领域的核心研发人员。该类人才应具备扎实的专业基础知识和丰富的智能应用集成项目经验，具有创造性思维、具备灵活创新能力、能够设计出符合市场需求的智能应用集成系统架构。人工智能应用集成开发工程师能力要素包括综合能力、技术技能以及专业知识。

（一）综合能力

（1）能在面对用户需求和业务需求时，将其准确转换为机器学习语言、算法及模型；能对机器学习技术要素进行组合使用，并进行建模。

（2）具备良好的沟通能力，能够对客户在图像、语音、自然语言理解等智能处理算法方面的需求进行识别与分析。

（3）能利用行业知识和集成经验，开展人工智能应用集成咨询与诊断。

（4）能在行业场景中挖掘人工智能应用需求，引导用户将使用问题转化为人工智能应用需求。

（5）能制定人工智能应用需求分析文档规范，进行需求分析和需求分析文档撰写。

（6）掌握工程咨询方法与系统分析知识，技术评估基本方法。

（7）掌握项目建议书、可行性研究报告编制方法。

（8）掌握招投标技术咨询知识和项目后评价方法。

（9）具备良好的文档能力，能够熟练编写各类售前、集中技术文档，清晰明了地表达业务以及架构意图。

（二）技术技能

（1）能够使用深度学习框架实现算法的设计和开发；熟悉国产深度学习框架基本情况，与深度学习框架运行的基本软硬件环境要求；掌握至少一种深度学习框架进行训练和推理。

（2）掌握深度学习模型训练、推理、部署的方法及技术细节。

（3）能合理组合、改造并创新深度学习模型来解决更加复杂的应用问题。

（4）掌握数据并行、模型并行、流水线并行等深度学习模型的并行训练方法。

（5）掌握熟悉图像/视频处理、语音处理、自然语言处理等领域的基本方法。

（6）具备能够在标准算法基础上，对组合多种机器学习技术要素进行模型设计及调优的能力。

（三）专业知识

（1）掌握机器学习基本概念，包括监督学习、无监督学习、强化学习等。

（2）掌握深度神经网络，包括卷积神经网络、长短期记忆网络、图神经网络等的基本概念。

（3）掌握机器学习与深度学习算法常见的评估方法：准确率、召回率、AUC 指标、ROC 曲线、检测指标、分割指标等。

（4）理解数据策略、网络中的核心模块、参数规模、优化算法、损失函数、正则项等关键参数。

（5）熟悉深度学习模型的剪枝、量化、蒸馏和模型结构搜索等模型压缩方法。

思考题

1. 为什么要进行可行性研究？
2. 人工智能应用的集成与传统的系统集成的区别是什么？
3. 系统集成中需求分析的重要性是什么？
4. 信息系统项目的可行性研究包括哪几个方面？
5. 什么是技术可行性分析？

第二章
人工智能应用集成需求分析

人工智能产品关注技术及产品体验或经济效益，有很多因素会影响用户体验和购买选择。在人工智能领域，面向企业和面向消费者的方向需求差异较大。人工智能应用集成需求分析要能准确收集、整理人工智能应用集成需求并进行初步的需求分析和方案选型，针对主要应用领域、服务对象和使用场景、应用需求，选择人工智能产品，完成人工智能应用集成需求分析文档。

- **职业功能：** 人工智能应用集成技术运用。
- **工作内容：** 能收集用户对人工智能应用的需求，进行基本的需求分析；能根据人工智能产品主要的应用领域、服务对象和使用场景、应用需求，选择人工智能产品；能撰写人工智能应用集成需求分析文档。
- **专业能力要求：** 能准确收集、整理人工智能应用集成需求并进行初步的需求分析和方案选型。
- **相关知识要求：** 人工智能应用集成需求调研方法；人工智能产品知识，典型场景人工智能产品集成应用成熟案例；人工智能应用需求分析文档撰写规范。

第一节　人工智能应用的用户需求收集与分析

考核知识点及能力要求：

- 能收集用户对人工智能应用的需求，进行基本的需求分析；
- 熟悉人工智能应用集成需求调研流程；
- 熟悉人工智能应用集成需求调研方法；
- 掌握至少一种人工智能应用集成需求调研常用工具。

一、人工智能应用集成需求调研流程

市场上现有的人工智能产品包括计算机视觉、语音语义识别以及自然语音处理等。针对某一具体的应用场景，需要使用一种或者几种人工智能产品才能满足要求。例如，在零售领域使用计算机视觉、语音/语义识别等技术提升消费者的消费体验。把几种单一的人工智能产品集合在一起完成某一项工作的情况，我们称之为应用集成。如何准确选择合适的人工智能产品，如何准确把握消费者的需求，人工智能应用集成需求调研是最基本的方法。科学的需求调研方法是保证调研完整性、准确性和针对性的基础。

人工智能应用集成需求调研所需知识准备：人工智能是研究、开发用于模拟、延伸和扩展人的智能理论、方法、技术及应用系统的一门新的技术科学，其主旨是研究和开发出智能实体。人工智能技术的四大分支为模式识别、机器学习、数据挖掘和智能算法。人工智能应用集成是面向复杂的人工智能应用场景，将多个独立的人工智能应用中的平台、软件、硬件和算法等组合起来形成应用系统，解决用户总体人工智能需求，发挥整体效益，达到整体优化的目标。

人工智能应用集成需求调研的流程如下文所述。

（一）确定调研种类

人工智能应用集成需求调研一般分为探索性调研和结论性调研，结论性调研又包括描述性调研和因果性调研。不同的调研种类有着不同的侧重点，这会导致工作量的差异。选择适合的调研种类可以用最少的投入获得最佳的结果。

（1）探索性调研：是为了发掘问题的性质和更好地理解问题的环境而进行的小规模调研。例如，×公司的人工智能产品市场份额去年下降了，为什么？是经济衰退影响，广告宣传不足，还是消费者习惯改变？

（2）结论性调研：指正式进行市场调研，并通过资料分析得出结论。结论性调研经常把重点放在用户的态度、行为和其最终会对企业产生的影响上。描述性调研通过市场信息的收集和分析，寻求"谁""什么"和"哪里"等一系列为题的答案。它以调研人员对调研问题状况的清楚了解为前提，以大量代表性的样本的调研为基础。例如，使用×公司的人工智能产品的顾客在收入、性别、年龄、教育水平等方面的特征。因果性调研是为了查明一个变量是否会改变另一变量的研究。例如，×公司对其人工智能产品的广告投入是否会改变其销售额。

人工智能应用集成需求调研大部分属于探索性调研，核心是为了发觉需解决问题的本质，更好地聚焦用户的需求。

（二）确定调研的范围

首先要明确调研的对象，是面向企业还是面向消费者，是面向个人还是群体。有无之前的调研报告进行参考。

其次要注意材料的收集工作，已有的市场报告、调研报告等都可以用来作参考。要注意材料的时效性、有效性和真实性。有效的材料收集可以大幅减少后续的调研工作。

（三）明确调研目的

明确为什么要进行此项调研，通过调研要了解哪些问题，以及调研结束后的后续工作如何展开，调研的结果会起到什么作用，如果调研的结果和预估相差巨大如何处理。在这一过程中，一定要注意调研的针对性，以便能够通过调研直接找到问题的根本。

（四）明确调研方法

确定用什么方法进行调研。常见的方法有问卷、实地考察和深入访谈等。选择适合的方法往往能够达到事半功倍的效果。例如，研究智能家居的普及情况，可以在社区内发放问卷，而不需要深入用户家中进行访谈。又如，研究智能影像技术是否能够提高癌症早期筛查的准确率，这时我们可以选择针对医生进行深入访谈。

（五）确定调研人员

确定参加调研人员的条件和人数，由谁总体负责，每个人的分工要明确、确定对调研人员培训的内容，例如调研工具的使用方法、问卷如何发放和回收、访谈时的话术等。

（六）实施调研

调研人员进行调研时，各组人员应及时汇报工作进展，相互配合完成调研任务。例如，发放问卷时确定好各组人员负责的区域，避免重复。如果采用访谈的方法，应做好提问人员和记录人员的分工。对于记录不清晰、有歧义等情况应进行复核。

（七）调研信息分析整理

将调研结果进行收集保存，如问卷、访谈记录等。运用统计、归纳等方法进行结果的整理和分析。根据调研的种类、内容和目的以及得到的结果进行分析总结，得出相应的结论。

（八）编写调研报告

调研人员根据调研信息分析的结果，编写市场调研报告。报告内容应包括调研的种类、内容、目的、方法等。如果采用问卷方法，应该把问卷内容、问卷设计思路等写在报告中。如果使用采访的方式，应该把采访的问题和被采访人的回答整理进报告中。报告中还应有结果的整理分析和结论，以及调研之后的工作建议。最后将报告保存并提交给有关人员。每次调研工作结束后都要进行总结反思，例如是否能够完善调研方法，调研问题的设置是否能够优化，本次调研存在什么缺陷、如何改善等。

需注意：调研流程的每一步都要做到有理有据，同时应做好记录；调研过程中应设有应急预案，以防各种突发情况；调研结果要做到客观公正，不能因主观原因修改调研结果。问卷设计上应考虑反向问项，若正反问项出现矛盾视为无效问卷；对于某些不确定的问卷应讨论决定是否有效；一人重复填两份以上的问卷，则该人所填第二份及其之后的问卷皆视为无效。

总而言之，一套科学完整的人工智能应用集成需求调研既需要从业者拥有人工智能领域的专业知识，也需要其对调研流程有着深刻理解。同时，经验也是不可或缺的财富，如何把整个调研过程做到简单高效是值得从业者思考的问题。从业者要做到理论与实践相结合，日常生活中多留心他人的调研活动，对于准确把握调研流程大有裨益。

二、人工智能应用集成需求调研方法

人工智能应用集成需求调研需要达到调研结果的完整性、准确性和针对性。在明确需求调研流程的基础上，选择科学的调研方法对此具有很大的帮助性。常用的人工智能应用集成需求调研方法有三个。

（一）以智能语音为核心的智能集成项目类调研方法

智能语音是一种实现人机语言通信的技术，其中包含着语音识别技术和语音合成技术。以智能语音为核心的智能集成项目类调研需要考虑到智能语音技术的特征。目前，尽管智能语音技术正处于蓬勃发展的阶段，但是也需要注意到整个智能语音行业仍处在初级探索阶段，行业整体的服务模式与运营模式仍不成熟，市场上也存在着产业＋娱乐、创投＋游戏的复合型智能语音类型，且智能语音产业仍以企业为主导，和企业所运行的业务紧密相连。因此，在进行以智能语音为核心的智能集成项目类调研时需更加注重相应企业业务服务的用户的体验与想法。为了满足以大量的无地域限制的智能语音为核心的智能集成项目用户意见的完整性与科学性，在此类调研过程中一般采用问卷调研法。

问卷调研法是一种指定问卷供被调研人员回答以收集资料信息的调研方式。调研人员将带有有关智能语音为核心的智能集成项目调研问题，如项目重点的权重分配、智能语音实现的效果需求等问卷在大范围内发放，供被调研人员回答后收集，以合格的问卷作为调研结果供分析使用。这种调研方式能够突破时空的限制，在广阔的调研范围内同时对众多的智能语音技术用户展开调研，能够在很大程度上节约时间成本，对于以智能语音为核心的智能集成项目的调研有很高的适用性。

目前问卷调研按照调研人员发放问卷的形式大体上可分为纸质问卷调研及网络问卷调研。纸质问卷调研由于其调研项目形式的特殊性，企业业务用户对于智能语音需求等的问题的回答会更加谨慎，相对而言能够搜集具有更贴近实际的调研结果。然而，它具有调研成本高、调研范围小、调研结果分析统计麻烦等缺点，不能满足智能语音用户群体数目庞大的特征。网络问卷调研则具备着调研对象无地域限制、调研成本低、调研结果分析统计便捷等优势，能够在大范围内收集数量庞大的智能语音用户的意见与需求，从而较好地满足此类项目的调研特点。

（二）以机器视觉为核心的智能集成项目类调研方法

机器视觉是一种用机器代替人眼来进行测量和判断的技术，包括机械工程技术、控制、电光源照明、光学成像、模拟与数字视频技术等。在机器视觉为核心的智能集成项目调研过程中，需要注意到，机器视觉在生产生活中的应用十分广泛，覆盖于工业、农业、医药、军事、航天等众多国计民生领域，所以，在调研以机器视觉为核心的智能集成项目过程中，为保证调研的完整性，需要调研的行业领域十分繁杂，但是也要注意到，中国的机器视觉市场已经经历了长时间的爆发式增长，可供查阅的文献资料也相对较丰富和完整。所以，在对该类项目的调研过程中，一般采用文献调研法来应对机器视觉调研的条件特殊性。

文献调查法是一种通过寻找文献搜集有关市场信息，以获得调查对象信息的调查方法，是一种间接的非介入式的市场调查方法。对于调研以机器视觉为核心的智能集成项目，文献调查法所调查的文献一般来自：①国家统计局和各级地方统计部门定期发布的与机器视觉相关的统计公报；②各种经济信息部门、各行业协会和联合会提供的定期或不定期信息机器视觉领域相关公报；③国内外有关报纸、杂志、电视等大众传播媒介对机器视觉领域行业的相关报道；④各种国际组织、外国驻华使馆、国外商会等提供的针对机器视觉的统计公告或交流信息；⑤国内外各种博览会、交易会、展销订货会等营销性会议对机器视觉的讨论，以及专业性、学术性会议针对机器视觉所作的相关汇报等。

文献调查法超越了时间、空间限制，通过对机器视觉相关中外文献进行调查可以研究极其广泛的应用情况。同时，由于查阅的机器视觉文献的书面性质，其所提供的信息较之一般调查方式的口头陈述更具有准确性，可以避免口头调查的记录误差，对机器视觉的应用领域及应用情况的调查相对更加完整和可靠，对以机器视觉为核心的智能集成项目的调研的帮助也更大。并且，文献调查法所依赖的机器视觉文献资料建立在前人的研究结果之上，不需要大量的研究员，可以在短时间内获得相应的调查结果。

（三）以自然语言处理为核心的智能集成项目类调研方法

自然语言处理是人工智能的一个重要领域，主要研究实现人与计算机之间用自然语言进行有效通信的各种理论和方法，涉及语言学、计算机科学、数学等领域。自然语言处理技术从20世纪60年代起，经过了早期自然语言处理阶段、统计自然语言处理阶段和神经网络自然语言处理阶段，沉淀下一系列自然语言处理的发展过程文献。并且，随着科学技术的发展，如深度学习技术的产生与应用，自然语言处理技术在深度学习中的应用更加频繁。因此，在以自然语言处理为核心的智能集成项目的调研过程中，通常采用文献调查法及专家调查法相结合的方式进行。

在以自然语言处理为核心的智能集成项目类调研过程中，可以查阅北美、欧洲、中国等地区公开的全球不同产品类型自然语言处理与识别规模及市场份额、中国不同产品类型自然语言处理与识别规模及市场份额的报告作为调研依据，再根据自然语言处理领域相关的专家进行访谈及预测自然语言处理的发展方向作为调研的中心，采用文献调查法及专家调查法完成以自然语言处理为核心的智能集成项目类调研。

专家调查法是一种以专家作为信息索取对象，依靠其知识及经验进行调查研究的需求预测方法。调研人员通过与自然语言处理专家进行交流，记录专家对自然语言处理需求的预测与判断从而进行需求分析。

三、人工智能应用集成需求调研常用工具

不同的人工智能应用集成需求调研方法有对应的常用的工具。

（一）思维导图法

思维导图是一种表达发散性思维和事物逻辑关系的思维工具，具有很强的泛用性，可以作为需求调研工具，将抽象的思维可视化变为可行的计划，用于各种调研方法的

前期规划和内在逻辑的设立。思维导图可以采用手绘或已有软件工具进行制作。在现有的思维导图软件中，XMind作为一种功能强大的专业思维导图软件，近年来十分热门，具有跨平台、自由度高、多种思维结构混合编辑、导出格式多等优点。如图2-1所示。

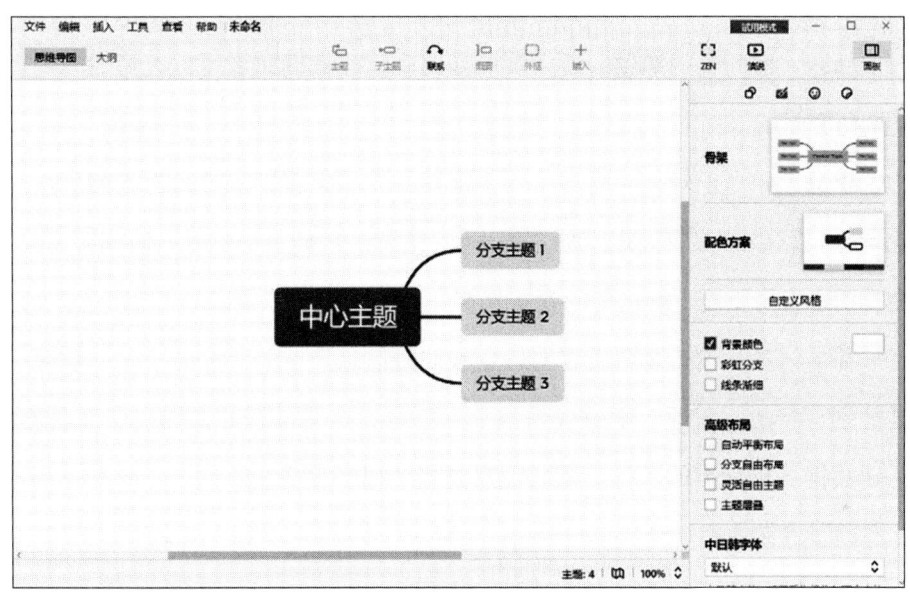

图2-1　思维导图示例

（二）实地考察法、专家调查法、访谈调查法、需求研讨会法

这四种方法为不同形式、不同侧重点的沟通采访式的人工智能应用集成调研方法，因此所需工具多为沟通记录类的工具。在疫情常态化管理的大环境下，许多沟通交流的开展只能采用线上的方式。例如，"腾讯会议""如流会议"等产品作为目前知名的在线交流工具被许多高校所使用。其优点在于操作简单、分享快捷、沟通流畅。

（三）问卷调查法

1. 问卷调查所需工具

问卷调查法可分为纸质问卷和网络问卷。

纸质问卷作为一种传统的问卷调查工具，可以采用Word进行制作，打印分发给调研目标。其优点在于数据质量高、不受其他因素如网络信号质量等影响，缺点在于人工费用高、统计整理信息困难。适用于人数不太多，调研对象集中的调研。

网络问卷作为近年来随着信息化的发展而兴起的调研方式,目前有很多在线的问卷网站支持制作、分享、数据下载、数据分析。例如,"问卷星"作为一个常用的在线问卷网站,具有题型多样、逻辑构建直观、推送渠道多样、分析结果可视化等优点。

2. 问卷的制作

一般的调研问卷由标题、导语、基本信息、问卷主体、结语和整体六部分组成。

(1)标题:即问卷的标题。要做到简洁明确,让被调研者可以在短时间内理解这份问卷的研究目的。

(2)导语:相当于对该问卷进行一个简要的介绍,包括问卷设计者的身份、问卷的抽象目的、问卷的填写说明、研究的用途、落款(调研者的称呼、时间)。好的导语可以使被调研者简要地了解这个问卷并且有一个初步的好印象。

(3)基本信息:包括被调研者的信息和调研信息。被调研者的信息一般包括被调研者的性别、年龄、职业、学历或其他个人信息,这些信息的方向与研究目的相关,也是后期数据分析分类的依据。调研信息是指调研员信息(可选)、调查时间和调查地点,有助于责任的确定和结果的分析。

(4)问卷主体:为研究目的所设计的问题和选项。具体如何设计前文有所提及,这里提出一些格式上的要求,如排版整齐、无错别字、选项排序正确,因为这些细节会影响到整个问卷的质量和反映出设计者的工作态度。

(5)结语:一般是表达对被调研者的感谢和设计者想要在问卷最后对被调研者说的话。

(6)整体:是指编辑问卷的页码和问卷的份数,一般纸质问卷使用较多,有的网络问卷会根据被调研者的选项改变问题的多少,故不做要求。

3. 问卷制作步骤

对于一份问卷的制作而言,需以下五步。

(1)明确调查问卷的目的。调查问卷是一种带有明确目的的调研方法,因此无论问卷设计的水平如何都应该有一个最核心的目的,并根据这个核心的目的去发散思维,确定想要通过该调查问卷获取的信息。因此,在设计问卷前应该通过思维导图梳理与调研目的相连的信息与信息之间的结构层次。但是并不是所有需要与目的相关的信息都需要调查，因为很多信息可能已有的文献或统计已经得到了数据，并不需要通过问卷调查来再次获取，否则有可能陷入问卷过于冗长、浪费资源、被调研人没有耐心完成的情况。

（2）明确问题设计理念。在此步骤中，需要将研究目的分解为微观层面上一个个具体的问题供给被调研者选择，再通过反馈的结果来论证最开始的研究目的，进而得到结论，然后进行反复审查，去掉可有可无的问题、与研究目的无关的问题。

（3）梳理合理的设计问题的顺序与逻辑。在问题设计过程中，应确定问题的板块与板块间的先后顺序，板块内部的问题的递进关系，只有有逻辑的问题设置才能让被调研者按照设计者的思路进行思考，也便于后期进行问题的分析和整理。

（4）进行选项的设计。选项的设计是调查问卷中问题落地的最后一步，将问题变为具体的几个选项供被调研者选择，可能是单选，也可能是多选。选项的设计最重要的就是它对于所属问题的周延性。周延性是指选项涵盖了问题的所有方向，意味着选项是全面的、完整的。如果选项的周延性不够，遗漏了必要的选项，那么这个问题就是有漏洞的，最后得到的数据和调研报告就不能令人信服，甚至会导致人工智能集成应用开发了一个错误的方向。

（5）进行问卷的检查。设计好的问卷必须经过详细的检查，可以通过小范围试填的方式进行，可能会找到设计者本身难以发现的错误或问题，进一步完善问卷。

（四）抽样调查法

抽样调查法的具体实施需要依据不同的统计学原理。下面具体介绍几种不同的理论工具。

1. 简单随机抽样

简单随机抽样又称不重复抽样，是从总体为 N 的样本中逐个随机抽取 n 个样本，每个样本抽取后不放回，每个样本被抽取的概率相同。其特点是要求样本数量有限、样本之间相互独立、逐个抽取、不放回。

【例2–1】在10名同学中随机抽取2位答题，则每位同学被抽到的概率为0.2。

2. 系统抽样

系统抽样又称等距抽样，是先将总体中的个体进行编号，然后将总体分为均衡的若干部分，在第一部分中确定一个或几个个体编号，根据一定的规则抽取其他部分相应的样本，最终得到整个样本。其特点是实施简单、适用于本身存在编号的总体。

【例2-2】 学院想要400名大学生中抽取10位进行调研，则可以通过系统抽样，先将400名学生依次进行1~400的编号，再将所有学生分为10组，第1组学生编号为1~40，在其中随机选择一个编号如25，则后续样本学生编号为65、105、145、185、225、265、305、345、385，从而得到10个样本。

3. 分层抽样

分层抽样将总体分为互不相交的层，然后按照一定比例，从各层独立地抽取一定数量的个体，构成整个样本。其特点是各层之间差异大、层内个体差异小。

【例2-3】 根据调查发现，对某种产品的满意度与使用者的学历有关，则调研时可以根据使用者的学历进行分层，再在每一层中抽样进行调研。

4. 整群抽样

整群抽样又称聚类抽样，是将总体分为若干个互不交叉、互不重复的群，以群为抽样单位，一个群即为一个抽样样本。其特点是各群有较好的代表性，即群内各单位差异较大、群间差异小。

【例2-4】 检验生产线上10盒零件质量，则可将每一盒零件视为一个群，对其中2盒零件进行全部抽样来代表全部的零件质量和生产数据。

5. 多阶段抽样

多阶段抽样将抽样过程分阶段进行，不同阶段采用的抽样方法不同，先从总体抽取范围较大的一级抽样单元，再从一级抽样单元抽取范围较小的二级抽样单元，根据不同的总体数量多少，抽样单元的层数不同，最后每个抽样单元抽取一定数量的样本，共同构成全部样本。其特点是适用于总体数量过大、层次特别多的社会研究及无法进行直接样本抽取的调查。

【例2-5】 要从整个学校中调研对学校的意见建议，则可以通过多阶段抽样，将学院作为一级抽样单元，年级作为二级抽样单元，班级作为三级抽样单元，最后在每个班级中抽取一定数量的样本，共同构成全校的样本。

（五）文献调查法

1. 中国知网

中国知网是国内知名的学术交流网站，可以搜索到包括中外学术期刊、专利、学位论文、报纸、会议、年鉴等各类资源和信息，可以根据不同的检索条件如"主题""关键词"等进行检索，并提供高级检索、出版物检索、知识元检索、引文检索等不同的检索方式。中国知网首页如图 2-2 所示。

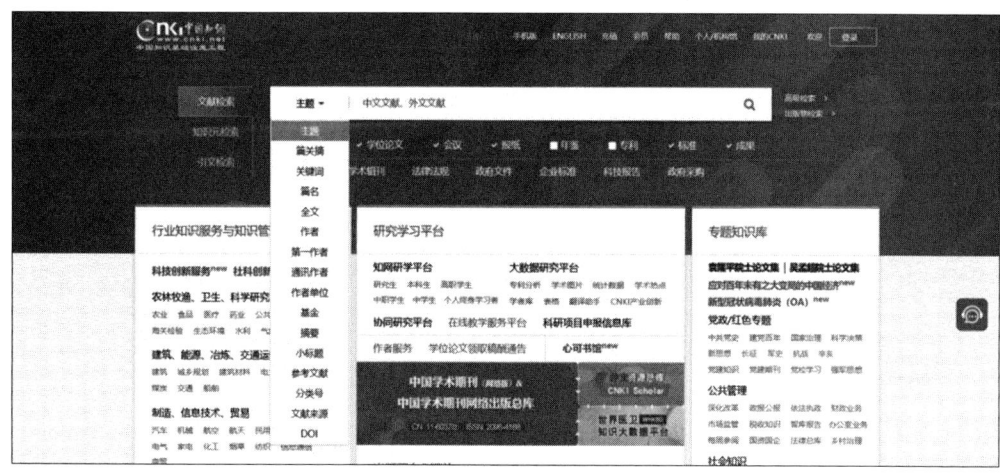

图 2-2　中国知网首页

2. 谷歌学术搜索

该网站将不同的学术资源网站整合，包括很多国外的学术网站，减少了在不同网站之间跳转所需要花费的时间，提高了搜索效率。谷歌学术首页如图 2-3 所示。

图 2-3　谷歌学术首页

3. 其他学术资源

其他学术资源网站在图 2-3 的右侧有列出，可自行了解并检索，如 Web of Science、Springer、EI 等。

第二节 人工智能产品的需求分析

考核知识点及能力要求：

● 能根据人工智能产品主要的应用领域、服务对象和使用场景、应用需求选择人工智能产品；

● 熟悉人工智能应用集成需求分析流程；

● 掌握至少一种人工智能应用集成需求分析方法；

● 掌握至少一种人工智能应用集成需求分析常用工具。

一、人工智能应用集成需求分析流程

该小节将以警用机器人应用集成需求分析作为案例来对人工智能应用集成需求的准确收集、整理以及初步的需求分析与方案选型进行说明，同时结合该案例给出需求分析。本小节主要讨论的是，当需求出现时，如何更好地对人工智能产品需求进行分析。产品需求从"确定出现"到"落实设计"中间的这个阶段叫作"需求分析阶段"，其大致划分为确定需求、需求梳理、需求分析、需求细化、需求验证、落地实施几个步骤。

（一）确定需求

作为一款人工智能产品的研发，需求涉及的方面很多。从功能方面来说，需要确定本产品的功能、具体目标用户、相比较之前产品的提升等；从性能方面来说，需求包含了用户对系统的响应速度等指标的要求；从运行环境方面来说，需求包括目标系统对于网络设置、硬件设备、温度和湿度等周围环境的要求；从界面方面来说，需求涉及数据的输入/输出格式的限制及方式等问题。确定好需求，然后进行需求分析，才能设计一款优秀的产品。

（二）需求梳理

当前阶段需要对用户的人工智能产品进行分类，每款产品都有不同的功能，通常包括功能类、设计类等，分完类之后用经验、专业知识等对用户的需求进行梳理，找出合理化的需求。

1. 建立产品的需求池

用户对人工智能产品的需求带有很强的不确定性，受环境、情绪等各种因素影响，用户的需求都会发生一定程度的变化，应根据不同用户的不同需求，来建立人工智能产品需求池，尽可能包含所有用户的需要。需求池是用来记录收集到的创意、想法、功能等的工具，不局限于表格、文档，可以是PingCode、Mircosoft Vision等需求分析工具。

用户的需求可以通过观察法、原型法、竞品分析、用户访谈、头脑风暴等方法获取，收集到的信息越详细越好。将得到的人工智能产品需求添加到需求池中，供后续对需求进行分析，保留合理化的需求，剔除不合理的需求。

2. 对需求进行判断

需求池中的需求，很多时候都只是表面的，未必是用户真正的需求，因此需要对其做出一些合理化的期望，剔除明显不合理的需求。一般常从以下角度对需求做出一些合理化的期望。

（1）产品合理性判断。这个过程判断需求的合理性，用经验、专业知识，甚至是直觉，过滤掉大部分需求。例如，当前技术不可能实现的或意义不大的、投入产出比低的、明显不合理的需求。

（2）效率的提升。这个过程判断当前的人工智能产品为工作生活带来了哪些效率的提升。效率的提升，可以是某一个流程的优化或者某一个系统内部对象的重构所带来的效率的提升，当然这里的效率可能指的是用户在使用过程中的效率，同样也可能是系统本身的运算效率。

产品合理性判断和效率的提升是在整理需求过程中的一个判断，同样也是需求合理化的体现。

3. 划分需求

对于人工智能产品需求的划分，可以从多个维度来考虑人工智能产品解决的实际问题：人工智能产品的需求是新模块化功能，还是在当前功能上进行优化。例如，目前火热的智能音响，被视为智能家居的未来入口，其中关键就是包含了拥有语音交互能力的功能，在传统音响的基础上添加了语音交互能力，让智能家居成为了现实。同时，在人工智能产品研发的过程中，还要根据市场反馈、产品本身的优化等方面对需求进行划分，保证需求的合理性。

（三）需求分析

1. 对现有业务逻辑的影响

思考人工智能产品的新需求对现有业务逻辑的影响，有些是表面上的影响，同样也要考虑到一些潜在的影响，这跟当前的市场环境、用户的认知等有着密切的关系，是需求评估的一个重要标准。

2. 需求与现有流程的对应及扩展

新的需求可能会涉及新的流程、新的功能，当很多新东西出现的时候，要在逻辑层面考虑到"可复用"，最大限度地减少重复性工作，并且在设计中考虑到"扩展性"，为新的需求留下扩展接口，保证快速将新的功能添加进去。

3. 展现的丰富 + 从"可用"到"易用"

人工智能产品最大的优点就是方便、快捷，要尽可能地在设计和交互上进行一次次的优化，努力将产品的各项功能都以最简单的方式让用户了解，从"可用"到"易用"角度，分析用户对于产品的最大需求。

4. 需求的过滤

很多时候，人工智能产品的需求不一定是真正的需求，有些需求会导致开发成本过高，有些需求会脱离了产品的原本目标，需要创建新的产品来实现，有些需求的受众比较少，这些都会影响产品的设计，要根据产品的目标、成本、效益分析等，过滤掉不合理的需求，保留合理的需求，最大效益化当前的人工智能产品。

5. 多部门配合、多角度规划

很多时候，人工智能产品需求对应的功能，不仅仅涉及开发和技术，当其实现之后，更要市场、运营等部门进行配合。所以在这之前，就需要对全局进行思考，对产品给出合理化的建议和方案。

（四）需求细化

从功能、设计等上对需求进行细化，细化成不同的功能。针对一些新的功能或者流程变动，只需要对其中的小模块进行重新设计或优化，这样对于产品设计开发更加有效。目前对人工智能产品需求的细化可以从以下3个方面进行。

1. 解构需求链条

首先，针对人工智能产品需求进行细化，可分为流程性需求和功能性需求，对细化后的需求进行详细的梳理和整合，利用分析工具，记录与流程相关的内容，这有助于快速地分析；其次，整理每个节点并进行划分，将其串联起来，为接下来的分析做好准备。

2. 寻找背后的逻辑

拆解细分需求背后的逻辑，对每一个整理的节点进行更加详细的分析。结合记录的所有和这个节点相关的信息一起进行考虑，这样将考虑得更加全面。以智能家居为例，在设计智能家居时，通过智能音箱控制整体智能设备，此时要考虑到音箱的语音识别、网络连接、与其他家电的信息交互等方面的需求，这些都是智能家居设计的背后逻辑。

3. 对应用户形态

从流程和功能的角度对需求进行放大后，接下来便是将需求对应到具体的用户群体中。以智能家居为例，在设计智能家居时，除了目前已有的受众外，还要考虑不同用户群体，如老人、小孩、残障人士等，为他们提供一些差异化服务，这就需要根据用户来进行具体的考虑。

（五）需求验证

需求验证是对人工智能产品需求分析的成果进行评估和验证的过程。为了确保需求分析的正确性、一致性、完整性和有效性，提高产品开发的效率，为后续的产品开发做好准备，需求验证的工作非常必要。

1. 开发前的需求验证

待前面的需求全部确认完毕之后，需求就会移交给开发团队。在移交开发团队前，需要对确认的需求进行验证，保证产品开发的目标和需求是一致的，避免因需求错误而导致产品开发失败。

2. 开发过程的需求验证

产品开发期间，可能需要和开发团队就需求点进行沟通，确保开发团队理解的需求是一致的。最好展示前端界面，确保最终的设计是实际需要的。同时可以根据市场的变动，对产品进行一些调整，不需等整个产品开发完毕才验证，避免把缺陷留到最后阶段。

（六）落地实施

在经过一系列的整理和思考之后，对产品的需求进行了过滤和优化，形成了可靠、合理的需求，接下来就进入到具体的落地执行阶段，这里可能涉及对需求进行一次最终的整理。将这些汇总成一份可以呈现的方案，最后进行原型的设计。在设计过程中，要注重细节设计，充分展现出每一个细节需求，这是对产品优势的体现，会让用户在使用过程当中体会到产品与技术带来的温暖。

二、人工智能应用集成需求分析方法

人工智能是一个新兴的领域，遵循科学的需求分析方法可以使需求分析工作更高效。人工智能应用集成需求分析方法涉及的方面有很多。在功能方面，需求包括系统要做什么，相对于原系统目标系统需要进行哪些修改，目标用户有哪些，以及不同用户需要通过系统完成何种操作等。在性能方面，需求包括用户对于系统执行速度、响应时间、吞吐量和并发度等指标的要求。在技术手段方面，需求包括目标系统对于网络设置、硬件设备、温度和湿度等周围环境的要求，以及对操作系统、数据库和浏览器等软件配置的要求。在人机交互方面，需求涉及数据的输入/输出格式的限制及方式、数据的存储介质和显示器的分辨率要求等问题。在经济效益方面，需要充分考虑人工智能产品的经济性，在财力允许的条件下，充分丰富提升产品的功能、性能、外观、人机交互性；在预算有限的条件下，注意优先保证产品的核心功能和安全性。

（一）产品功能集成需求分析方法

人工智能产品的功能需求分析是第一阶段的分析，也是此后具体技术手段需求的导向，是需求分析最基本最重要的工作。

开发人员从功能、性能、交互界面等多个方面识别人工智能产品要解决哪些问题，要满足哪些限制条件，这个过程就是对需求的获取。开发人员可通过调查研究等手段，理解当前系统的工作模型和用户对新系统的设想与要求。此外，在需求获取之时，还要明确用户对系统的安全性、可移植性和容错能力等其他要求。例如，在进行大数据分析处理时，需要多长时间对系统做一次备份，系统对运行的操作系统平台有何要求，发生错误后重启系统允许的最长时间是多少等。

为了能有效地获取功能需求，开发人员应该采取科学的需求获取方法。在实践中，获取需求的方法有很多种，如问卷调查、访谈、实地操作、建立原型和研究资料等。

问卷调查法是采用调查问卷的形式来进行需求分析的一种方法。通过对用户填写的调查问卷进行汇总、统计和分析，开发人员便可以得到一些有用的信息。采用这种方法时，调查问卷的设计很重要。一般在设计调查问卷时，要合理地控制开放式问题和封闭式问题的比例。开放式问题的回答不受限制，自由灵活，能够激发用户的思维，使他们能尽可能地阐述自己的真实想法。但是，对开放式问题进行汇总和分析的工作会比较复杂。封闭式问题的答案是预先设定的，用户从若干答案中进行选择。封闭式问题便于对问卷信息进行归纳与整理，但是会限制用户的思维。

访谈是通过开发人员与特定的用户代表进行座谈，进而了解到用户的意见，是最直接的需求获取方法。为了使访谈有效，在进行访谈之前，开发人员要首先确定访谈的目的，进而准备一个问题列表，预先准备好希望通过访谈解决的问题。在访谈的过程中，开发人员要注意态度诚恳，并保持虚心求教的姿态，同时还要对重点问题进行深入的讨论。由于被访谈的用户身份可能多种多样，开发人员要根据用户的身份特点，进行提问，给予启发。当然，进行详细的记录也是访谈过程中必不可少的工作。访谈完成后，开发人员要对访谈的收获进行总结，澄清已解决的和有待进一步解决的问题。

当用户本身对需求的了解不太清晰的时候,开发人员通常采用建立原型系统的方法对用户需求进行挖掘。原型系统就是目标系统的一个可操作的模型。在初步获取需求后,开发人员会快速地开发一个原型系统。通过对原型系统进行模拟操作,开发人员能及时获得用户的意见,从而对需求进行明确。利用原型系统获取需求分析的方法如图2-4所示。

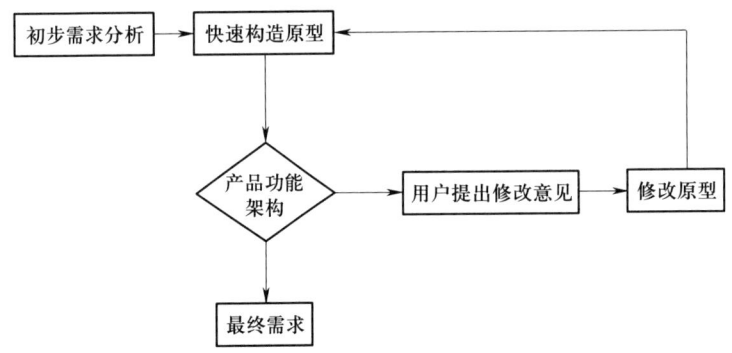

图2-4 原型系统需求分析方法

最后,应将需求文档化。获得需求后要将其用精练的语言文字描述出来,并存档,即将需求文档化。要从开发人员的角度对目标智能应用产品的业务模型、功能模型和数据模型等内容进行描述。作为后续功能设计和测试的重要依据,需求阶段的输出文档应该具有清晰性、无二义性和准确性,并且能够全面和确切地描述用户需求。

(二)技术手段应用需求分析方法

通过产品功能集成需求分析方法拟定了产品各部分功能需求之后,需要进一步考虑各功能的实现,以及其技术实现的可能性。这时需要对人工智能产品的技术手段做相关的需求分析,运用相关领域的技术需求分析方法。

技术选型是项目的根基。如果选择了不适合本产品应用场景的技术,初期由于产品复杂程度和数据量都比较小,感受可能不是十分明显,但是到了后期这将会是一个噩梦,可能会导致系统问题频发,极不稳定,以致项目的迭代举步维艰,甚至有的团队可能会因此停止新功能的开发,严重时可能造成重大的经济损失。

1. 考虑后期扩展、维护

应用需求是要发展的。在产品功能实现初期,因为方向未定、前途未卜,技术在快速试错阶段，这一原则的重要性相对比较低，但是也需要适当考虑，如比较技术是否成熟稳定，是否有丰富的社区资源，是否易上手，出现问题是否容易定位，是否容易找到对应的解决方案等。当一代产品逐渐确定，围绕这个产品展开的细节功能会越来越多，可扩展、可维护性的重要性也就体现出来。原有的功能是否可满足后面发展的扩展需求，扩展的代价是否可接受，维护的成本是否过高等，如果不能满足这些需求，则需要重构以前的系统，改用更符合需求的技术。

2. 利于建立开发流程与规范，优先考虑标准化解决方案

人工智能产品的开发流程与规范的建立贯穿整个产品的生命周期。在初期可能不受重视，如只有简单的代码规范、数据库设计规范等。这里着重强调一下，大多数人工智能产品的初始研发阶段，数据库的设计流程规范是必不可少的，因为无论最终确定的业务是什么，代码可以重构，该业务的数据一定会保留下来，而数据库结构决定了代码的数据结构，所以数据库设计的合理性就特别重要。随着业务发展、人员的增加，各端单打独斗的情况就会结束，这时候开发流程规范就非常重要，一些框架与工具会限定开发的流程规范，如机器学习中常用的 Python 语言会检测代码格式，利用好这些工具有助于更快地建立开发流程，简化开发管理。

3. 先测试验证后使用，合理拥抱新技术

人工智能会不断有新技术的产生。对于未经验证的新技术、新理念一定要慎重，要在全方位地验证过后引入，再大规模地使用。新技术、新理念，自然有它的诱惑，慎重并不代表保守，技术总是在不断前进，拥抱变化本身没有问题，但是引入不成熟的技术看似能带来短期的收益，但是它的风险或者是后期的成本可能远大于收益。

对于团队而言，针对新技术提供的功能，须在决定采用之前花一小段时间搭个原型，然后组织大家分析利弊。这个过程中可能会遇到若干能彼此替代的技术，可以让团队成员用不同的技术来搭原型，感受不同技术的代价，让大家自主做出聪明的选择，随后通过技术交流会议分析总结各种技术的优劣，得出最终的解决方案。

三、人工智能应用集成需求分析常用工具

对于需求分析而言，主要的工作在于分析人员的分析过程。一般而言，需要使用

到的工具主要集中在产品应用文档的撰写工具,以及各种图表的绘制工具两个方面。下面将依据需求分析中的不同功能需求,对目前市面上一些常用于产品和应用需求分析的工具进行介绍。

(一)文档撰写与编辑

需求分析工作涉及许多文档的编写,如 BRD(商业需求文档)、PRD(产品需求分析)、MRD(市场需求分析)等。由于这类文档层次性强,行文结构相对复杂,这就需要使用性能优良、使用便捷的文档编辑工具。

对于这里提到的文档编辑工作,Microsoft Word 已经能够满足几乎所有的应用场景。Microsoft Word 是微软公司旗下的一个文字处理器应用程序,是 Office 办公软件套装的重要组成部分。基本上,使用过计算机的人都接触或使用过 Word。

1983 年,理查德·布罗迪(Richard Brodie)为了运行 DOS 的 IBM 计算机而编写了这一文字处理应用。由于效果颇好,随后持续开发了可运行于 Apple Macintosh(1984 年)、SCO UNIX 和 Microsoft Windows(1989 年)的版本,并成为 Microsoft Office 的一部分。

一直以来,Microsoft Word 都是最流行的文字处理程序。其能够为用户提供能够快速而简便地创建专业且美观的文档的环境。作为 Office 套件的核心程序,Word 提供了许多易于使用的文档创建工具,同时也提供了丰富的功能集供创建复杂的文档使用。

由北京金山办公软件股份有限公司自主研发的 WPS Office 作为国产办公软件的代表,正逐渐为越来越多的人接受和喜爱。WPS Office 作为一套完整的办公软件解决方案,可以实现办公软件最常用的文字、表格、演示、PDF 阅读等多种功能,其具有内存占用低、运行速度快、云功能多、插件平台支持强大等多种优点。同时 WPS Office 还支持手机等移动终端上的移动办公。目前,WPS 移动版已经通过 Google Play 平台覆盖了超 50 多个国家和地区。

2020 年 12 月,教育部考试中心宣布 WPS Office 将作为全国计算机等级考试(National Computer Rank Examination,NCRE)的二级考试科目之一,于 2021 年在全国实施,这足以证明 WPS Office 在办公软件中的重要地位。

（二）思维导图绘制

由于需求分析工作涉及的信息量大，各要素之间互相关联，因此非常烦琐，不容易厘清思路。虽然有使用 Microsoft Excel 来进行信息整理与规划的案例，但由于其功能设计的限制，使用过程中不甚方便，同时效果也不够直观。

而思维导图这一方法能够快速帮助分析者厘清各信息之间的联系，迅速地建立整体的需求架构体系，在目前的需求分析工作中应用非常广泛。

目前需求分析工作中常用的思维导图软件有 XMind、MindManager 等。

1. XMind

XMind 是一款非常成熟且实用的商业思维导图软件，通过应用 Eclipse RCP 软件架构，成为易用、高效的可视化思维导图软件。其强调软件的可扩展、跨平台、稳定性和性能，致力于帮助用户提高生产率。由于 XMind 采用 Java 语言开发，具备跨平台运行的性质，所以 XMind 理论上可以运行在几乎所有操作系统上，支持 Windows、Mac、Linux、iOS 以及各类浏览器。

XMind 与用户其他的 Office 软件紧密集成，可以被导出成 Word / PowerPoint / PDF / TXT / 图片格式等，也可以在导出时选择仅导出图片，还可以是仅文字或者图文混排，所得到的成果都直接可以纳入用户的资料库，也可用 Word/Powerpoint/Acrobat 等工具直接打开编辑，这样用户就可以和没有安装 XMind 的其他用户分享思维图。此外，XMind 还支持导入用户在其他不同的思维导图软件中制作的文件，使得大量用户在从其他软件转向 XMind 时，不会丢失之前绘制的思维导图。同时，XMind 不仅可以绘制思维导图，还能绘制鱼骨图、二维图、树形图、逻辑图、组织结构图，并且可以方便地将文件在这些展示形式之间进行转换。

对于国内的众多用户来说，XMind 改变了中国人没有自己的思维导图工具的现状。国外的所有软件厂商都没有把中文版列为其发展方向之一，且在处理中文的过程中常常会遇到错误。但 XMind 没有，它是 100% 纯中文设计，中文处理非常稳定，以至于新加坡的代理商都以"the best practice of using Chinese（使用中文的最佳实践）"为由代理 XMind。且 XMind 的研发团队在国内，各类服务都比较方便。

此外，XMind 不仅考虑了中文处理和中文界面，还更考虑了中国人的思维习惯。

国内权威 IT 产品评测杂志《个人电脑》在 2007 年第 5 期中介绍了 XMind 2007，经过详细评测给出的评价之一就是"与国外的同类软件相比，XMind 2007 更加符合我们的思维习惯"。对于需要进行应用需求分析的人员来说，XMind 是一款非常优秀的思维导图软件。

2. MindManager

MindManager 是另一款非常常用的思维导图软件，其操作界面简洁、稳定性高、自定义功能强大，能够满足用户快速创建内容丰富、个性十足的思维导图的需求。同时，MindManager 专业版进一步添加了甘特图绘制，导出为不同格式、个性定制主题、团队协作和幻灯片等多个实用功能，使得用户在软件使用过程中更加得心应手。

最新版 MindManager 支持多种文件格式的导入，解决了用其他软件创作的文件无法打开的问题。用户可以把 MindManager 创作的文件导出成 PDF、Word、Excel、Html、SVG、PS 以及多种图片格式与他人分享。自带的幻灯片演示模式也可以将思维导图幻灯片导出为 PPT 格式，轻松进行作品展示。

MindManager 支持从思维导图一键生成甘特图，轻松将视图切换到甘特图模式进行项目管理。同时还可以在甘特图模式中直接添加新任务、修改任务名称、任务进度、里程碑和任务联系等。在思维导图中添加的任务信息会一一对应到甘特图中，思维导图和甘特图可以同步编辑、更新。

MindManager 提供 50 多种主题风格，用户可以高度自定义每一个细节，包括填充色、线条色、线条样式、连接线风格、主题形状、布局方式、背景等。同时用户还可以添加边框、标注、概要、插入关系线、注释、评论、标签、超链接、附件等。

（三）架构图和流程图的绘制

架构图和流程图等都是需求分析和规划阶段常见的图表类型。在进行应用的需求结构设计中，这些图表能够梳理服务和功能要点，建立整体关系架构并直观地呈现出来，对这类图表的绘制能力也是需求分析能力的一个集中体现。

目前需求分析工作中常用的图表绘制软件有 Microsoft Visio、ProcessOn 等。

1. Microsoft Visio

Microsoft Visio 是 Office 软件系列中的负责绘制流程图和示意图的软件，是一款便于 IT 和商务人员就复杂信息、系统和流程进行可视化处理、分析和交流的软件。需求分析人员通过使用 Visio 图表，可以促进对系统和流程的了解，深入了解复杂信息并利用这些知识做出更好的决策。

Visio 最初属于 Visio 公司，该公司成立于 1990 年 9 月，起初名为 Axon。2000 年 1 月 7 日，微软公司以 15 亿美元股票交换收购 Visio。此后 Visio 并入 Microsoft Office 一起发行。通过使用 Office Visio 可以绘制多种图表，包括业务流程图、软件界面、网络图、工作流图表、数据库模型和软件图表等，以便全面了解流程或系统，也可以更轻松地将流程、系统和复杂信息可视化。对于各种不同类型的图表，Office Visio 提供了特定工具和模板来支持各种需求的人员不同图表制作需要。不论是打开新的"入门教程"窗口，或是使用新的"示例"类别，都可以为创建图表获得思路。

同时，通过编程方式或与其他应用程序集成的方式，可以扩展 Visio，从而满足特定行业的情况或独特的组织要求。用户可以开发自己的自定义解决方案和图形形状，也可以使用 Visio 解决方案提供商提供的解决方案和形状。Visio 提供一个软件开发工具包（Software Development Kit，SDK），该 SDK 包括各种用以简化和加快自定义应用程序开发的示例、工具和文档，可以帮助用户使用 Visio 来构建程序。

总的来看，Visio 功能强大并且易于使用，是绘制流程图以及其他各式框图的最常用软件。

2. ProcessOn

ProcessOn 是一个面向垂直专业领域的作图工具，支持绘制包括思维导图、流程图、UML、网络拓扑图、组织结构图、原型图、时间轴等多种类型的图表。同时，ProcessOn 也是一个社交网络，利用互联网和社交技术改写了人们梳理流程的方法习惯，专注于为作图人员提供便利服务，从而使商业用户获得比传统模式更高的效率和回报，优化用户对流程图的创作过程。

ProcessOn 的一大特点是建立在并行计算和分布式存储架构之上，这使得其能够为全球的专家顾问、商业组织提供一个共享的流程知识仓库，将全球的专家顾问、咨询机构、BPM 厂商、IT 解决方案厂商和广泛的企业用户紧密地连接在一起，把结构化的流程和最佳实践分享给亿万互联网企业用户。ProcessOn 提供基于云服务的免费流程梳理、创作协作工具，与同事和客户协同设计，实时创建和编辑文件，并可以实现更改的及时合并与同步，这意味着企业用户可以高效率完成跨部门的流程梳理、优化和确认。

同时，ProcessOn 比其他社交网络更加关注数据隐私和信息安全，确保企业私有流程库被安全、隔离的保护和访问，也不会有打扰用户的广告信息。

总的来看，ProcessOn 是一个高效率，注重团队协作和经验分享的图表制作软件。

（四）原型设计

原型设计是需求分析结果的一个集中体现，也是产品和应用开发的第一步。进行原型设计能够建立需求分析与下游各设计开发人员的沟通桥梁。因为原型是需求和功能的具象化表达，所以原型可以辅助产品经理与领导、交互、UI 和技术的沟通产品思路。虽然需求文档通过用例将交互写到设计描述文档中也是可以满足沟通需求的，但是原型可以更详细地解释交互。有了原型设计这一环节，需求分析人员的结果才能够完整而直观地传达。

目前需求分析工作中常用的原型设计软件有 Axure RP、墨刀等。

1. Axure RP

Axure RP 是美国 Axure Software Solution 公司的旗舰产品，是一款专业的快速原型设计工具，让负责定义需求和规格、设计功能和界面的用户能够快速创建应用的线框图、流程图、原型和规格说明文档。Axure RP 的使用者主要包括商业分析师、信息架构师、产品经理、IT 咨询师、用户体验设计师、交互设计师、UI（界面）设计师等。作为专业的原型设计工具，其能快速、高效地创建原型，同时支持多人协作设计和版本控制管理。

作为一款需求分析必备的快速原型交互设计工具，Axure RP 在通用性、专业性以及实用性方面表现突出。无论是 PC 端还是移动端产品，包括产品界面布局、样式设定、功能配置以及用户交互，都可以快速进行原型设计，深受众多智能应用制作人的认可与喜爱。

2. 墨刀

墨刀是一款在线原型设计与协同工具，由北京磨刀刻石科技有限公司于 2014 年

10 月发布。2017 年 6 月，墨刀推出 3.0 版本，主打团队协同方向。从 3.0 开始，墨刀不再是一个单纯用来画产品原型的工具，而是变成了一个覆盖整个产品的设计和开发流程，帮助整个产品团队最大限度地发挥协同效应的团队协同工具。同时，墨刀宣布与石墨文档、吆喝科技、轻芒、联创工厂等多家上下游企业达成合作，未来打通整个产品设计流程。2018 年 1 月，Sketch 设计稿可以导入墨刀，进行交互设计，自动获取标注信息，推进开发进程，标志着墨刀的进一步成熟与完善。

目前，墨刀已经成为国产原型设计平台的代表。借助墨刀，产品经理、设计师、开发、销售、运营及创业者等用户群体能够搭建为产品原型，演示项目效果。墨刀同时也是协作平台。不管是产品想法展示，还是向客户收集产品反馈，或是在团队内部协作沟通，墨刀都可以满足绝大多数用户的需求。

值得注意的是，上述软件的使用范围并没有局限性，一款强大的软件可能可以同时胜任多种不同的需求分析任务。同时，各任务能够使用的软件工具也绝不仅限于上述几种，我们需在自己的个人工作实践中进一步挖掘探索。

第三节　人工智能应用集成需求分析文档规范

考核知识点及能力要求：
- 能撰写人工智能应用集成需求分析文档；
- 熟悉人工智能应用需求分析文档撰写规范；
- 熟悉人工智能应用需求分析文档撰写流程；
- 熟悉典型场景人工智能产品集成应用成熟案例。

一、人工智能应用需求分析文档撰写规范

应用需求分析的结果要确定目标系统的完整、准确、清晰和具体的要求，包括系统覆盖的业务范围、功能需求、设计原则等。

应用需求分析阶段是分析系统在功能上需要"实现什么"，而不考虑如何去"实现"。需求分析完成后，给出需求规格说明书，这个资料的用途有两个：回答客户的需求和作为后续设计的输入。对客户方面需要确定系统亟须开发/交付的全部内容，是双方签订/验收合同的依据。而对设计方面则需要规划系统范围、目标、原则等的依据，是具体设计的指导。

应用需求分析的结果，不但影响着需要实际开发的功能数量，而且直接影响着项目开发的成本，甚至还包括技术的能力要求等。需求分析师需要具备建模与分析能力、专业业务知识、设计与实现的知识。

（一）人工智能应用需求分析文档撰写思路

1. 识别真假应用需求

识别出获得需求背后的真实需求，是需求分析工作的重点之一。应用需求虽然是按照部分采集的，但是每个应用需求的提供者很大程度是站在自己的岗位上提出的，这些应用需求在"人—人"环境中是合理的，但是在"人—机—人"环境中是否合理，就取决于需求分析师本人具有多少"行业知识"和"设计知识"，前者从业务视角判断，后者从信息化视角判断，如果需求分析师这两方面的知识都比较弱，就难以判断应用需求。

2. 应用需求分析的场所

对收集到的原始资料进行分析时往往会发现很多不清楚的内容，如流程构成图构成的缺失部分、访谈内容的真实意图、寄存表单的计算逻辑等，这类需求分析师不清楚的内容可能客户一句话就可以解答，这样的内容就不属于分析的对象。大量类似的问题如果能够在现场与用户直接确认，分析工作的效率将会提高很多。

3. 分析工作包括分层、转换、功能

将收集到的应用需求归结为目标需求、业务层需求和功能层需求。将分层后的应

用需求，按照目标需求→业务层需求→功能层需求进行转换，最终获得功能层需求。在分析转换过程中，要清楚用户的目的、目标、价值、期望等，从而确定未来系统的设计理念、设计主线与原则。

（二）人工智能应用需求分析文档撰写模板

应用需求分析文档，是对应用需求分析中所做的具体功能、事项、原则的总结。应用需求分析的结束是以完成应用需求分析文档为标志的，也是后续设计、开发以及验收的依据。不同的实体有不同形式的模板，但不论是什么样的模板，处于核心位置的都是应用需求分析中介绍到的内容。应用需求分析文档至少要包含以下四个核心部分：引言，所有需要在事先声明的内容，如前言、原则、定义、范围等信息。背景，直接来源于客户的主观信息，如背景、现状、目标、期望等信息。需求，对需求的综合描述，这些内容是设计工程的辅助参考信息。功能，对需求分析成果的罗列，它们是设计工程的主要依据信息。

1. 引言

由于应用集成需求分析文档是所有相关人都要使用并且是合同签约和系统验收的依据，故而所有的内容一定要预先确定范围、内容，以及定义，即引言部分，以避免引起歧义。引言主要包括文档用途和用语定义两个方面。文档用途是指编制这份资料的目的、作用、使用对象，文档的种类、编号以及目录；用语定义是指对报告书中重要的、容易出现歧义的表达逐一进行定义，用语包括词汇和图形符号等内容。

2. 背景

企业基本情况的介绍要适当、简洁，其中与未来信息建设相关的背景介绍需要尽可能充实，为后续为什么采用这些功能做好铺垫。另外，除去对企业的业务介绍外，还要重点介绍企业对信息化的态度，以及企业整体的信息化程度。在背景介绍中，首先需要接受现状，即重点介绍本项目相关部门的信息化现状、存在的问题，介绍的内容同样要让相关人员从现状中感受到信息化建设的必要性。其次，需要介绍目的，从而指出客户投资信息化的目的，以及分几个目标推进。最后，需要给出期望，即客户对项目达成目标后，期望得到什么样的效果（价值）。

3. 需求

需求是以"背景"的内容为依据,结合收集到的具体需求,从整体上对项目的需求进行描述,内容可以分为几个维度:首先,需要描述项目范围,即对核心功能进行描述,如销售管理、生产管理、财务管理、物流管理等;其次,需要描述使用环境,即本产品与既存产品之间的关系,如相互协同、数据共享、业财一体化等;最后,需要描述条件与限制,即未来的系统适用条件、有哪些限制等。

4. 功能

将需求调研和分析的成果汇集成册,主要包括现状构成图、功能需求一览、功能需求规格书、非功能性需求、接口等。通过现状构成图可以比较完整地理解客户的业务和管理现状;功能需求一览即全部经过确认后的功能需求、需求说明等。功能需求规格书包括对每个功能需求的详细描述资料。非功能性需求描述性能、质量、安全等。接口描述与其他软件、硬件、网络、接口、通信等的交互条件、规则等。

需注意,上述部分提供的框架仅供参考,实际使用可以根据具体情况添加其他内容。

5. 应用需求分析文档与设计工程分析文档的区别

应用需求分析文档是需求工程完成时的交付物,这个阶段只是对需求进行了梳理、汇集、分析,并未对需求按照软件设计的标准进行设计。而设计工程分析文档是对需求规格说明书的内容按照软件设计标准进行的设计成果,是对后续技术设计、开发的输入。

(三)人工智能应用需求分析文档撰写原则

编写高质量的应用需求分析文档没有固定的方法,即使有模板,也会因为分析人员的表达水平和写作水平各异。编写应用需求分析文档时应该注意以下问题:

(1)尽量保证语句和段落的简短,做到言简意赅、精练准确。最好采用主谓宾的表达方式,语法、拼写和标点要使用规范。

(2)文档中所使用的术语要与术语说明中的术语一致。

(3)数据来源必须公开、真实、准确,包括但不限于国家官方资料、企业内部资料等。在写作前必须充分调研,本着严谨负责、科学公正的原则,对应用需求进行分析。如果有统计分析部分，在表述时不宜使用夸张、虚构、想象等文学表达方式，也不宜使用华丽的语言和过多的描写去着意渲染。

（4）避免使用有歧义的描述，避免使用比较性的词语。

【例2-6】为了验证自己的身份，驾驶员插入电子卡并输入PIN码。如果无效，则引擎不会启动。这里的"如果无效"，就有歧义，可能会有三种理解：第一种是卡无效，第二种PIN无效，第三种是两者皆无效。

（5）尽量使用定量描述，避免使用模糊性的词语。

【例2-7】表述一：系统必须在至少80%的情况下能在2秒内对事件××做出响应，并在由××约束指定的最大负载的80%~90%的系统负载情况下，最迟3秒做出响应。

表述二：系统必须快速响应客户指令。

这两种表述，本书更推荐第一种。表述二非常含糊，什么是"快速响应"，究竟要多快，没有统一标准。

（6）保证分析的完善性。应用需求分析的每个方面都要予以讨论，必须辨别出问题和机会所在，且每一方面的分析都必须具有一定的深度。

（7）做出合理的预测。所有的应用需求分析都是在不完全信息基础上作出的，要想收集希望得到的信息往往需要大量的费用和时间，甚至有可能是无法收集的。因此，解决问题的关键在于使你的假设明确并且把它们整合到你的分析中，这比模糊地利用信息或者根本没有假设要好得多。

（8）不要将问题与表现相混淆。在扼要描述问题时，一个不好的分析会将表象与真正的问题混淆。

（9）建立图形化模型，这些模型可以描绘转换过程、系统状态和它们之间的变化，数据关系、逻辑流或对象类和它们的关系。

（10）分析包括除传达资讯外，应具激励作用。报告中采用正面的、建设性的表达，可以引导企业改善自身的工作。

（四）人工智能应用需求分析文档工具推荐

（1）调研结果"需求分析说明书"格式参照开发文档模板。

（2）单位组织结构图、功能模块分解图用 Visio 绘制，或直接用 Word 中的画图工具。

（3）业务流程图用 Visio 中的 Flowchart 模板绘制。

（4）系统逻辑模型使用 ROSE 绘制或用 Visio 中的 UML 模板绘制。

（5）软件用户界面用 Visio 中的 WIN95 USER INTERFACE 模板绘制。

（6）数据物理模型用 Powerdesiner 绘制。

总之，良好的应用需求分析文档应该是完整的、可追踪的、正确的、无歧义的、可理解的、一致的、可验证的。

二、人工智能应用需求分析文档撰写流程

人工智能应用需求分析文档撰写流程具体可分为引言、概述、功能需求、非功能需求、需求预算和其他总共六个部分，每个部分包含其对应流程内容。

（一）引言

引言是对这份人工智能应用需求分析报告的概览，是为了帮助阅读者了解这份文档是如何编写的，并且应该如何阅读、理解和解释这份文档。

1. 编写目的

这部分说明这份人工智能应用需求分析文档是为哪个具体的应用场景所编写的，为这个场景开发人工智能应用的意义、作用以及最终要达到的效果。通过这份人工智能应用需求分析报告详尽说明了该应用的具体需求，包括功能需求与非功能需求，从而对该应用进行准确的定义。如果这份人工智能应用需求分析报告只是某个人工智能应用的某一部分，那么只定义整个应用需求分析报告中说明的对应部分或子应用。

2. 文档约定

这部分描述编写文档时所采用的标准（如果有标准的话），用到的专门术语的定义和缩写词的原文，或者各种排版约定。排版约定应该包括正文风格、提示方式、重要符号；此外，也应该说明高层次需求是否可以被其所有细化的需求所继承，或者每个需求陈述是否都有其自己的优先级。

3. 预期读者和阅读建议

这部分列举本人工智能应用需求分析报告所针对的各种不同的预期读者，如可能包括用户、开发人员、项目经理、营销人员、测试人员、文档编写人员，还需要描述文档中其余部分的内容及其组织结构，并且针对每一类读者提出最适合的文档阅读建议。

4. 参考文献

这部分列举编写该人工智能应用需求分析报告时所用到的参考文献及资料，可能包括：①本应用的项目合同书；②上级机关有关本应用的项目的批文；③本应用的项目已经批准的计划任务书；④用户界面风格指导；⑤开发本应用时所要用到的标准；⑥系统规格需求说明；⑦使用实例文档；⑧属于本应用的项目的其他已发表文件；⑨本应用需求分析报告中所引用的文件、资料；⑩相关人工智能应用需求分析报告。

为了方便读者查阅，所有参考资料应该按一定顺序排列。如果可能，每份资料都应该给出：①标题名称；②作者或者合同签约者；③文件编号或者版本号；④发表日期或者签约日期；⑤出版单位或者资料来源。

（二）概述

这一部分概述了该人工智能应用的具体名称、应用背景、该应用期望达到的具体目标效果，以及各部分具体内容。

1. 应用名称

给出该人工智能应用的正式、准确的名称。该名称应尽量简单易懂，同时能准确概括该应用的具体内容。

2. 应用背景

应用背景的介绍应首先简要阐明该人工智能应用被开发的原因，即具体为了解决哪种场景下的哪个具体问题。另外，要说明该应用的委托单位、开发单位和主管部门，以及该应用与其他应用或其他系统的关系。

3. 应用目标

应用目标指的是通过该人工智能应用，能够在所针对的场景下起到具体何种效果。对于未使用该应用时，该场景下的问题是否需要完全解决，若无须完全解决，则阐明应需要具体解决哪些主要问题。

4. 应用内容

这一部分描述该应用应具体包含的技术内容,所依托的场景下的各个方面的问题需求,与相应用到的具体技术。

5. 一般约束

列出进行本人工智能应用开发工作的一般约束,如经费限制、开发期限、设备条件、地理位置约束、用户的资料准备和交流上的问题等。

6. 用户特点

列出本应用的最终用户的特点,充分说明操作人员、维护人员的教育水平和技术专长,以及本应用的预期使用频度。这些是应用设计工作的重要约束。

(三)功能需求

功能需求是该人工智能应用最重要的需求,是该应用的核心。这一部分需要说明该应用所需要达到的功能、应具备的性能,以及设计这些功能时的具体约束。

1. 一般性需求

描述该种需求包括三个步骤,首先是针对应用确定过程中的需求,包括硬件资源、人力资源的需求应以概述。其次,需要叙述应用所要求的验证、确认、监视、测量、检验和试验活动内容,确认应用接收准则或标准。最后,应用标准化要求,明确标准化工作准则,列出采用标准的目录。

2. 功能需求

功能需求分析应用的每个功能需求,对于每个功能应按如下形式分开书写:可以使用一个逻辑示意图的方式说明各个功能间的关系,并使用文字进行详细说明;描述每个功能的目的,所使用的方法和技术,包括可以说明本功能示意图的来源和背景资料。

3. 性能需求

功能需求是该应用应该具备的基本能力,性能需求则是在满足功能需求的基础上,对各方面的性能所提出的要求。例如,要求该应用在某一方面的指标(如响应速度、数据采集的准确度等)能达到某一具体标准。

4. 设计约束

设计约束是指在设计该应用时，除了一般性约束，在针对具体功能需求的实现上需要遵守的要求。例如，由于某些原因，在实现某一功能时必须采用某种具体的硬件设备或系统软件，或出于数据保密的原因，必须做数据加密处理等。

（四）非功能需求

在这里列举出所有非功能需求，包括但不限于可靠性、安全性、可维护性、可扩展性、可测试性等。以下对几个非功能需求进行描述。

1. 安全措施需求

详尽陈述在该应用的使用过程中可能发生的损失、破坏、危害相关的需求；定义必须采取的安全保护或动作，以及必须预防的潜在危险动作；明确该应用必须遵从的安全标准、策略或规则。

2. 安全性需求

详尽陈述与系统安全性、完整性问题相关的需求，或者与个人隐私问题相关的需求。安全性是指不导致人员伤亡、危害健康及环境，不给设备或财产造成破坏或损失的能力。应用的安全性要求需要有用户安全、系统安全等内容。

这些问题将会影响到该应用的使用和该应用所创建或者使用的数据的保护。故需定义用户身份认证，或设备授权需求；明确该应用必须满足的安全性或者保密性策略；也可以通过称为完整性的质量属性来阐述这些需求。

3. 维修性

说明该应用维修性方面的需求。维修性是指应用在规定的条件下和时间内，按规定的程序和方法进行维修时，保持或恢复到规定状态的能力。维修性要求分为定性要求和定量要求。

（1）定性要求：为使应用维修快速、简便、经济，而对应用的设计、工艺、软件及其他方面提出的要求，一般包括可达性、互换性与标准化、防差错及识别标志、维修安全、检测诊断、零部件可修复性、减少维修内容、降低维修技能要求等方面。

（2）定量要求：应反映应用完好性、任务成功性、保障费用和维修人力单个目标或约束,体现在保养、预防性维修和现场抢救等诸多方面。不同的维修级别,维修性定量要求应不同,不知维修级别时应是基层级的定量要求。

4. 应用质量属性

详尽陈述对客户和开发人员至关重要的在该应用其他方面表现出来的质量功能。这些功能必须是确定的、定量的、在需要时是可以验证的。至少也应该指明不同属性的相对侧重点,如易用性优于易学性,或者可移植性优于有效性。

5. 环境适应性

说明该应用环境适用性的需求,即工作、存储、霉菌、盐雾等环境条件要求的指标,应具有具体环境要求。环境适应性是指应用在其寿命期预计可能遇到的各种环境的作用下能实现所有预定功能、性能和(或)不被破坏的能力。它是应用的重要质量特性之一。

6. 用户文档

列举出将与该应用一同交付的用户文档,并且明确所有已知用户文档的交付格式或标准,如用户手册、在线帮助电子文档、使用教程电子文档等,与该应用一同分发、配置。

7. 其他专门要求(可选)

列举出专门适用于当前人工智能应用需求分析文档的其他要求。如面向家居、制造、医疗、安防、教育等特定领域,需要针对受众人群和场景列举专门要求。

(五)需求预算

需求预算主要包括以下几个方面:首先是项目设备采购,包括开发资源和产品资源费用;其次是人员经费,包括项目人员工资、工时费、津贴等费用;最后是管理费用,包括差旅费、调研费、会议费用等。

(六)其他

列举以上未说明事项。

三、人工智能应用集成需求分析案例

这里以某工厂电机换向器产线智能化升级作为案例,进行人工智能应用集成需求分析。该工厂传统的电机换向器产线存在需要停机调试、生产节拍调整困难、换向器成品人工检测过程烦琐等问题,而随着智能工厂概念的出现,对已有产线进行智能化升级是大势所趋。

智能化工厂是利用各种现代化的技术,实现工厂的办公、管理及生产自动化,达到加强及规范企业管理、减少工作失误、堵塞各种漏洞、提高工作效率、进行安全生产、提供决策参考、加强外界联系、拓宽国际市场的目的。为了进行工厂产线的智能化升级,该工厂从产线中的人工智能应用集成需求出发,完成了一系列规范的分析流程。

(一)应用需求的收集与整理

人工智能应用集成分析的第一步便是对所需要的应用需求进行收集与整理,在需求收集的过程中,应根据以下三个步骤有序展开。

1. 确定调研内容与目的

针对旧产线存在的一系列问题,同时结合工厂智能化升级的方向,此次调研的内容可以确定为产线升级需要包含的功能,同时调研对象的选择有产线一线工人、产线管理者、工厂该部门技术负责人等。为了更好地完成调研,同时需要收集已有的工厂智能化升级的市场报告、调研报告等,这样可以避免一些重复性、无意义的工作,以提高调研效率。

而针对此次调研的目的,首先需要明确此次调研是为了了解哪些问题,比如已存在的成品人工检测困难问题,其中又包含哪些具体问题,是换向器表面瑕疵难以检测,或是换向器触头不平整难以检测等。这些问题在调研前可以设置成一个大类并进行细化以达到更好的针对性。其次,是针对调研后的工作展开问题,结合上一步中已收集到的工厂智能化升级相关报告,可以对调研结果进行一个预估,即对智能化升级涵盖的方面有一个了解,针对其中包含的诸如图像处理、机器学习等人工智能应用集成可以提前进行搜集信息。

2. 明确调研方法与人员,实施调研

考虑到该工厂的问题为生产线的智能化升级,因此调研的方法主要采用实地考察法、文献调查法、专家调查法相结合的方式,由该工厂的技术负责人作为总负责,引导技术部门成员针对产线员工、各大人工智能数据库、相关领域专家展开调研工作。其中,实地考察需要调查人员对生产线现状有详尽的了解,明确当前主要问题所在与智能化升级的方向;文献调查需要技术人员在中国知网、CSDN 等网站中以智能化工厂、生产线作为关键词搜索相关文献(部分搜索结果如图 2-5 所示);专家调查则由技术负责人牵头与相关领域的专家进行交谈。负责各部分的调研人员应及时汇报工作进展,协调进度,针对存疑部分及时进行复核。

a) 中国知网主题、关键词搜索界面

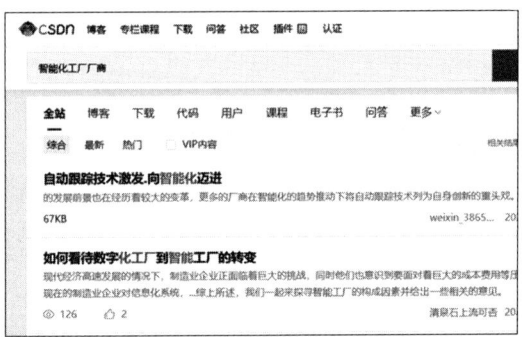
b) CSDN 博客搜索智能化工厂

图 2-5 搜索界面

3. 整理调研信息并编写调研报告

在本案例中,应分别对问卷、文献、专家的调研问题与结果进行归纳整理,根据调研的种类、内容、目的以及得到的结果进行分析总结,得到相对应的结论,形成调研报告。在调研报告的编写中,需要注意的是,调研流程的每一步都应做好记录,调研结果要做到客观公正,同时在每次调研工作结束后都应及时进行总结反思,如此次专家会谈是否解决了预设问题,专家提出的方案中是否有未曾考虑过的问题等,这样能够及时对调研工作进行更新,使得整个调研工作更全面、更具有针对性。

(二)应用集成需求分析

完成调研工作收集与整理好需求后,接下来需要做的就是在需求出现时对相关人工智能产品进行分析与选择,即需求分析阶段由以下五个方面展开。

1. 确定需求

从本案例来说,需求涉及很多方面。从功能方面来说,产线的智能化升级包含的内容有虚拟调试功能、图像处理功能、生产过程智能化管控功能等;而从性能方面来说,考虑到产线生产的效率,在虚拟调试时对同步速率有较高的要求,一般延迟需要在 100 毫秒以内;从产品界面上来说,涉及各部分传感器、主机间的数据格式问题,人机交互界面的友好度问题。因此,在该阶段需要明确需求所在,以方便后续设计出优秀的产品。

2. 需求梳理

在此阶段,需要对用户的人工智能产品进行分类。每款产品都有不同的功能,进行功能分类后要对用户的需求进行梳理。在本案例中,第一步是可以建立产品的需求池,接着对需求进行判断,对产品的合理性与效率做出判断。在本案例中,针对需求进行梳理的结果见表 2-1。

表 2-1　　　　　　　　　　　　需求梳理结果

虚拟调试相关产品	工业图像处理相关产品	智能化工厂软件平台
Process Simulate	Keyence CV-X	Siemens PLM
ANSYS Twin Builder	Basler ace 2	Azure Digital Twin
Visual Components	Siemens Simatic	PTC Thingworx IoT

我们以 ANSYS 公司的产品展开来说明:ANSYS 构建了泵的数字孪生,首先在泵上布置了加速度计、压力传感器、流量计等传感器,与控制器采集的数据共同支撑泵数字孪生模型的构建,基于模型的动态交互等特点可提供实时检测与修复模拟等服务,通过泵的数字孪生有助于更好地理解和优化产品性能,并辅助故障检测与个性化维修指导。因此,ANSYS 公司的对应需求的各种产品均可以放入需求池中。

第二步则是对需求进行判断,这个过程判断需求的合理性,用经验、专业知识,甚至是直觉,过滤掉大部分需求。接着便是考虑效率提升的问题,当前的人工智能产品为产线升级带来了哪些效率的提升,效率的提升可以是某一个流程的优化或者某一个系统内部对象的重构所带来的效率的提升。

3. 需求分析

在需求分析阶段展开的工作可以划分为分析需求对现有逻辑的影响、需求与现有流程的对应及扩展、产品内容的可用到易用、需求过滤、多角度规划几项。在本案例中，对原有产线进行智能化升级，需要在产线的不同环节安装对应需求的传感器，而不需要对原有产线的各部分机器进行。同时需要在对应软件平台上构建产线数字化实体以实现虚拟调试的功能，这就需要设计者对相应的先进技术有所了解，或是依托相关成熟代理机构完成整套的设计。

从考虑后期扩展、维护的角度来说，产线传感器布置对原有产线功能的影响应降到最低，虚拟产线的建模与调试应尽量简易化，并且为后续的再次升级留好接口，同时产线升级的成本应在可控范围内，优先解决主要问题，将产线的升级进行模块化处理，在需要增添新功能能力时再对产线进行升级改造。

需求分析中还应考虑需求是否利于建立开发流程与规范，应优先考虑标准化的解决方案。因此，针对智能化工厂的升级改造，可以依托一些代理商的成功经验来规范化智能化流程。以 Siemens PLM 平台提供的案例为例，如图 2-6 所示以传送带与送料托盘为研究对象，针对工站一段输送带与托盘的运动情况建立了一套虚拟的仿真系统以模拟实际运动，而在本案例中同样存在输送带与托盘的组件，因此可以很好地依托该案例来进行解决方案的研究。

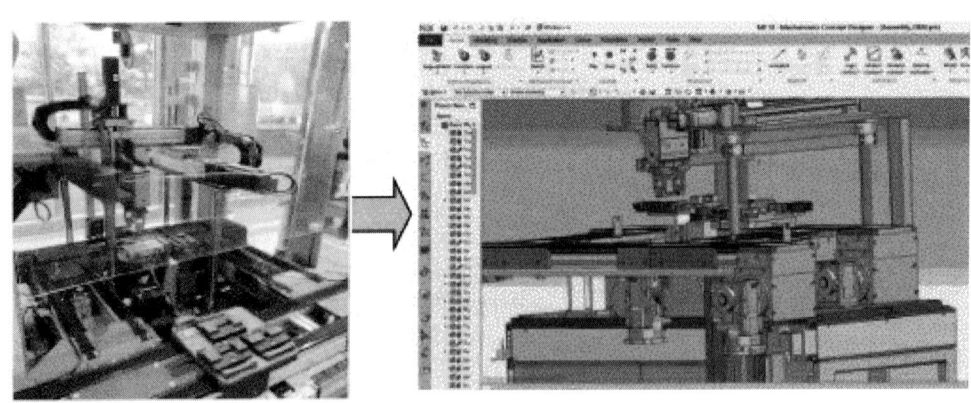

图 2-6　传送带虚拟实体

4. 需求细化

在此阶段，需要从功能、设计等上对需求细化，细化成不同的功能。针对一些新的功能或者流程变动，只需要对其中的小模块进行重新设计或优化，这样对于产品设计开发更加有效。

在本案例中，目前人工智能产品需求的细化可以通过以下三个步骤进行。第一步，解构需求链条。针对产线的人工智能产品，需要对需求进行细化，本案例中的虚拟调试功能可以细化为虚拟建模、模型融合、数据融合等部分，并且其中虚拟建模又会涉及装备的几何建模、运动建模、动力学建模等；数据融合方面则会涉及数据收集、数据映射、数据处理、数据传输等方面；这就需要设计者对每一部分的具体需求进行细化掌握，每一步具体要达到什么样的标准需要了然于心。第二步，寻找背后的逻辑，拆解细分需求背后的逻辑，对每一个整理的节点进行更加详细的分析。结合记录的所有和这个节点相关的信息一起进行考虑，这将考虑得更加全面。在本案例中，在选择智能化应用平台时，需要考虑各部分传感器数据传输问题，建模仿真环境与实际工业环境的对应问题，这些都是产线智能化升级背后的逻辑所在。第三步，对应用户形态，从流程和功能的角度对需求进行放大后，接下来便是将需求对应到具体的用户群体中。产线的智能化升级对应的用户自然是产线的技术负责人，这就需要先前所选用的人工智能产品具有友好的交互性，能够方便使用者快速入门进行使用，并能提供个性化定制。

5. 验证需求并实施

在验证需求阶段，可以采用先测试验证后使用的方法，新技术、新理念的出现，自然有它的诱惑，慎重并不代表保守，技术总是在不断前进，拥抱变化本身没有问题，但是引入不成熟的技术看似能带来短期的收益，它的风险或者是后期的成本却可能远远大于收益。因此，在本案例中，产线的智能化升级先是基于虚拟平台对单个机器进行了虚拟调试的应用，最后才对整个产线进行了全方位的智能化升级。

以该产线中的刷勾机为例，基于 Siemens PLM 平台，建立了对应机器的虚拟模型，并布置了虚拟的传感器，利用工业可编程逻辑控制器（Programmable Logic Controller, PLC）编程进行了单台机台的虚拟调试，在此机台上解决了数据传输、调试同步率等问题。如图 2-7 所示。

最后逐步完成了整条产线上所有机台的虚拟建模与调试，进而实现整条产线的智能化改造，如图 2-8 所示。

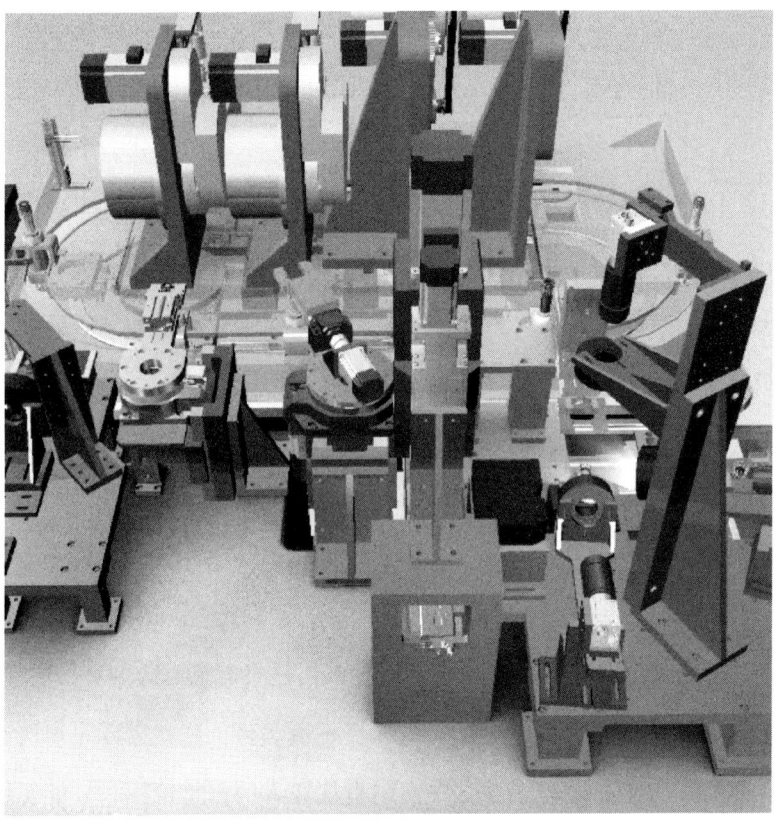

图 2-7 刷勾机虚拟模型

图 2-8 产线虚拟模型

思考题

1. 如何收集用户对人工智能应用的需求？如何进行基本的需求分析？

2. 人工智能应用集成需求调研方法有哪些？

3. 如何选择人工智能应用集成需求调研工具？

4. 简述人工智能应用集成需求分析流程。

5. 简述人工智能应用集成需求分析方法并说出几种人工智能应用集成需求分析常用工具。

6. 简述人工智能应用需求分析文档撰写规范。

7. 简述人工智能应用需求分析文档撰写流程。

8. 简要列举几种典型场景人工智能产品集成应用成熟案例。

第三章
人工智能应用集成设计开发

在完成人工智能应用集成需求分析之后,下一步是人工智能应用集成设计开发。与常规应用开发不同,人工智能应用需要注意如何将人工智能的算法有机地集成到应用的设计与接口的开发中来。本章内容涵盖人工智能应用领域的基本数据梳理及分析方法、模块代码开发、接口开发,并给出计算机视觉、智能语音识别和自然语言处理三个应用方向的设计开发案例。通过不同应用方向的基础案例学习,我们可以快速地掌握人工智能应用集成设计与开发的一般步骤。

- **职业功能:** 人工智能应用集成设计和开发。
- **工作内容:** 人工智能应用集成设计和开发的实操。
- **专业能力要求:** 人工智能应用集成设计和开发等基本技能和专业技能掌握。
- **相关知识要求:** 人工智能应用数据梳理及数据分析方法,模块与接口开发方法,不同人工智能应用方向的集成设计开发步骤。

第一节　人工智能应用数据梳理及分析方法

考核知识点及能力要求：
- 了解人工智能应用数据梳理方法；
- 了解人工智能应用数据分析方法。

一、人工智能应用数据梳理方法

数据梳理（也称作数据清洗）是数据统计分析的基础性工作，它包含对所收集到的资料进行查错、校验、归类和加工等一系列过程。通常，在原始收集到的数据缺乏一定的组织和系统性，因此在正式进行数据分析和建模之前，需要花费大量的时间用于数据的清理、转换、重排、验证和分组等操作。据报道，此类任务通常可以占用数据分析师 80% 或更多的时间。数据梳理是人工智能应用集成的非常重要的一个先行性步骤，该步骤的好坏直接影响到后续人工智能应用集成设计与开发的顺利进行。数据梳理方法依据不同的目标问题、应用领域、编程手段等可以分为不同的操作。在人工智能应用集成方面，常用的数据梳理方法包括噪声值处理、数据转换等。

（一）噪声值处理

生活中的噪声是对人们正常学习和工作产生干扰性影响的一些声音，而在计算机和人工智能领域的噪声则是对数据正常分析产生一定干扰、造成潜在影响的不规则数据，包括缺失值、重复值等。对噪声值的处理，即为清理、删除和修改这些不一致的数据。

1. 缺失值的丢弃和填充

缺失值在许多数据分析应用程序中很常见,通常是由于人为的失误或者机器的故障造成的。我们在进行实质性的数据分析之前,应该检查是否有缺失的数据,如果存在则需要进行修改、替换和补充,从而减少对后续工作的影响。

(1)缺失值的表示。基于 NumPy 的 Python 数据分析模块 Pandas 具有大量处理缺失值的数据结构和方法,而且 Pandas 对象的统计功能都会默认排除丢失的数据。对于数值数据,Pandas 使用浮点值 NaN(非数字)来表示缺失值,称为哨兵值(Sentinel Value)。

```
>>> import pandas as pd
>>> import numpy as np
>>> string_data = pd.Series(['apple','pear','orange',np.nan])
>>> string_data
0      aardvark
1      artichoke
2           NaN
3       avocado
dtype: object
>>> string_data.isnull()
0    False
1    False
2    False
3     True
dtype: bool
```

缺失值可能是不存在的数据,也可能是存在但未被观察到的数据。在进行数据梳理的过程中,通常对缺失数据本身的分析是非常重要的。通过缺失值的分析,可以发现数据收集中的问题,或者由数据缺失引起的潜在数据偏差的问题。

除了浮点值 NaN，Python 内置的空值 None 也可以用来表示缺失值。

```
>>> string_data[1] = None
>>> string_data.isnull()
0    False
1    True
2    False
3    True
dtype: bool
```

（2）缺失值的处理。Pandas 的数据结构（如 Series、DataFrame）封装了多个与缺失值处理有关的应用程序编程接口方法，具体的方法见表 3–1。

表 3–1　　　　　　　　　　Pandas 中缺失值的处理方法

方法	功能
isnull	判断是否有缺失值，是则返回 True
notnull	判断是否有缺失值，否则返回 True
dropna	丢弃带有缺失值的数据行 / 列
fillna	使用某个值或一个插值方法（如 ffill、bfill）填充缺失值
iloc	根据 index 来索引，对符合条件的数据进行替换
loc	根据行号 / 列号来索引，对符合条件的数据进行替换

dropna 方法用于丢弃和过滤缺失值。对于 Series 对象，它返回仅包含非空数据和索引值的对象。

```
>>> from numpy import nan as NA
>>> data = pd.Series([2,NA,4,NA,6,8])
>>> data.dropna()
0    2.0
```

```
2    4.0
4    6.0
5    8.0
dtype: float64
```

这一方法得到的结果与如下的方法等价:

```
>>> data[data.notnull()]
0    2.0
2    4.0
4    6.0
5    8.0
dtype: float64
```

对于 DataFrame 对象,dropna 默认删除任何包含缺失值的行,它的语法格式如下:

```
dropna(axis=0, how='any', thresh=None, subset=None, inplace=False)
```

其中,各个参数的含义为:

axis——0 指行,1 为列,默认为 0;

how——'any' 表示只要包含缺失值就丢弃,'all' 表示全部为缺失值才丢弃,默认为 'any';

thresh——用来指定保留包含多少个非 NaN 值的行;

subset——指定对特定的行/列进行缺失值处理;

inplace——是否直接在原数据上更改。

```
>>> data = pd.DataFrame([[1,2,3],[NA,NA,NA],[7,NA,9]])
>>> data
     0    1    2
0  1.0  2.0  3.0
1  NaN  NaN  NaN
```

```
2  7.0  NaN  9.0
>>> cleaned = data.dropna()
>>> cleaned
    0    1    2
0  1.0  2.0  3.0
```

如果想删除全部为 NaN 的行，可以设置参数：how='all'。

```
>>> data.dropna(how='all')
    0    1    2
0  1.0  2.0  3.0
2  7.0  NaN  9.0
```

如果想删除列，需要设置参数：axis=1。

```
>>> data[4] = NA
>>> data
    0    1    2    4
0  1.0  2.0  3.0  NaN
1  NaN  NaN  NaN  NaN
2  7.0  NaN  9.0  NaN
>>> data.dropna(axis=1,how='all')
    0    1    2
0  1.0  2.0  3.0
1  NaN  NaN  NaN
2  7.0  NaN  9.0
```

如果想保留包含一定数量非空值的行，可以通过设置 thresh 参数来达到这一效果。

```
>>> df = pd.DataFrame(np.random.randn(5, 3))
>>> df.iloc[: 3, 0] = NA
>>> df.iloc[1: 3, 2] = NA
>>> df
          0          1          2
0       NaN  -0.467196   1.294021
1       NaN  -0.070373        NaN
2       NaN  -0.179686        NaN
3  1.139624   0.867620   0.013681
4 -1.680909  -0.277343  -0.142813
>>> df.dropna()
          0          1          2
3  1.139624   0.867620   0.013681
4 -1.680909  -0.277343  -0.142813
>>> df.dropna(thresh=2)
          0          1          2
0       NaN  -0.467196   1.294021
3  1.139624   0.867620   0.013681
4 -1.680909  -0.277343  -0.142813
```

有时候，通过填充而非丢弃数据的方式可以达到更好的效果。fillna 方法可以用于填充缺失值，它的语法格式如下：

```
fillna(value=None, method=None, axis=None, inplace=False, limit=None, downcast=None, **kwargs)
```

其中，各个参数的含义为：

value——指定要替换的值，可以是标量、字典、Series 或 DataFrame；

method——指定填充缺失值的插值方式，如果是 "pad' 或 'ffill' 表示使用扫描过程中遇到的最后一个有效值一直填充到下一个有效值，默认使用 'ffill' 方法，如果是 'backfill' 或 'bfill' 则表示使用缺失值之后遇到的第一个有效值填充前面遇到的所有连续的缺失值；

axis——修改填充方向，默认为 0 按列填充；

inplace——是否直接在原数据上更改；

limit——指定设置了参数 method 时最多填充多少个连续的缺失值。

```
>>> df.fillna(0)
          0         1         2
0  0.000000 -0.467196  1.294021
1  0.000000 -0.070373  0.000000
2  0.000000 -0.179686  0.000000
3  1.139624  0.867620  0.013681
4 -1.680909 -0.277343 -0.142813
```

使用一个字典作为要填充的值，这样每一列可以使用不同的填充值。

```
>>> df.fillna({0: 0.1, 2: 0.2})
          0         1         2
0  0.100000 -0.467196  1.294021
1  0.100000 -0.070373  0.200000
2  0.100000 -0.179686  0.200000
3  1.139624  0.867620  0.013681
4 -1.680909 -0.277343 -0.142813
```

通常 fillna 返回一个新的 DataFrame 对象，而不对原来的 DataFrame 做任何修改。如果想修改现有的对象，可设置 inplace 参数为 True。

```
>>> _ = df.fillna(0, inplace=True)
>>> df
```

```
           0         1         2
0  0.000000 -0.467196  1.294021
1  0.000000 -0.070373  0.000000
2  0.000000 -0.179686  0.000000
3  1.139624  0.867620  0.013681
4 -1.680909 -0.277343 -0.142813
```

fillna 方法可以用插值方法指定填充缺失值的方式。

```
>>> df = pd.DataFrame(np.random.randn(5, 3))
>>> df.iloc[3:, 0] = NA
>>> df.iloc[2:, 2] = NA
>>> df
           0         1         2
0 -0.139291 -0.158821  0.279809
1  0.001690  1.174891  1.527271
2 -0.639749  0.579285       NaN
3       NaN  0.143890       NaN
4       NaN  0.772847       NaN
>>> df.fillna(method='ffill')
           0         1         2
0 -0.139291 -0.158821  0.279809
1  0.001690  1.174891  1.527271
2 -0.639749  0.579285  1.527271
3 -0.639749  0.143890  1.527271
4 -0.639749  0.772847  1.527271
>>> df.fillna(method='ffill', limit=2)
```

```
            0         1         2
0  -0.139291 -0.158821  0.279809
1   0.001690  1.174891  1.527271
2  -0.639749  0.579285  1.527271
3  -0.639749  0.143890  1.527271
4  -0.639749  0.772847       NaN
```

对于 Series 对象，使用 fillna 方法可以计算 Series 对象的平均值或中值来填充缺失值，这是在数据梳理时经常会用到的一个方法。

```
>>> data = pd.Series([1, NA, 3, NA, 6])
>>> data.fillna(data.mean())
0    1.000000
1    3.333333
2    3.000000
3    3.333333
4    6.000000
dtype: float64
```

2. 重复值的删除

出于多种原因，原始数据中可能出现许多重复的数据。例如，当通过计算机录入大量的数据时，可能会因为人为的失误出现数据的重复。下面是一些数据重复的例子：

```
>>> data = pd.DataFrame({'k1': ['cat', 'dog'] * 2 + ['dog'], 'k2': [1, 2, 3, 4, 4]})
>>> data
    k1  k2
0  cat   1
```

```
1  dog  2
2  cat  3
3  dog  4
4  dog  4
```

如何发现这些重复值,并正确处理它们是非常重要的工作。Pandas 的 DataFrame 对象拥有处理这些重复值的诸多方法,包括检测和删除重复的数据。

duplicated 方法主要用来检测 DataFrame 中重复的行,该方法的语法格式如下:

```
duplicated(subset=None, keep='first')
```

其中,各个参数的含义为:

subset——指定判断不同行的数据是否重复时所依据的一列或多列,默认使用整行所有列的数据;

keep——参数为 'first' 时表示重复数据的第一次出现标记为 False,为 'last' 时表示最后一次出现标记为 False,为 False 时表示标记所有重复数据为 True。

该方法返回一个布尔类型的 Series,指示每行是否在前一行中观察到,即数据是否重复。

```
>>> data.duplicated()
0    False
1    False
2    False
3    False
4    True
dtype: bool
```

drop_duplicated 方法则用来删除重复的数据,返回一个 DataFrame,它的语法格式如下:

```
drop_duplicated(subset=None, keep= 'first', inplace=False)
```

其中，各个参数的含义为：

subset/keep——参数的含义同 duplicated 方法；

inplace——是否直接在原数据上更改，设置为 True 时没有返回值。

```
>>> data.drop_duplicates()
    k1 k2
0 cat  1
1 dog  2
2 cat  3
3 dog  4
```

默认情况下，这两种方法均考虑所有列。同时，可以使用 subset 参数指定任意子集来检测重复值。假设想根据 'k1' 列过滤重复项，可以使用如下代码：

```
>>> data['k3'] = range(5)
>>> data.drop_duplicates(['k1'])
    k1 k2 k3
0 cat  1  0
1 dog  2  1
```

duplicated 和 drop_duplicates 方法默认保留第一组观察到的值。可以通过设置参数 keep='last'，返回最后一组值。

```
>>> data.drop_duplicates(['k1', 'k2'], keep='last')
    k1 k2 k3
0 cat  1  0
1 dog  2  1
2 cat  3  2
4 dog  4  4
```

3. 异常值的检测和过滤

异常值是指严重超出正常范围的数值，通常是由于数据采集错误等原因导致的。因此，数据分析人员在预处理数据时，可以通过人为设置正常的边界值来辅助删除或替换这些异常的值，从而减少它们对最终数据分析的影响。异常值检测的关键是依据实际情况准确地定义正常范围的边界，超出正常范围的数值被认为是异常值。异常值的过滤是一个数组应用和操作的问题。

假设 DataFrame 对象中的数据符合正态分布：

```
>>> data = pd.DataFrame(np.random.randn(1000, 4))
>>> data.describe()
                0            1            2            3
count  1000.000000  1000.000000  1000.000000  1000.000000
mean      0.003093    -0.014366     0.015376    -0.023673
std       0.950046     0.995646     0.974982     0.962531
min      -2.938096    -3.229814    -2.971098    -3.362779
25%      -0.624237    -0.663088    -0.657503    -0.656303
50%      -0.006204    -0.029826     0.032181    -0.053726
75%       0.605445     0.646233     0.673317     0.595387
max       3.563456     3.417390     3.418981     2.892450
```

如果想在某一列中寻找绝对值超过 3 的所有值，可以使用如下方法：

```
>>> col = data[1]
>>> col[np.abs(col) > 3]
115    3.017814
179    3.417390
865   -3.229814
897   -3.044206
Name: 1, dtype: float64
```

在布尔型的 DataFrame 上使用 any 方法，可以找到绝对值超过 3 的所有行：

```
>>> data[(np.abs(data) > 3).any(1)]
              0         1         2         3
115    0.459263  3.017814  1.127350 -0.167911
145    0.982187  0.389577  3.365122 -0.326252
179   -1.131394  3.417390  0.192470  1.610584
284   -0.353645  1.344147  3.418981 -0.074610
384   -0.506352  0.289235  3.416159  1.229807
391    0.563512  0.187729 -0.049219 -3.053385
705   -0.580335  1.320588 -0.078716 -3.362779
865   -0.480554 -3.229814 -1.609384  0.910728
897    0.323139 -3.044206  1.065194 -0.855277
972    3.563456 -0.988691  0.637823 -1.845741
```

设置分布的区间为 –3 ~ 3，将此区间外的值设置为 –3 或 3，具体如下所示：

```
>>> data[np.abs(data) > 3] = np.sign(data) * 3
>>> data.describe()
                 0            1            2            3
count  1000.000000  1000.000000  1000.000000  1000.000000
mean      0.002530    -0.014527     0.014175    -0.023257
std       0.948098     0.993386     0.971048     0.961172
min      -2.938096    -3.000000    -2.971098    -3.000000
25%      -0.624237    -0.663088    -0.657503    -0.656303
50%      -0.006204    -0.029826     0.032181    -0.053726
75%       0.605445     0.646233     0.673317     0.595387
max       3.000000     3.000000     3.000000     2.892450
```

其中，np.sign（data）方法根据 data 中的值是正数还是负数生成 1 和 –1 值。

```
>>> np.sign(data).head()
      0   1   2   3
0 -1.0  1.0 -1.0  1.0
1 -1.0 -1.0  1.0 -1.0
2 -1.0 -1.0 -1.0  1.0
3 -1.0  1.0 -1.0 -1.0
4  1.0  1.0  1.0 -1.0
```

（二）数据转换

除了噪声处理，数据转换是另外一类重要的操作。例如，存储在文件或数据库中的数据格式并不是处理特定任务所需要的正确格式，这时候需要数据分析人员使用编程的方法把一种格式的数据转换到另一种格式的数据，这类数据梳理方法统称为数据转换。数据转换的处理包括多种不同的方法，常用的数据转换方法有映射值、替换值、离散化和分组。

1. 映射值

数据分析人员经常遇到需要对数据集进行转换的情况，如基于数组、Series 或者 DataFrame 的列中的值执行一些数据转换操作。假设有如下一个关于宠物的数据集：

```
>>> data = pd.DataFrame({'pet': ['husky', 'labrador', 'husky', 'persian cat', 'american curl', 'Husky', 'Persian cat', 'samoyed', 'lion head'], 'price': [450, 610, 500, 760, 605, 591, 713, 749, 370]})
>>> data
         pet  price
0      husky    450
1   labrador    610
2      husky    500
```

```
3      persian cat    760
4      american curl  605
5              Husky  591
6      Persian cat    713
7          samoyed    749
8        lion head    370
```

如果我们想添加一列数据，用于标识每种宠物来自的动物类型。不同宠物与动物类型的映射如下所示：

```
pet_to_animal = {
        'husky': 'dog',
        'labrador': 'dog',
        'persian cat': 'cat',
        'american curl': 'cat',
        'samoyed': 'dog',
        'lion head': 'rabbit'
}
```

Series 对象的 map 方法可以接受一个映射函数或字典作为参数。但在此之前，有些宠物的大小写不一致，需要使用 Series 的 str.lower 方法将所有值转换为小写，然后再进行数据的映射。

```
>>> lowercased = data['pet'].str.lower()
>>> lowercased
0             husky
1          labrador
2             husky
3       persian cat
```

```
4      american curl
5             husky
6       persian cat
7           samoyed
8         lion head
Name: pet, dtype: object
>>> data['animal'] = lowercased.map(pet_to_animal)
>>> data
            pet  price  animal
0         husky    450     dog
1      labrador    610     dog
2         husky    500     dog
3   persian cat    760     cat
4  american curl  605     cat
5         Husky    591     dog
6   Persian cat   713     cat
7        samoyed   749     dog
8      lion head   370  rabbit
```

上面的多个步骤可以使用 lambda 表达式整合到 map 方法的参数中，map 方法是执行逐元素转换操作的便捷方法，具体如下所示：

```
>>> data['pet'].map(lambda x: pet_to_animal[x.lower()])
0    dog
1    dog
2    dog
3    cat
4    cat
```

```
5      dog
6      cat
7      dog
8      rabbit
Name: pet, dtype: object
```

2. 替换值

上述的 map 方法通过映射来修改对象中的一组值,是值替换的一种特殊情况。replace 方法则是更为通用的值替换方法,提供了一种更加简单和灵活的手段。假设有如下一个 Series 对象:

```
>>> data = pd.Series([1., -999., 2., -999., -1000., 3.])
>>> data
0      1.0
1     -999.0
2      2.0
3     -999.0
4     -1000.0
5      3.0
dtype: float64
```

若 –999 是缺失数据的标记值,需要将这些值替换为 NaN 值,这时可以用 replace 方法生成一个新的 Series 对象:

```
>>> data.replace(-999, np.nan)
0      1.0
1      NaN
2      2.0
3      NaN
```

```
4    -1000.0
5        3.0
dtype: float64
```

如果想一次替换多个值，可以传递一个列表来替代值：

```
>>> data.replace([-999, -1000], np.nan)
0    1.0
1    NaN
2    2.0
3    NaN
4    NaN
5    3.0
dtype: float64
```

如果想对每个值使用不同的值替换，需要传递一个替换列表：

```
>>> data.replace([-999, -1000], [np.nan, 0])
0    1.0
1    NaN
2    2.0
3    NaN
4    0.0
5    3.0
dtype: float64
```

参数同样可以采用字典的形式，如下所示：

```
>>> data.replace({-999: np.nan, -1000: 0})
0    1.0
```

```
1    NaN
2    2.0
3    NaN
4    0.0
5    3.0
dtype: float64
```

3. 离散化和分组

连续的数据通常被离散化或以各种方式分成"bin（箱子）"进行分析。假设有一组人的年龄数据，需要按照年龄分组到四个离散的 bin 当中，分别为：18 到 25，26 到 35，36 到 60，61 以上。可以使用 Pandas 中的 cut 方法进行离散化和分组的操作。

```
>>> ages = [20, 22, 25, 27, 21, 23, 37, 31, 61, 45, 41, 32]
>>> bins = [18, 25, 35, 60, 100]
>>> cats = pd.cut(ages, bins)
>>> cats
[(18, 25], (18, 25], (18, 25], (25, 35], (18, 25], ..., (25, 35], (60, 100], (35, 60], (35, 60], (25, 35]]
Length: 12
Categories (4, interval[int64]): [(18, 25] < (25, 35] < (35, 60] < (60, 100]]
```

cut 方法返回一个 Categories 对象，包含四个年龄段的类别数组，指定不同的类别名称和代码属性中年龄数据的标签。

```
>>> cats.codes
array([0, 0, 0, 1, 0, 0, 2, 1, 3, 2, 2, 1], dtype=int8)
>>> cats.categories
IntervalIndex([(18, 25], (25, 35], (35, 60], (60, 100]],
```

```
        closed='right', dtype='interval[int64]')
>>> pd.value_counts(cats)
(18, 25]     5
(35, 60]     3
(25, 35]     3
(60, 100]    1
dtype: int64
```

在这里，pd.value_counts（cats）给出pandas.cut结果中的bin统计，年龄段是左开右闭的区间。可以通过设置参数right=False来更改关闭的一侧，具体如下代码所示：

```
>>> pd.cut(ages, [18, 26, 36, 61, 100], right=False)
[[18, 26), [18, 26), [18, 26), [26, 36), [18, 26), ..., [26, 36), [61, 100), [36, 61), [36, 61), [26, 36)]
Length: 12
Categories (4, interval[int64]): [[18, 26) < [26, 36) < [36, 61) < [61, 100)]
```

还可以通过将列表或数组作为参数，传递给标签选项来设置bin的名称：

```
>>> group_names = ['Youth', 'YoungAdult', 'MiddleAged', 'Senior']
>>> pd.cut(ages, bins, labels=group_names)
[Youth, Youth, Youth, YoungAdult, Youth, ..., YoungAdult, Senior, MiddleAged, MiddleAged, YoungAdult]
Length: 12
Categories (4, object): [Youth < YoungAdult < MiddleAged < Senior]
```

如果传递int型数据而不是明确的bin边缘作为切割参数，它将根据数据中的最小值和最大值计算等长的bin。例如，对于一些均匀分布的数据被切成四份的情况，这里参数precision=2表示小数点的精度为保留两位小数。

```
>>> data = np.random.rand(20)
>>> pd.cut(data, 4, precision=2)
[(0.064, 0.28], (0.49, 0.7], (0.49, 0.7], (0.49, 0.7], (0.49, 0.7], ..., (0.28, 0.49], (0.49, 0.7], (0.7, 0.92], (0.064, 0.28], (0.28, 0.49]]
Length: 20
Categories (4, interval[float64]): [(0.064, 0.28] < (0.28, 0.49] < (0.49, 0.7] < (0.7, 0.92]]
```

cut 方法通常不会让每个 bin 得到相同数量的样本。与之相反，qcut 方法则是根据样本的数量进行等分。

```
>>> data = np.random.randn(1000)
>>> cats = pd.qcut(data, 4)
>>> cats
[(-0.71, -0.0391], (0.684, 3.739], (0.684, 3.739], (-0.0391, 0.684], (-3.681, -0.71], ..., (-0.71, -0.0391], (-0.0391, 0.684], (-0.0391, 0.684], (-0.0391, 0.684], (-0.71, -0.0391]]
Length: 1000
Categories (4, interval[float64]): [(-3.681, -0.71] < (-0.71, -0.0391] < (-0.0391, 0.684] < (0.684, 3.739]]
>>> pd.value_counts(cats)
(0.684, 3.739]      250
(-0.0391, 0.684]    250
(-0.71, -0.0391]    250
(-3.681, -0.71]     250
dtype: int64
```

同样，可以传递 0 ~ 1 之间的分位数作为 qcut 方法的参数：

```
>>> pd.qcut(data, [0, 0.1, 0.5, 0.9, 1.])
[(-1.362, -0.0391], (1.235, 3.739], (-0.0391, 1.235], (-0.0391, 1.235], (-3.681, -1.362], ...,
(-1.362, -0.0391], (-0.0391, 1.235], (-0.0391, 1.235], (-0.0391, 1.235], (-1.362,
-0.0391]]
Length: 1000
Categories (4, interval[float64]): [(-3.681, -1.362] < (-1.362, -0.0391] < (-0.0391, 1.235]
< (1.235, 3.739]]
```

二、人工智能数据分析方法

对于人工智能应用的设计和开发人员而言,数据的分析与处理是人工智能应用集成的非常关键的一环,也是后续工作的基础。常用的数据分析方法有回归分析、分类分析、聚类分析、因子分析、方差分析等。在人工智能的应用集成领域,我们将重点介绍回归分析、分类分析和聚类分析三种方法。

(一)回归分析

回归分析(Regression Analysis)是研究两种或两种以上变量之间相互依赖关系的统计分析方法。回归分析使我们能够发现自变量和因变量(目标变量)之间是否存在关系。在简单线性回归中,知道自变量 X 和因变量 y 之间的关系在预测趋势走向和时间序列建模中非常有用,如逐年全球气温水平与全球变暖是否存在关联。

回归分析方法按照不同的标准有多种类别。依据自变量的数量,回归分析可以分为一元回归分析和多元回归分析;依据自变量和因变量之间的关系类型,回归分析可以分为线性回归分析和非线性回归分析。

1. 简单线性回归

简单线性回归又称一元线性回归,采用一个自变量和一个因变量来预测目标。下面来看一个简单线性回归的例子,数据集为企业员工的工资数据(Salary_Data.csv),逗号作为分隔值,列则为工作年限(代表经验)和薪水。

```
YearsExperience,Salary
1.1, 39343.00
1.3, 46205.00
1.5, 37731.00
2.0, 43525.00
2.2, 39891.00
2.9, 56642.00
3.0, 60150.00
3.2, 54445.00
3.2, 64445.00
3.7, 57189.00
3.9, 63218.00
4.0, 55794.00
4.0, 56957.00
4.1, 57081.00
4.5, 61111.00
4.9, 67938.00
5.1, 66029.00
5.3, 83088.00
5.9, 81363.00
6.0, 93940.00
6.8, 91738.00
7.1, 98273.00
7.9, 101302.00
8.2, 113812.00
8.7, 109431.00
9.0, 105582.00
```

```
9.5, 116969.00
9.6, 112635.00
10.3, 122391.00
10.5, 121872.00
```

下面的代码用于简单线性回归的数据拟合：

```
import pandas as pd
import matplotlib.pyplot as plt
from sklearn.linear_model import LinearRegression
from sklearn.model_selection import train_test_split

# 导入数据集
dataset = pd.read_csv('Salary_Data.csv')
X = dataset.iloc[:, :-1].values    # DataFrame
y = dataset.iloc[:, 1].values      # Series

# 将数据集按比例拆分为训练集和测试集
X_train, X_test, y_train, y_test = train_test_split(X, y, test_size=1/3, random_state=0)

# 调用简单线性回归算法拟合训练集
regressor = LinearRegression()
regressor.fit(X_train, y_train)
# 预测测试集的结果
  y_pred = regressor.predict（X_test）

# 训练集结果的可视化
```

```
plt.rcParams['font.sans-serif'] = ['SimHei']
plt.rcParams['axes.unicode_minus'] = False
plt.scatter(X_train, y_train, color='red')
plt.plot(X_train, regressor.predict(X_train), color='blue')
plt.title(' 薪水 vs 工作年限 ( 训练集 )')
plt.xlabel(' 工作年限 ')
plt.ylabel(' 薪水 ')
plt.show()


# 测试集结果的可视化
plt.rcParams['font.sans-serif'] = ['SimHei']
plt.rcParams['axes.unicode_minus'] = False
plt.scatter(X_test, y_test, color='red')
plt.plot(X_train, regressor.predict(X_train), color='blue')
plt.title(' 薪水 vs 工作年限 ( 测试集 )')
plt.xlabel(' 工作年限 ')
plt.ylabel(' 薪水 ')
plt.show()
```

这段代码创建一个简单线性回归模型，该模型根据工作年限（代表经验）预测薪水。首先，使用 70% 的数据集作为训练集，创建一个模型。其次，使用一条直线拟合数据点，使之尽可能地接近大多数的点。线性模型创建之后，我们将拟合直线应用到测试集（数据集的剩余 30%）。通过图 3-1 和图 3-2 可以看出，在训练集上拟合的直线在测试集上也具有良好的效果。

下面我们来总结简单线性回归分析的 Python 编程实现方法。

首先，导入必要的扩展库。例如，用于数据分析与处理的 pandas 库、用于数据可视化的 matplotlib 库、用于机器学习的 sklearn 库中需要用到的部分方法。

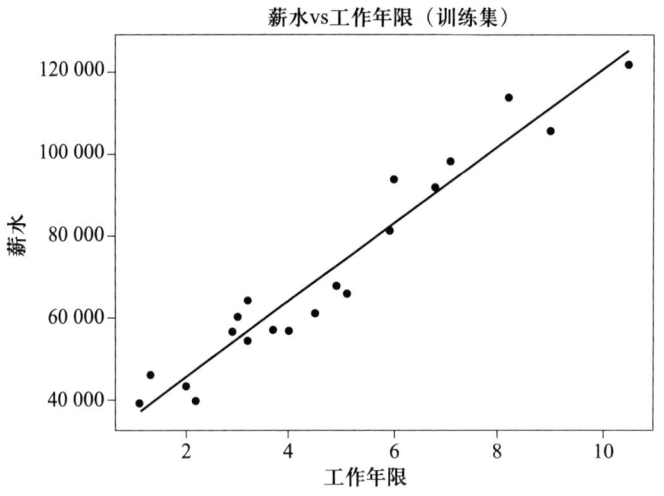

图 3-1　使用训练集拟合直线

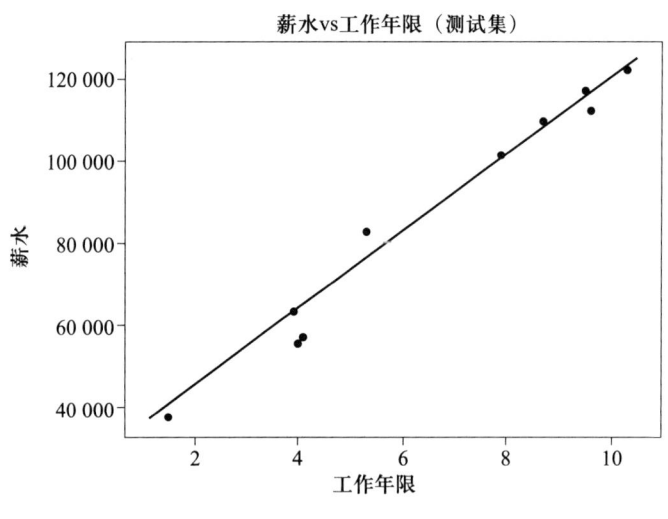

图 3-2　使用测试集拟合直线

其次,导入工资数据集 Salary_Data.csv。设置工作年限为自变量 X,薪水为因变量 y。同时,将数据集拆分为训练集(70%)和测试集(30%)。

再次,应用线性回归模型拟合一条直线。可以通过 scikit-learn 库的 regressor = LinearRegression( ) 和 regressor.fit(X_train, y_train) 两行代码完成。

最后,从训练集(X_train 和 y_train)中完成学习之后,将该回归模型应用于测试集(X_test)并使用数据可视化工具 matplotlib 绘制结果图。

简单线性回归是一种非常直接的数据分析方法。它使用一组自变量和一组因变量,从训练集中学习模型,再应用于测试集,来查看模型的性能。

2. 多元线性回归

在现实生活中,通常存在多个自变量对因变量造成影响。多元线性回归采用多个自变量对呈现线性关系的因变量进行回归分析,目标是拟合出一条最能表现自变量与因变量关系的直线。下面介绍一个初创企业的数据集(50_Startups.csv),拥有50家企业的数据,包括四个自变量(研发支出、管理费用、营销支出、地点)和一个因变量(利润)。这里,自变量也被称为特征。线性回归分析的目的是揭示四个特征与目标"利润"之间的关系。

首先,导入扩展库和50家初创企业的数据集50_Startups.csv。加载数据后,可以通过dataset.head()查看数据集的前5行数据。

```python
import pandas as pd
from sklearn.preprocessing import LabelEncoder, OneHotEncoder
from sklearn.compose import ColumnTransformer
from sklearn.linear_model import LinearRegression
from sklearn.model_selection import train_test_split

# 导入数据集
dataset = pd.read_csv('50_Startups.csv')
X = dataset.iloc[:, :-1].values
y = dataset.iloc[:, 4].values
print(dataset.head())
```

在数据集的"State"(地点)列下,数据不是数值,而是文本(如California、New York、Florida)。处理此类数据的一种简便的方法是将文本数据转换为数值数据。因此,类别变量可以通过一定的方式被转换为虚拟变量,也称为哑变量(Dummy Variables),取值为0或1。我们通过如下代码实现这一点:

```
# 对类别变量进行转换，编码为只含有 0 或 1 的虚拟变量
labelencoder = LabelEncoder()
X[:, 3] = labelencoder.fit_transform(X[:, 3])
ct = ColumnTransformer([("State", OneHotEncoder(), [3])], remainder='passthrough')
X = ct.fit_transform(X)
# 丢弃第一列，避免虚拟变量陷阱
X = X[:, 1:]
```

在 X[:，3] = labelencoder.fit_transform（X[:，3]）这行代码中，数字 3 表示第四列"State"（因为索引从 0 开始）。它对"State"列中的数据进行变换，创建了取值为 0 或 1 的虚拟变量。例如，我们有如下带有类别变量的数据：

3.5, New York

2.0, California

6.7, Florida

如果转换为虚拟变量，则上面的数据将变为：

3.5, 1, 0, 0

2.0, 0, 1, 0

6.7, 0, 0, 1

请注意，State 列变成了 3 列数据，对应见表 3-2。

表 3-2　　　　　　　　　　　　文本数据与数值数据的转换

	纽约（New York）	加利福尼亚（California）	佛罗里达（Florida）
3.5	1	0	0
2.0	0	1	0
6.7	0	0	1

虚拟变量中的 0 或 1 值表示对应的类别是否存在，可以对其做定量分析。从上述的列表中，我们可以看到 6.7 对应 Florida（New York 为 0, California 为 0, Florida 为 1）。通过 skleran 扩展库中的 ColumnTransformer（），将 OneHotEncoder 这个转换器放在其参数中，指定要编码的列，[3] 表示第四列即"State"。另外，设置参数 remainder='passthrough' 表示所有未指定的剩余列 ColumnTransformer 将自动通过。

这里存在一个所谓的"虚拟变量陷阱（Dummy Variable Trap）"，即其中有一个额外的变量可以被删除，因为它可以从其他变量中预测出来。例如，在上面的示例中，当 California 和 Florida 都为 0 时，可以自动知道对应的"State"列是 New York。因此，可以删除 1 个变量，仅使用 2 个变量来表达"State"。在上述代码中，使用了 X=X[：, 1:] 来避免虚拟变量陷阱。在这些数据预处理步骤之后，自变量 X 将以表 3-3 的方式进行呈现。

表 3-3　　　　　　　　　　数据预处理后自变量的形式

0	1	165 349.2	136 897.8	471 784.1
0	0	162 597.7	151 377.59	443 898.53
1	0	153 441.51	101 145.55	407 934.54
0	1	144 372.41	118 671.85	383 199.62
1	0	142 107.34	91 391.77	366 168.42
0	1	131 876.9	99 814.71	362 861.36
0	0	134 615.46	147 198.87	127 716.82
1	0	130 298.13	145 530.06	323 876.68
0	1	120 542.52	148 718.95	311 613.29
0	0	123 334.88	108 679.17	304 981.62

这里没有类别变量"State"列，同时通过删除 1 个冗余变量来避免虚拟变量陷阱。接下来，我们将数据集的 80% 用作训练集，剩余 20% 用作测试集。用 LinearRegression（）在训练集上创建一个线性回归分析模型，并在测试集上预测结果。这一部分使用如下代码来完成：

```
# 将数据集按比例拆分为训练集和测试集
X_train, X_test, y_train, y_test = train_test_split(X, y, test_size=0.2, random_state=0)

# 调用简单线性回归算法拟合训练集
regressor = LinearRegression()
regressor.fit(X_train, y_train)

# 在测试集上预测结果
y_pred = regressor.predict(X_test)
print(y_pred)
```

在测试集 X_test 上的预测结果如下所示：

```
[103015.20159796 132582.27760816 132447.73845175  71976.09851259
 178537.48221054 116161.24230163  67851.69209676  98791.73374688
 113969.43533012 167921.0656955 ]
```

完成了所有的训练和预测任务之后，在这个例子当中，我们还需要思考一个问题：是否所有的自变量（研发支出、管理费用、营销支出、地点）都对最后的因变量（利润）有所贡献？为了构建更好的模型和预测器，许多数据分析师执行其他额外的步骤（如反向变量消除），去确定哪些变量对最终的结果做出了最大的贡献，从而使模型产生更准确的预测。

（二）分类分析

分类分析是指基于已知标签的训练数据集，识别新观察到的数据集的类别的过程。分类问题中一个最常被提到的例子就是判定一个新邮件是否为垃圾邮件。类似于回归分析，分类也属于有监督的学习，需要从有标记的数据集中学习，然后应用到新的数据集中。例如，有一个包含不同电子邮件消息的数据集，每一个都被标记为垃圾邮件或非垃圾邮件。我们的模型可能会在标记为垃圾邮件的电子邮件中找到模式或共性。

在执行预测时，我们的模型可能会尝试在新的电子邮件中找到这些模式和共性。因此，分类属于模式识别中的一个例子。

常用的分类算法包括逻辑回归、K近邻、决策树、随机森林、朴素贝叶斯、支持向量机等。实现分类的算法称为分类器。分类被广泛地用在人工智能应用集成的各个领域，包括计算机视觉、智能语言识别、自然语言处理和机器人流程自动化等。接下来，我们将讨论初级阶段应该掌握的几种分类算法，掌握这些简单的分类算法，可以达到人工智能集成的初级应用水平。

1. 逻辑回归

逻辑回归（Logistic Regression）是一种广义的线性回归分析模型，它与多元线性回归分析有很多相似之处，属于经典的分类模型。

在众多分类任务中，我们的目标是使用两个自变量来确定它的标签是0还是1。例如，给定年龄和薪水，预测人们是否会购买某个产品，那么如何创建一个模型来表达这两者之间的关系？我们可以将年龄和薪水作为两个变量，将每个数据点分类为0（未购买）或1（已购买）。逻辑回归的方法基于数据为0或1的概率进行分类，使用一条直线将两类数据点分开。

下面通过一个例子来介绍逻辑回归的使用方法，该示例使用一个拥有400条记录的客户购物记录的数据集（Social_Network_Ads.csv），并给出了数据集中前10条记录的预览：

```
User ID, Gender, Age, EstimatedSalary, Purchased
15624510, Male, 19, 19000, 0
15810944, Male, 35, 20000, 0
15668575, Female, 26, 43000, 0
15603246, Female, 27, 57000, 0
15804002, Male, 19, 76000, 0
15728773, Male, 27, 58000, 0
15598044, Female, 27, 84000, 0
```

```
15694829, Female, 32, 150000, 1
15600575, Male, 25, 33000, 0
15727311, Female, 35, 65000, 0
……
```

尽管使用逻辑回归做分类的原理很复杂，但是如果使用 Python 的 scikit-learn 扩展库，将关键算法部分当成黑盒，便可以非常方便地应用这一算法。对数据集进行逻辑回归分类的代码如下所示：

```python
import numpy as np
import matplotlib.pyplot as plt
import pandas as pd
from sklearn.model_selection import train_test_split
from sklearn.preprocessing import StandardScaler
from sklearn.linear_model import LogisticRegression
from sklearn.metrics import confusion_matrix
from matplotlib.colors import ListedColormap


# 导入数据集
dataset = pd.read_csv('Social_Network_Ads.csv')
X = dataset.iloc[:, [2, 3]].values
y = dataset.iloc[:, 4].values


# 将数据集按比例拆分为训练集和测试集
X_train, X_test, y_train, y_test = train_test_split(X, y, test_size=0.25, random_state=0)


# 特征尺度调整
```

```python
sc = StandardScaler()
X_train = sc.fit_transform(X_train)
X_test = sc.transform(X_test)

# 对训练集调用逻辑回归算法，学习得到一个分类器
classifier = LogisticRegression(random_state=0)
classifier.fit(X_train, y_train)

# 使用分类器预测测试集的结果
y_pred = classifier.predict(X_test)

# 创建 Confusion Matrix
cm = confusion_matrix(y_test, y_pred)

# 训练集结果的可视化
X_set, y_set = X_train, y_train
X1, X2 = np.meshgrid(np.arange(start=X_set[:, 0].min()-1, stop=X_set[:, 0].max()+1, step=0.01), np.arange(start=X_set[:, 1].min()-1, stop=X_set[:, 1].max()+1, step=0.01))
plt.contourf(X1, X2, classifier.predict(np.array([X1.ravel(), X2.ravel()]).T).reshape(X1.shape), alpha=0.75, cmap=ListedColormap(('black', 'gray')))
plt.xlim(X1.min(), X1.max())
plt.ylim(X2.min(), X2.max())
for i, j in enumerate(np.unique(y_set)):
    plt.scatter(X_set[y_set == j, 0], X_set[y_set == j, 1], c=ListedColormap(('black', 'gray'))(i), label=j)
```

```
plt.rcParams['font.sans-serif'] = ['SimHei']

plt.rcParams['axes.unicode_minus'] = False

plt.title(' 逻辑回归（训练集）')

plt.xlabel(' 年龄 ')

plt.ylabel(' 薪水 ')

plt.legend()

plt.show()


# 测试集结果的可视化

X_set, y_set = X_test, y_test

X1, X2 = np.meshgrid(np.arange(start=X_set[:, 0].min()-1, stop=X_set[:, 0].max()+1, step=0.01), np.arange(start=X_set[:, 1].min()-1, stop=X_set[:, 1].max()+1, step=0.01))

plt.contourf(X1, X2, classifier.predict(np.array([X1.ravel(), X2.ravel()]).T).reshape(X1.shape), alpha=0.75, cmap=ListedColormap(('black', 'gray')))

plt.xlim(X1.min(), X1.max())

plt.ylim(X2.min(), X2.max())

for i, j in enumerate(np.unique(y_set)):
    plt.scatter(X_set[y_set == j, 0], X_set[y_set == j, 1], c=ListedColormap(('black', 'gray'))(i), label=j)

plt.rcParams['font.sans-serif'] = ['SimHei']

plt.rcParams['axes.unicode_minus'] = False

plt.title(' 逻辑回归（测试集）')

plt.xlabel(' 年龄 ')

plt.ylabel(' 薪水 ')

plt.legend()

plt.show()
```

当运行上述代码后,可以得到如下可视化效果(见图 3-3 和图 3-4):

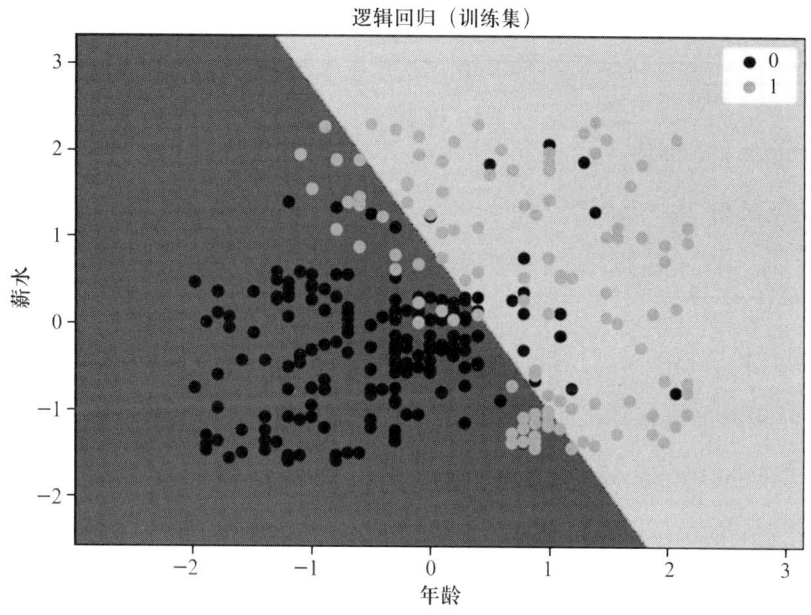

图 3-3　在训练集上做逻辑回归

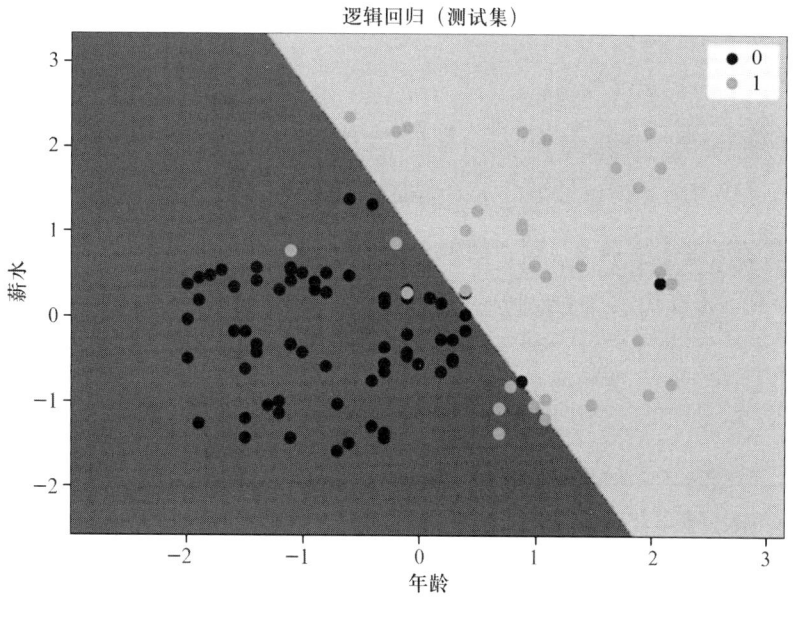

图 3-4　在测试集上做逻辑回归

对于有监督学习而言,通常的步骤是先从训练集学习模型,再将其应用到测试集上,目的是评测学习到的模型在新的数据集上是否也表现得足够好。如图 3-4 所示,大多数的黑色数据点都在灰色的区域中，这意味着逻辑回归模型可以很好地预测具有特定年龄和工资的人是否会购买产品这一问题。在上述代码中，有如下一小段代码：

```
# 特征尺度调整
sc = StandardScaler()
X_train = sc.fit_transform(X_train)
X_test = sc.transform(X_test)
```

这一段代码的目的是进行特征的缩放，将数据转换为相同的尺度，以避免由数据范围不同引起的严重依赖某个特征的问题。例如，在 Social_Network_Ads.csv 数据集中，薪水（Estimated Salary）以千为单位表示，而年龄（Age）的单位比例较小。因此，必须让它们的单位在相同的尺度和范围内，这样才能得到一个更加合理的模型。

逻辑回归分析在 0 和 1 之间有一个线性边界，这导致了其错过了一些本应位于另一侧的数据点。而一些非线性模型，如 K 近邻等，它们可以更准确地捕获这样的数据点。

2. K 近邻

K 近邻算法（K-Nearst Neighbors，KNN 算法），是另外一种简单的分类算法。K 近邻算法通过寻找与新数据点最近的 K 个邻居，计算属于任一类别的邻居数量。如果属于类别 A 的邻居多于类别 B，则新数据点应被标记为类别 A。因此，某个数据点的类别是基于它的最近邻居中的大多数者来决定的。

K 近邻的分类器可以通过 scikit-learn 扩展库中的 KNeighborsClassifier 模块来完成调用：

```
from sklearn.neighbors import KNeighborsClassifier
classifier = KNeighborsClassifier(n_neighbors=5, metric='minkowski', p=2)
classifier.fit(X_train, y_train)
```

这里使用和上一小节同样的数据集（Social_Network_Ads.csv）来测试 K 近邻算法，具体的代码如下所示：

```
import numpy as np

import matplotlib.pyplot as plt

import pandas as pd

from sklearn.model_selection import train_test_split

from sklearn.preprocessing import StandardScaler

from sklearn.neighbors import KNeighborsClassifier

from sklearn.metrics import confusion_matrix

from matplotlib.colors import ListedColormap


# 导入数据集

dataset = pd.read_csv('Social_Network_Ads.csv')

X = dataset.iloc[:, [2, 3]].values

y = dataset.iloc[:, 4].values


# 将数据集按比例拆分为训练集和测试集

X_train, X_test, y_train, y_test = train_test_split(X, y, test_size = 0.25, random_state = 0)


# 特征尺度调整

sc = StandardScaler()

X_train = sc.fit_transform(X_train)

X_test = sc.transform(X_test)


# 对训练集调用 KNN 算法，学习得到一个分类器

classifier = KNeighborsClassifier(n_neighbors=5, metric='minkowski', p=2)

classifier.fit(X_train, y_train)
```

```python
# 使用分类器预测测试集的结果
y_pred = classifier.predict(X_test)

# 创建 Confusion Matrix
cm = confusion_matrix(y_test, y_pred)

# 训练集结果的可视化
X_set, y_set = X_train, y_train
X1, X2 = np.meshgrid(np.arange(start=X_set[:, 0].min() - 1, stop=X_set[:, 0].max() + 1, step=0.01), np.arange(start=X_set[:, 1].min() - 1, stop=X_set[:, 1].max() + 1, step=0.01))
plt.contourf(X1, X2, classifier.predict(np.array([X1.ravel(), X2.ravel()]).T).reshape(X1.shape), alpha=0.75, cmap=ListedColormap(('black', 'gray')))
plt.xlim(X1.min(), X1.max())
plt.ylim(X2.min(), X2.max())
for i, j in enumerate(np.unique(y_set)):
    plt.scatter(X_set[y_set == j, 0], X_set[y_set == j, 1], c=ListedColormap(('black', 'gray'))(i), label=j)

plt.rcParams['font.sans-serif'] = ['SimHei']
plt.rcParams['axes.unicode_minus'] = False
plt.title('K 近邻 ( 训练集 )')
plt.xlabel(' 年龄 ')
plt.ylabel(' 薪水 ')
plt.legend()
plt.show()
```

```
# 测试集结果的可视化
X_set, y_set = X_test, y_test
X1, X2 = np.meshgrid(np.arange(start=X_set[:, 0].min() - 1, stop=X_set[:, 0].max() + 1, step=0.01), np.arange(start=X_set[:, 1].min() - 1, stop=X_set[:, 1].max() + 1, step=0.01))
plt.contourf(X1, X2, classifier.predict(np.array([X1.ravel(), X2.ravel()]).T).reshape(X1.shape), alpha=0.75, cmap=ListedColormap(('black', 'gray')))
plt.xlim(X1.min(), X1.max())
plt.ylim(X2.min(), X2.max())
for i, j in enumerate(np.unique(y_set)):
    plt.scatter(X_set[y_set == j, 0], X_set[y_set == j, 1], c=ListedColormap(('black', 'gray'))(i), label=j)

plt.rcParams['font.sans-serif'] = ['SimHei']
plt.rcParams['axes.unicode_minus'] = False
plt.title('K 近邻 ( 测试集 )')
plt.xlabel(' 年龄 ')
plt.ylabel(' 薪水 ')
plt.legend()
plt.show()
```

当运行上述代码后，可以得到如下可视化效果：

如图 3-5、图 3-6 所示，K 近邻分类的边界是非线性的，这是因为 K 近邻属于非线性的分类模型。尽管采用了非线性的分类方法，仍然存在遗漏的情况，如灰色区域中仍然存在少数的几个黑色数据点。如果需要减少这些数据点，需要使用更大的数据集或者其他方法。当然，由于模型自身的局限性，可能无法正确地分类所有的数据点。

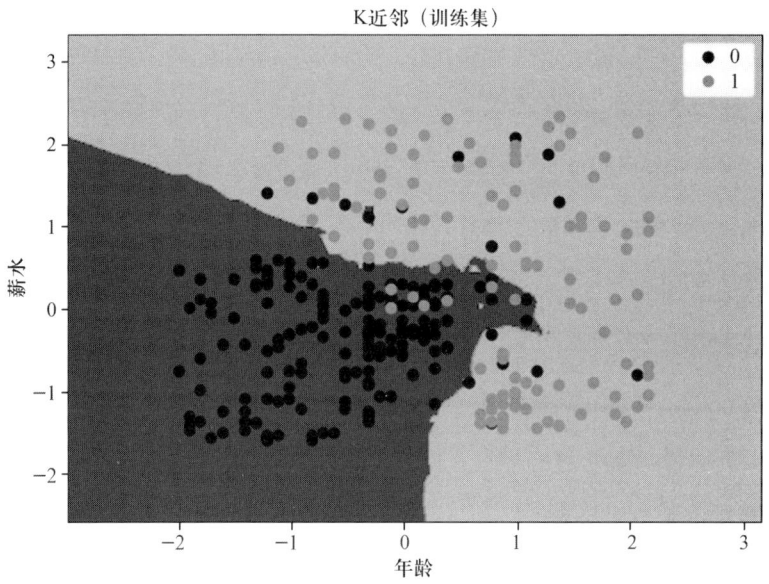

图3-5 在训练集上做K近邻分类

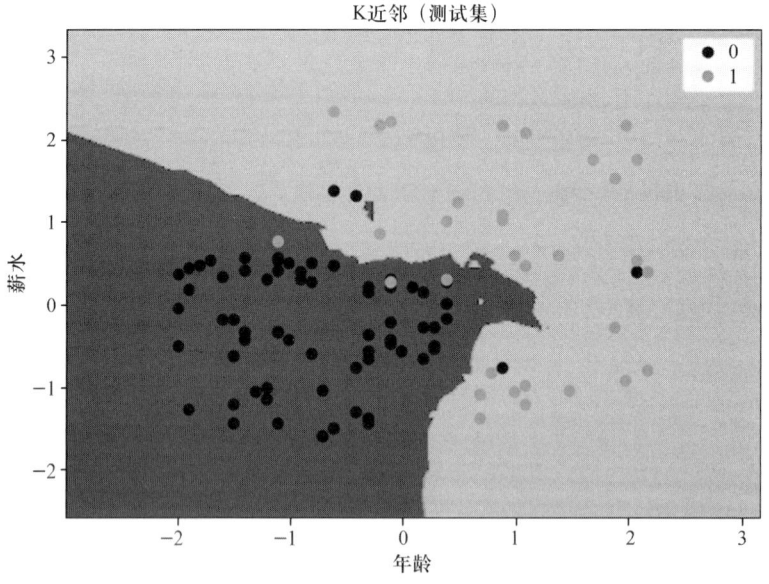

图3-6 在测试集上做K近邻分类

3. 决策树

决策树（Decision Tree）是直观运用概率分析的一种图解法，它将数据集依据概率分解为越来越小的子集，将其分支出来。因为这种决策分支形如一棵树的枝干，所以称之为决策树。

这里给出一个简单的使用决策树进行分类的示例,以便更形象地理解决策树的产生过程。决策树分类的训练数据见表3-4。

表3-4　　　　　　　　　　　决策树分类的训练数据

日期	天气	温度	湿度	风速	打网球
1日	晴	热	高	弱	否
2日	晴	热	高	强	否
3日	阴	热	高	弱	是
4日	雨	暖和	高	弱	是
5日	雨	凉爽	正常	弱	是
6日	雨	凉爽	正常	强	否
7日	阴	凉爽	正常	强	是
8日	晴	暖和	高	弱	否
9日	晴	凉爽	正常	弱	是
10日	雨	暖和	正常	弱	是
11日	晴	暖和	正常	强	是
12日	阴	暖和	高	强	是
13日	阴	热	正常	弱	是
14日	雨	暖和	高	强	否

假设是否出门打网球由天气、温度、湿度、风速四个因素决定。现有过去14日的天气和是否打网球的记录,那么给出今天的天气、温度、湿度、风速记录,如何预测今天是否会出门打网球?下面给出一个使用决策树进行分类预测的结果图,决策的过程可以绘制成一棵树的分支(见图3-7)。

在把数据集划分成更小的子集过程中产生了分支和叶子,叶子节点即为预测结果。下面,我们在相同的数据集Social_Network_Ads.csv上,使用决策树算法进行分类,相关代码如下所示:

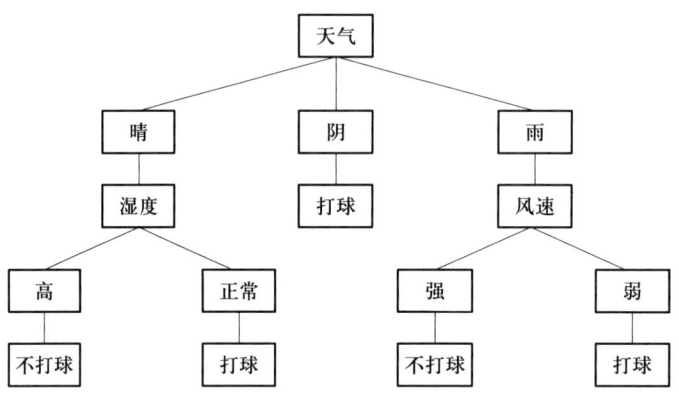

图 3-7 一个决策树的简单示例

```
import numpy as np
import matplotlib.pyplot as plt
import pandas as pd
from sklearn.model_selection import train_test_split
from sklearn.preprocessing import StandardScaler
from sklearn.tree import DecisionTreeClassifier
from sklearn.metrics import confusion_matrix
from matplotlib.colors import ListedColormap


# 导入数据集
dataset = pd.read_csv('Social_Network_Ads.csv')
X = dataset.iloc[:, [2, 3]].values
y = dataset.iloc[:, 4].values


# 将数据集按比例拆分为训练集和测试集
X_train, X_test, y_train, y_test = train_test_split(X, y, test_size=0.25, random_state=0)

# 特征尺度调整
```

```
sc = StandardScaler()

X_train = sc.fit_transform(X_train)

X_test = sc.transform(X_test)


# 对训练集调用决策树算法，学习得到一个分类器

classifier = DecisionTreeClassifier(criterion='entropy', random_state=0)

classifier.fit(X_train, y_train)


# 使用分类器预测测试集的结果

y_pred = classifier.predict(X_test)


# 创建 Confusion Matrix

cm = confusion_matrix(y_test, y_pred)


# 训练集结果的可视化

X_set, y_set = X_train, y_train

X1, X2 = np.meshgrid(np.arange(start=X_set[:, 0].min() - 1, stop=X_set[:, 0].max() + 1, step=0.01),
                     np.arange(start=X_set[:, 1].min() - 1, stop=X_set[:, 1].max() + 1, step=0.01))

plt.contourf(X1, X2, classifier.predict(np.array([X1.ravel(), X2.ravel()]).T).reshape(X1.shape), alpha=0.75, cmap=ListedColormap(('black', 'gray')))

plt.xlim(X1.min(), X1.max())

plt.ylim(X2.min(), X2.max())

for i, j in enumerate(np.unique(y_set)):
```

```
    plt.scatter(X_set[y_set == j, 0], X_set[y_set == j, 1], c=ListedColormap(('black',
'gray'))(i), label=j)


    plt.rcParams['font.sans-serif'] = ['SimHei']
    plt.rcParams['axes.unicode_minus'] = False
    plt.title(' 决策树 ( 训练集 )')
    plt.xlabel(' 年龄 ')
    plt.ylabel(' 薪水 ')
    plt.legend()
    plt.show()


    # 测试集结果的可视化
    X_set, y_set = X_test, y_test
    X1, X2 = np.meshgrid(np.arange(start=X_set[:, 0].min() - 1, stop=X_set[:, 0].max() + 1,
step=0.01),
                         np.arange(start=X_set[:, 1].min() - 1, stop=X_set[:, 1].max() +
1, step=0.01))
    plt.contourf(X1, X2, classifier.predict(np.array([X1.ravel(), X2.ravel()]).T).reshape(X1.
shape), alpha=0.75, cmap=ListedColormap(('black', 'gray')))
    plt.xlim(X1.min(), X1.max())
    plt.ylim(X2.min(), X2.max())
    for i, j in enumerate(np.unique(y_set)):
        plt.scatter(X_set[y_set == j, 0], X_set[y_set == j, 1], c=ListedColormap(('black',
'gray'))(i), label=j)


    plt.rcParams['font.sans-serif'] = ['SimHei']
```

```
plt.rcParams['axes.unicode_minus'] = False
plt.title(' 决策树 ( 测试集 )')
plt.xlabel(' 年龄 ')
plt.ylabel(' 薪水 ')
plt.legend()
plt.show()
```

和前述分类算法的不同之处在于如下一段代码，这里使用 scikit-learn 扩展库中的 DecisionTreeClassifier 模块代表决策树分类器。

```
classifier = DecisionTreeClassifier(criterion='entropy', random_state=0)
classifier.fit(X_train, y_train)
```

当运行整个代码并进行数据可视化时，我们可以得到如下的一些分类结果图。其中，图 3-8 显示了决策树在训练集上的分类效果，图 3-9 则给出了决策树在测试集上的结果。

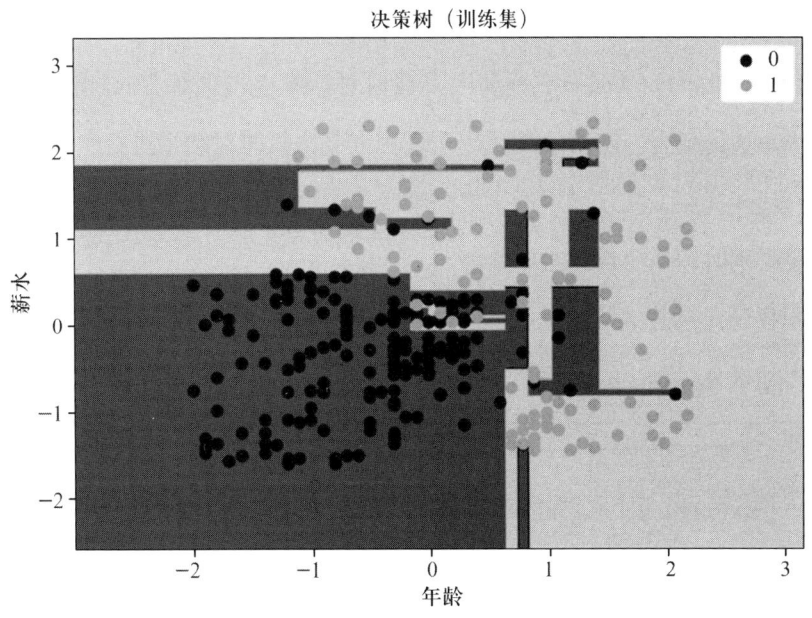

图 3-8　在训练集上做决策树分类

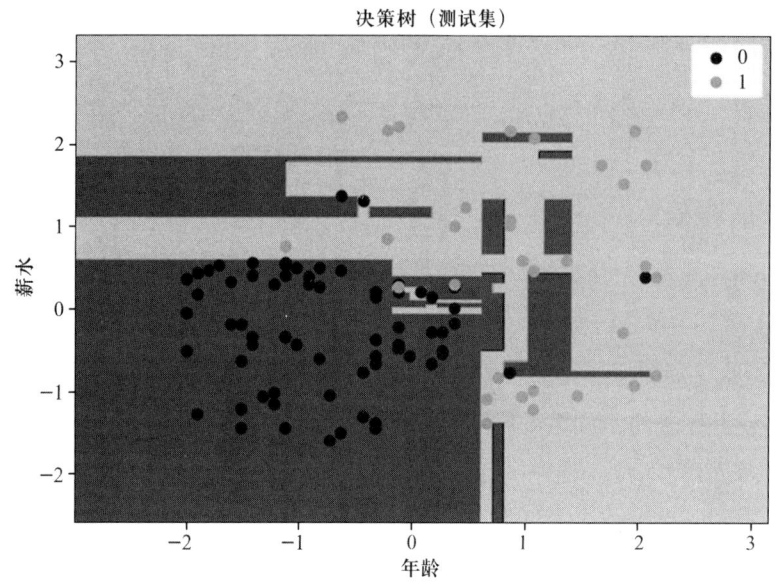

图 3-9 在测试集上做决策树分类

与逻辑回归和 K 近邻算法相比，决策树的分类结果差异较大。逻辑回归和 K 近邻算法的结果中通常有较为明显的边界，但是在决策树的分类结果中，大片灰色区域的内部存在许多黑色的小区域，同样黑色区域内部也有灰色的区域。因此，决策树模型可以更好地识别许多逻辑回归和 K 近邻算法无法正确分类的数据点。

4. 随机森林

随机森林（Random Forest）是利用多棵树对样本进行训练并预测的一种分类器，它是许多决策树的集合。随机森林适用于使用许多决策树对结果进行平均分类的任务。随机森林有诸多优点，如它可以产生更高准确率的分类器，可以处理大量的输入变数，可以在决定类别时评估变数的重要性等。

我们同样还是选择 Social_Network_Ads.csv 数据集，使用随机森林分类顾客的购物数据。应用随机森林算法的代码如下所示：

```
import numpy as np
import matplotlib.pyplot as plt
import pandas as pd
from sklearn.model_selection import train_test_split
```

```
from sklearn.preprocessing import StandardScaler
from sklearn.ensemble import RandomForestClassifier
from sklearn.metrics import confusion_matrix
from matplotlib.colors import ListedColormap

# 导入数据集
dataset = pd.read_csv('Social_Network_Ads.csv')
X = dataset.iloc[:, [2, 3]].values
y = dataset.iloc[:, 4].values

# 将数据集按比例拆分为训练集和测试集
X_train, X_test, y_train, y_test = train_test_split(X, y, test_size=0.25, random_state=0)

# 特征尺度调整
sc = StandardScaler()
X_train = sc.fit_transform(X_train)
X_test = sc.transform(X_test)

# 对训练集调用随机森林算法，学习得到一个分类器
classifier = RandomForestClassifier(n_estimators=10, criterion='entropy', random_state=0)
classifier.fit(X_train, y_train)

# 使用分类器预测测试集的结果
y_pred = classifier.predict(X_test)
```

```
# 创建 Confusion Matrix
cm = confusion_matrix(y_test, y_pred)


# 训练集结果的可视化
X_set, y_set = X_train, y_train
X1, X2 = np.meshgrid(np.arange(start=X_set[:, 0].min() - 1, stop=X_set[:, 0].max() + 1, step=0.01),
                     np.arange(start=X_set[:, 1].min() - 1, stop=X_set[:, 1].max() + 1, step=0.01))
plt.contourf(X1, X2, classifier.predict(np.array([X1.ravel(), X2.ravel()]).T).reshape(X1.shape), alpha=0.75, cmap=ListedColormap(('black', 'gray')))
plt.xlim(X1.min(), X1.max())
plt.ylim(X2.min(), X2.max())
for i, j in enumerate(np.unique(y_set)):
    plt.scatter(X_set[y_set == j, 0], X_set[y_set == j, 1], c=ListedColormap(('black', 'gray'))(i), label=j)

plt.rcParams['font.sans-serif'] = ['SimHei']
plt.rcParams['axes.unicode_minus'] = False
plt.title(' 随机森林 ( 训练集 )')
plt.xlabel(' 年龄 ')
plt.ylabel(' 薪水 ')
plt.legend()
plt.show()


# 测试集结果的可视化
```

```
    X_set, y_set = X_test, y_test
    X1, X2 = np.meshgrid(np.arange(start=X_set[:, 0].min() - 1, stop=X_set[:, 0].max() + 1, step=0.01),
                    np.arange(start=X_set[:, 1].min() - 1, stop=X_set[:, 1].max() + 1, step=0.01))
    plt.contourf(X1, X2, classifier.predict(np.array([X1.ravel(), X2.ravel()]).T).reshape(X1.shape), alpha=0.75, cmap=ListedColormap(('black', 'gray')))
    plt.xlim(X1.min(), X1.max())
    plt.ylim(X2.min(), X2.max())
    for i, j in enumerate(np.unique(y_set)):
        plt.scatter(X_set[y_set == j, 0], X_set[y_set == j, 1], c=ListedColormap(('black', 'gray'))(i), label=j)

    plt.rcParams['font.sans-serif'] = ['SimHei']
    plt.rcParams['axes.unicode_minus'] = False
    plt.title(' 随机森林 ( 测试集 )')
    plt.xlabel(' 年龄 ')
    plt.ylabel(' 薪水 ')
    plt.legend()
    plt.show()
```

在运行随机森林分类算法的代码之后，我们可以得到如下可视化结果（见图 3-10 和图 3-11）：

可以发现，随机森林分类和决策树分类的结果有许多相似之处。这是因为它们都采用类似的方法对数据集进行分解，得到更小的子集。不同之处在于，随机森林使用了随机性和不同的决策树来得到一个更为精准的模型。

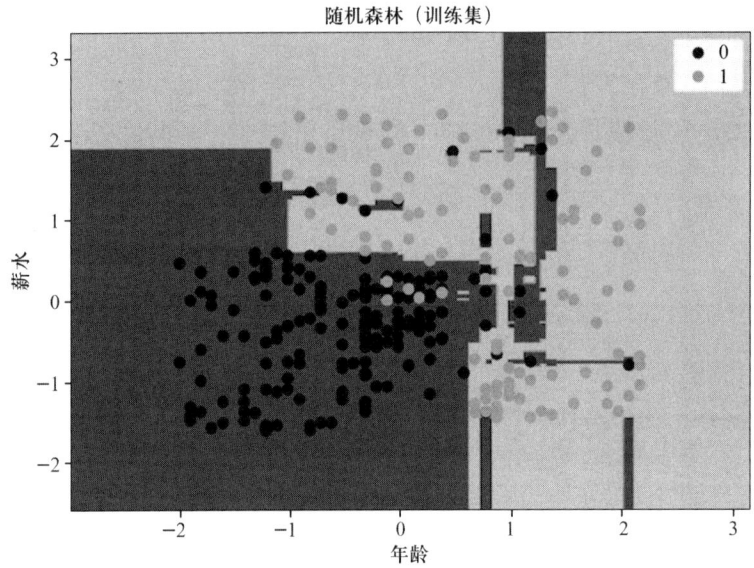

图 3-10 在训练集上做随机森林分类

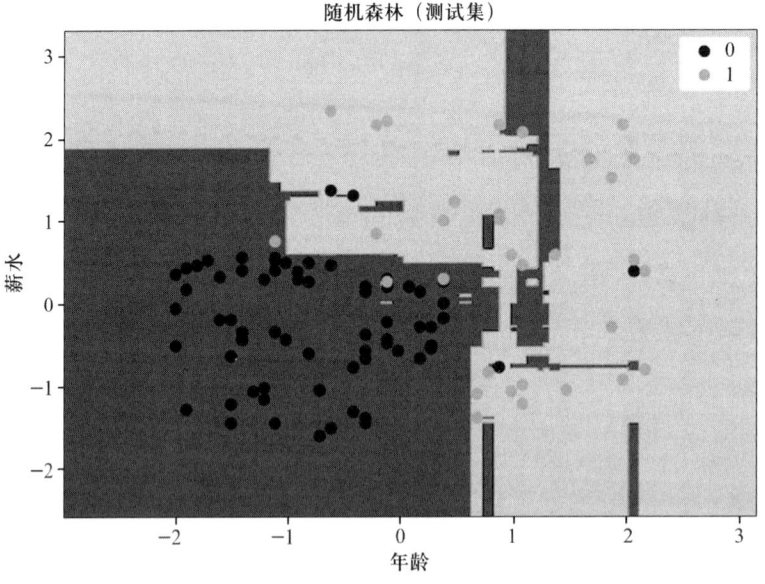

图 3-11 在测试集上做随机森林分类

(三) 聚类分析

我们知道,回归分析和分类分析都是从带有"标签"的数据中学习,属于有监督学习的范畴。对于这一类已经有了正确答案的任务,我们的目标是学习如何得出这些答案并将其应用到新的数据领域。但是,对于聚类分析而言,原始数据并没有给出正确的答案或"标签"。换句话说，只有输入数据而没有输出数据。因为从数据中学习时没有监督，所以聚类分析属于无监督学习的范畴。无监督学习没有太多的人工监督或干预，算法只能靠自己从数据中发现事物规律。

1. 聚类的目标和用途

聚类是无监督学习的一种形式，通常没有标签用于学习。因此，聚类分析的目标不是要预测目标和结果，它的目标是揭示数据内在的结构和聚集关系。

当我们将数据集划分成组时，其中部分成员之间具有一定的相似性。例如，每个淘宝用户都可能属于一个特定的群体（考虑到他们的性别、年龄、收入、地址和消费金额）。如果我们收集了足够多的用户数据，很可能会发现一些具有各自特点的淘宝用户小群体。

这些用户数据看起来很分散，根本没有特定的模式。但是，当我们应用聚类分析算法，数据就会以某种有意义方式呈现出来，因为我们能够轻松地将这些数据的群体进行可视化。除了发现自然形成的群体之外，聚类分析还可以用于异常检测等其他方面的用途。例如，聚类分析经常被用于营销、生物学、地震研究、制造业以及其他科学和商业领域。但是，在确定群体数量以及哪个数据点应该属于哪个群体时，并没有一成不变的规则。这取决于我们的目标或者结果所呈现出的效果。

与其他数据分析和机器学习算法一样，聚类分析与我们的领域知识有关。这样我们就可以在合适的背景中查看和分析数据。即便具有最先进的技术和工具，背景和目标对于理解数据仍然至关重要。

2. K 均值

K 均值（K-Means）是通过聚类来理解数据的一种方法。由于其简单性，K 均值是最受欢迎的聚类算法之一。它的工作原理是根据特征的相似性将对象划分为 K 个集群。其中，K 是事先指定的聚类数量。

需要注意的是，聚类的数量可以是任意的。我们可以将其设置为想要的任意数字，当然，这个数字最好使聚类的数量对我们的工作有意义。下面介绍一个购物中心顾客的数据集（Mall_Customers.csv），该数据集包括顾客的性别、年龄、年收入和消费得分的信息。消费得分越高（满分 100 分），表明他们在购物中心的消费就越多。

首先，我们导入扩展库和加载的数据集，使用如下代码：

```
import matplotlib.pyplot as plt
import pandas as pd
from sklearn.cluster import KMeans
# 导入数据集
dataset = pd.read_csv('Mall_Customers.csv')
print(dataset.head(10))
X = dataset.iloc[:, [3, 4]].values
```

使用 dataset.head（10）可以查看数据集的前 10 行数据。

	CustomerID	Genre	Age	Annual Income (k$)	Spending Score (1-100)
0	1	Male	19	15	39
1	2	Male	21	15	81
2	3	Female	20	16	6
3	4	Female	23	16	77
4	5	Female	31	17	40
5	6	Female	22	17	76
6	7	Female	35	18	6
7	8	Female	23	18	94
8	9	Male	64	19	3
9	10	Female	30	19	72

在此示例中，使用 X = dataset.iloc[：, [3，4]] 确定分析的数据列，这是因为我们更感兴趣的是根据顾客的年收入和消费得分对他们进行分组。我们的目标是揭示顾客群体并帮助营销部门制定相应的策略。通过分析可以将顾客细分为 5 个不同的组：

（1）年收入中等，消费得分中等；

（2）年收入高，消费得分低；

（3）年收入低，消费得分低；

（4）年收入低，消费得分高；

（5）年收入高，消费得分高。

其中，最值得关注的是第二组："年收入高，消费得分低"的顾客。如果有大量顾客属于这一群体，这意味着商场有巨大的机会。这些顾客的年收入很高，但他们不愿意将大部分钱花在购物中心。如果购物中心存在大量的这种类型的群体，那么营销部门就可以制定具体的政策来刺激该群体的消费。

尽管聚类簇（Cluster）的数目通常是任意的，但是使用手肘法（Elbow Method）和簇内平方和（Within-Cluster Sums of Squares，WCSS）的方法可以找到最佳的聚类数目。该部分的代码如下所示：

```
# 使用手肘法寻找最佳的聚类数
wcss = []
for i in range(1, 11):
    kmeans = KMeans(n_clusters=i, init='k-means++', random_state=42)
    kmeans.fit(X)
    wcss.append(kmeans.inertia_)
plt.plot(range(1, 11), wcss)
plt.rcParams['font.sans-serif'] = ['SimHei']
plt.rcParams['axes.unicode_minus'] = False
plt.title(' 手肘法 ')
plt.xlabel(' 聚类数 ')
plt.ylabel('WCSS')
plt.show()
```

使用手肘法绘制出的效果如图 3-12 所示。手肘法的核心思想：随着聚类数 K 的增大，样本划分会更加精细，每个簇内的聚合程度会逐渐提高，那么 WCSS 自然会逐渐变小。当 K 小于真实聚类数时，由于 K 的增大会大幅度增加每个簇的聚合程度，故

WCSS 的下降幅度会很大。而当 K 到达真实聚类数时，再增加 K 所得到的聚合程度回报会迅速变小，所以 WCSS 的下降幅度会骤减，然后随着 K 值的继续增大而趋于平缓。也就是说，WCSS 和 K 的关系图是一个手肘的形状，而这个肘部对应的 K 值就是数据的真实聚类数。

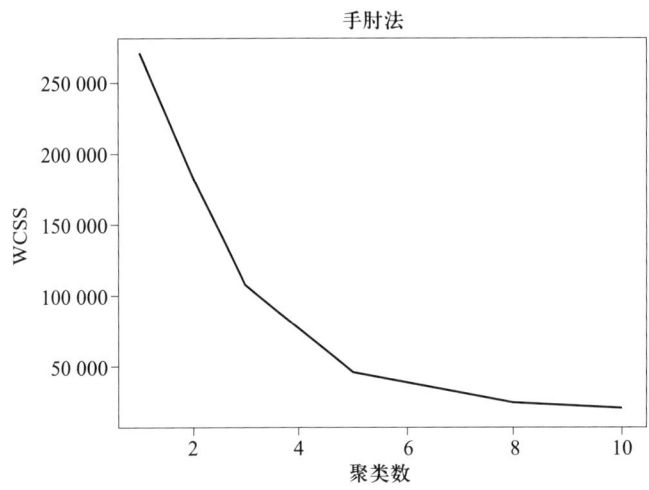

图 3-12 使用手肘法确定 K 均值的最优 K 值

对于这个数据集而言，肘部对应的 K 值为 5，此时的曲率最高，最佳聚类数为 5。在确定最佳聚类数后，我们可以继续将 K 均值应用于数据集，执行数据可视化。K 均值聚类分析的具体代码调用如下所示：

```
# 对数据集调用 K 均值算法
kmeans = KMeans(n_clusters=5, init='k-means++', random_state=42)
y_kmeans = kmeans.fit_predict(X)


# 聚类结果的可视化
plt.scatter(X[y_kmeans == 0, 0], X[y_kmeans == 0, 1], s=100, c='red', label=' 聚类 1')

plt.scatter(X[y_kmeans == 1, 0], X[y_kmeans == 1, 1], s=100, c='blue', label=' 聚类 2')

plt.scatter(X[y_kmeans == 2, 0], X[y_kmeans == 2, 1], s=100, c='green',
label=' 聚类 3')
```

```
plt.scatter(X[y_kmeans == 3, 0], X[y_kmeans == 3, 1], s=100, c='cyan', label=' 聚类 4')
plt.scatter(X[y_kmeans == 4, 0], X[y_kmeans == 4, 1], s=100, c='magenta', label=' 聚类 5')
plt.scatter(kmeans.cluster_centers_[:, 0], kmeans.cluster_centers_[:, 1], s=300, c='black', label=' 质心 ')
plt.rcParams['font.sans-serif'] = ['SimHei']
plt.rcParams['axes.unicode_minus'] = False
plt.title(' 顾客的聚类 ')
plt.xlabel(' 年收入 ')
plt.ylabel(' 消费得分 (1-100)')
plt.legend()
plt.show()
```

K 均值聚类算法的运行结果如图 3-13 所示。我们得到 5 个聚类，其中第二组顾客（右下方的灰色数据点）具有高年收入和低消费得分，因此是营销部分需要关注的重点群体。另外，质心（黑色数据点）是 K 均值聚类工作原理中的重要一部分。初始的聚类中心是随机产生的，随着迭代步骤的进行，重新计算聚类中心，直到收敛为止。

聚类数可以是任意整数值，它的选择很大程度上取决于我们的判断和可能的应用。n_clusters 可以被设置为 5 之外的任何值，但在这里使用手肘法对集群数量有了一个更合理的估计。

3. 层次聚类

层次聚类（Hierarchical Clustering）是另外一种常用的聚类方法。它通过计算不同类别数据点之间的相似度来创建一棵带有层次的嵌套聚类树。层次聚类可以分成层次分裂聚类（Divisive Hierarchical Clustering）和层次凝聚聚类（Agglomerative Hierarchical Clustering）两种类型，前者是自上而下地分裂划分聚类，而后者是自下而上地合并聚类。

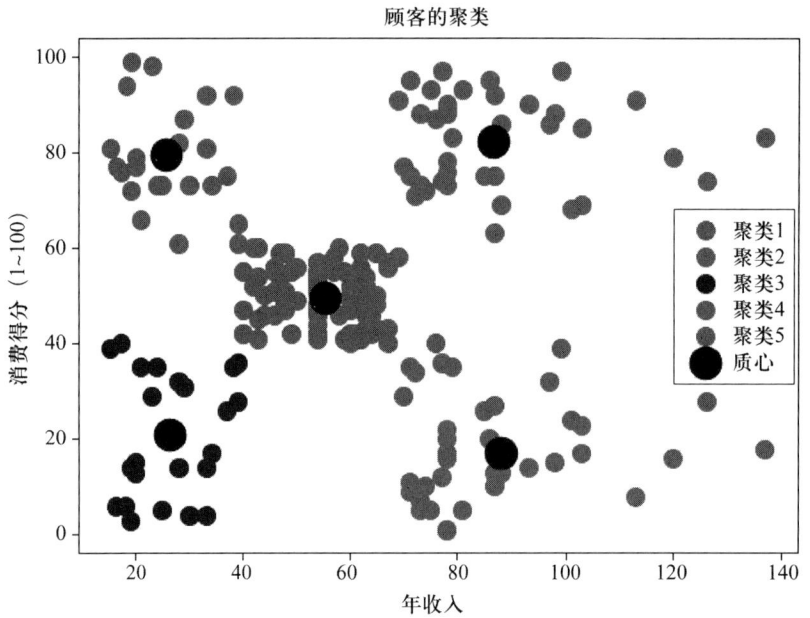

图 3-13 K 均值算法的聚类效果

凝聚型聚类在实际开发过程中经常使用,它的基本原理也非常容易理解。首先把所有的数据点看成独立的一个类,定义类之间的距离计算方式,选择距离最短的两个类进行合并,生成一个新的类。在合并之后,重新计算两两类别之间的距离,重新选择距离最短的两个类合并,重复这一过程,直到剩余类的数量达到指定的要求或者只剩下最后一个类。

Python 的 scikit-learn 扩展库的 Agglomerative Clustering 模块实现了层次凝聚聚类的算法。它的构造方法中有下面几个重要的参数:c_clusters,用来指定聚类的数量;affinity,设置距离的计算法方法,'Euclidean' 为欧式距离;linkage,定义集合之间的距离,'ward' 使得要合并的聚类的方差最小。

下面给出一个层次聚类算法应用的示例,数据集使用 sklearn.datasets 中的 make_blobs() 方法自动生成,该方法可以生成符合各向同性高斯分布的散点测试数据和标签。层次聚类的代码如下所示:

```
import matplotlib.pyplot as plt
from sklearn.datasets import make_blobs
```

```python
from sklearn.cluster import AgglomerativeClustering


def AgglomerativeTest(n_clusters):
    assert 1 <= n_clusters <= 4
    predictResult = AgglomerativeClustering(n_clusters=n_clusters,
                                            affinity='euclidean',
                                            linkage='ward').fit_predict(data)
    # 定义绘制散点图时使用的颜色和散点符号
    colors = 'rgby'
    markers = 'o*v+'
    # 依次使用不同的颜色和符号绘制每个类的散点图
    for i in range(n_clusters):
        subData = data[predictResult == i]
        plt.scatter(subData[:, 0], subData[:, 1], c=colors[i], marker=markers[i], s=40)
    plt.show()


# 生成随机数据,200 个点,分成 4 类,返回样本及标签
data, labels = make_blobs(n_samples=200, centers=4)
print(data)
# 设置聚类的个数为 3 个不同的类
AgglomerativeTest(3)
# 设置聚类的个数为 4 个不同的类
AgglomerativeTest(4)
```

当我们测试聚类数量 n_clusters 为 3 时,我们得到的聚类可视化结果如图 3-14 所示。不同的类别被标记为不同的颜色和形状,其中圆形数据类内部可以继续划分出两个子类。

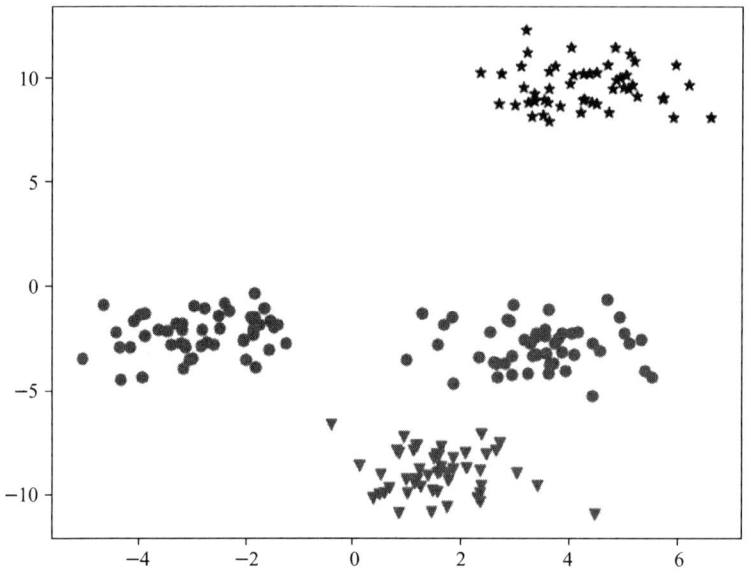

图 3-14 层次聚类算法的聚类效果（聚类数为 3）

因此，当我们设置聚类数量 n_clusters 为 4 时，层次聚类的效果如图 3-15 所示。可以发现，原本圆形数据类被划分成了圆形和十字形的两个子类。同理，当设置的聚类数量越大，可以发现更多小的聚类群体。

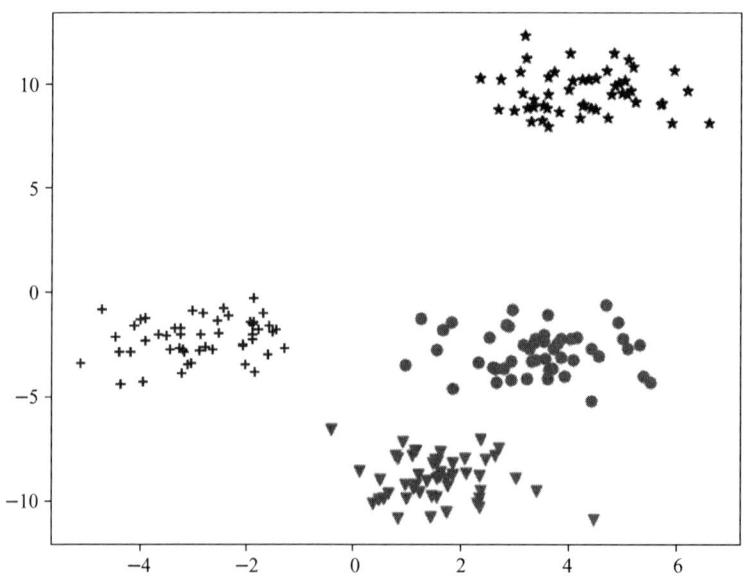

图 3-15 层次聚类算法的聚类效果（聚类数为 4）

通过上述的例子，我们可以大致地理解层次聚类的基本原理，了解层次聚类的使用方法和开发流程。

总的来说，通过回归、分类和聚类的几个案例发现，在人工智能应用集成设计和开发过程中，编程人员不需知道人工智能算法的具体实现细节，只需要了解算法的大致思想和适用于解决哪些问题，即可快速地构建人工智能的应用。这种基于接口的开发是企业应用集成中非常重要的一项内容，后续我们会继续介绍接口部分，这里不再赘述。

第二节　人工智能应用相关模块代码开发

考核知识点及能力要求：
- 了解人工智能应用开发的常用语言、平台和工具；
- 人工智能应用模块开发的一般方法和步骤。

一、人工智能应用的常用编程语言和主流平台工具

在人工智能应用领域，工程人员可以使用多种编程语言和不同的平台工具来完成相关模块的开发。编程语言和平台的选择通常取决于我们的任务或者我们对应用功能的期望。截至目前，关于最佳人工智能编程语言和平台的争论从未停止过。在人工智能应用集成领域，常用编程语言和主流的平台工具有如下几种，并各有优缺点。

（一）常用编程语言

当开发人工智能应用时，通常有多重编程语言可供选择，如 Python、C++、Java、

LISP、Prolog 等。这几种在人工智能应用集成领域也是经常使用到的编程语言。

1. Python

Python 是人工智能应用开发领域最为流行的编程语言之一。Python 因其语法更接近自然语言，编写相对简单，功能多样，可以方便调用其他语言编写的模块，具有良好的编程生态，目前成为众多人工智能应用开发者最为喜欢的编程语言。Python 语言的一大特征就是它的便携性，它可以在 Windows、Linux、MacOS、Unix 等不同的操作系统上使用，而不影响实现的效果。同时，Python 允许开发人员编写可交互、可移植、模块化、解释型、动态的高级代码。

Python 还是一种多范式的编程语言，除了支持传统结构化和功能式的开发，还支持面向对象的开发方式。Python 拥有简单的内置函数和可添加的扩展库，可以黏性整合已有的程序，同时具备庞大的计算生态系统。Python 可以支持人工智能应用的多种类型的任务，包括计算机视觉、智能语音、自然语言处理等诸多模块的开发。本教材中的诸多案例均是使用 Python 及其相关平台来完成编写和测试的。

Python 拥有丰富多样的库和工具，支持算法的测试而无须实现它们。因为有庞大的编程生态系统，相比其他流行编程语言如 Java 和 C++ 等，使用 Python 开发人工智能应用的效率较高。另外，除了传统的结构化编程方式外，Python 面向对象的设计还可以提高开发人员对于项目的整体理解，从而更好地把控大规模的人工智能应用项目。

当然，Python 也存在着一些不尽如人意的地方。一方面，Python 是解释型语言，需要在解释器的帮助下工作，这不同于 C++ 和 Java 等编译型语言，因此这会影响到在人工智能开发中的编译和执行速度，不适用于移动计算。另一方面，习惯使用 Python 编写程序的开发人员通常较难适应其他语言的语法。

2. C++

C++ 在 C 语言的基础上增加了对面向对象的支持，因此兼具效率和良好的编程范式。C++ 语言通常被用在游戏和搜索引擎等对于执行时间和响应时间有较高要求的应用领域。因此，在人工智能应用集成方面，如果项目对于时间和效率的要求特别高，那么可以选择 C++ 作为应用的主要编程语言。

C++ 在人工智能领域的主要应用还在于算法的开发。许多机器学习和神经网络的底层实现是使用 C++ 完成的，因为这些算法的实现需要较高的运行效率，而 C++ 因为自身的特点非常适合编写高性能的算法。同时，C++ 允许广泛地使用各种底层算法，和 C 语言有着非常好的兼容关系。另外，C++ 还支持在开发中重用各种代码。

然而，C++ 语言在开发人工智能应用时也存在着一些缺点。它仅适用于实现特定系统或算法的核心或基础，主要用于提高算法效率。对于其他一些任务并不适用，如文本文字的处理、良好交互界面的呈现等。同时，C++ 对于多任务情况的处理也存在不足。

3. Java

Java 是一种多范式语言，也是人工智能应用领域的一种常用编程语言。Java 语言的最大特色是较好地遵循了面向对象的规范。由于 Java 语言具有一次写入读取/随处运行的特点，它是开发跨平台人工智能应用的良好编程语言。它在任何支持 Java 的平台上都能正常地运行，而无须重新编译。当前，许多人工智能的应用项目采用了 Java 语言开发，这不仅限于搜索算法和神经网络，还适用于自然语言处理等其他人工智能应用集成领域。

使用 Java 语言开发人工智能应用有很多好处。一方面，它易于使用，容易调试，可以简化大型项目的开发工作。尤其在对于数据图形的表示方面，Java 可以产生更好的用户交互。Java 有 Swing 和 SWT（标准窗口小部件工具包）等图形工具，使得开发的用户界面看起来更具吸引力。另一方面，人工智能通常与大数据技术紧密结合，而大数据领域知名的 Hadoop 框架是用 Java 语言编写的。同时，还有大量的其他框架也是用 Java 语言设计开发和实现的。因此，Java 也是人工智能应用集成开发中不可缺少的一种语言。一位熟练掌握 Java 语言的开发者可以在人工智能领域找到适合自己的工作岗位和良好的平台，施展自己的才华。

4. LISP

LISP（List Processing Language）是一种早期的编程语言，随后逐渐发展成为一种强大的动态编码语言。它使用表结构来表达非数值计算问题，实现技术简单，适用于符号处理、自动推理、硬件描述等领域。

因为 LISP 为开发人员提供了自由，有部分人员认为它是最好的人工智能编程语言。依赖于使用的灵活性，LISP 在人工智能领域可以快速地进行原型设计和开发，这也反过来促进它在人工智能应用中的发展。例如，LISP 有一个独特的宏系统，有助于开发和实现不同级别的智能。需要特别强调的是，LISP 在解决特定问题时更加高效，如归纳逻辑项目和机器学习等。这是因为它适应了开发人员编写解决方案的需求。

同样，LISP 语言的缺点也显而易见。由于是一种比较早期的编程语言，很少有人熟悉 LISP 语言的编程。另外，LISP 的编程环境也较为古老，需要配置新的软硬件来适应它的使用。

5. Prolog

同样作为一种较为古老的编程语言，Prolog 是一种基于规则和声明性的语言，包含了决定其人工智能编码语言的事实和规则。同时，它拥有灵活框架的机制，也是人工智能应用开发项目中常用的编程语言。Prolog 支持基本的机制，如模式匹配、基于树的数据结构和人工智能编程的自动回溯。除了在人工智能项目中被广泛使用外，Prolog 还用于创建医疗系统等。

（二）主流平台工具

在人工智能应用集成设计和开发领域，好的平台和工具可以带来开发效率的提升，从而有助于项目的实施和应用的最终落地。这里我们将介绍人工智能领域中，机器学习尤其是深度学习的常用框架。在智能化时代，近些年国内外各大公司推出了诸多深度学习领域的工业 AI 算法开源工具或框架的编程环境，如有国际主流框架 PyTorch、TensorFlow 等，有国内主要框架华为的 MindSpore、阿里的 Graph-Learn、旷视的 MegEngine、清华大学的 Jittor、百度的 PaddlePaddle 等。

1. PyTorch

PyTorch 是由 Facebook 人工智能研究院基于 Torch 推出的一个开源的 Python 机器学习库。Torch 是一个经典的对多维矩阵数据进行操作的张量库，支持 GPU 运算，同时支持 Lua 语言，底层为 C/CUDA。PyTorch 可以简单地理解为 Torch 的 Python 版本，它的底层和 Torch 框架一样，但是使用 Python 重新写了很多内容。PyTorch 更加灵活，支持动态图，还提供了 Python 接口。它不仅能够实现强大的 GPU 加速，同时还支持动态神经网络。

PyTorch 的优势体现在如下多个方面：①在简洁性方面，PyTorch 的设计理念是使用最少的封装，尽量避免冗余性，因此，它的源码只有 TensorFlow 的 1/10；②在速度方面，PyTorch 的底层设计语言为 C/CUDA，对于相同的算法，速度表现胜过 TensorFlow 和 Keras；③在易用性方面，PyTorch 的 API 设计非常灵活易用，它优先支持 Python，支持动态计算图机制；④在社区的活跃度方面，PyTorch 拥有完整的文档和循序渐进的指南，作者亲自维护的论坛，同时，它还有 Facebook 人工智能研究院的支持，有持续的开发更新，以及具有增长最快的用户和开发者。

2. TensorFlow

TensorFlow 的前身是谷歌的神经网络算法库 DistBelief，由谷歌人工智能团队 Google Brain 开发，初始版本于 2015 年推出。TensorFlow 是一个数据流图式的数值计算库，被广泛应用于各类机器学习算法的编程实现。TensorFlow 拥有多层级结构，可部署于各类服务器、PC 终端和网页并支持 GPU 和 TPU 高性能数值计算，被广泛应用于谷歌内部的产品开发和各领域的科学研究。TensorFlow 适合各种场景，借助它可以在桌面、移动、网络和云端环境下创建机器学习模型。

TensorFlow 的优势体现在如下多个方面：①适应范围广。它支持的编程语言包括 Python、JavaScript、C++、Java、Go、C#、Julia 等。TensorFlow 不仅适用于大规模集群计算的环境，还支持移动端计算（Android 或 iOS）的环境。②具有良好的可视化效果。TensorFlow 自带 TensorBoard 的可视化工具，能够让用户实时监控观察训练过程。③TensorFlow 同样拥有活跃的社区。除了谷歌大脑（Google Brain）团队的定期支持和维护，提供持续的开发更新，TensorFlow 同时拥有大量的开发者群体，有详细的说明文档和许多可查询的资料。相比 PyTorch、TensorFlow 框架在产业领域保持优势，功能齐全，代码和用户基础量庞大，更加符合产业界的要求。

3. MindSpore

MindSpore 是由华为于 2019 年推出的新一代全场景 AI 计算框架，于 2020 年宣布正式开源。MindSpore 着重提升易用性并降低 AI 开发者的开发门槛，MindSpore 原生适应每个场景包括端、边缘和云，并能够在按需协同的基础上，通过实现 AI 算法即代码，使开发态变得更加友好，显著减少模型开发时间，降低模型开发门槛。通过

MindSpore 自身的技术创新及 MindSpore 与华为升腾 AI 处理器的协同优化，实现了运行态的高效，大大提高了计算性能。

MindSpore 的最大特点是统一架构、一次训练、多处部署。它的功能特性有如下几个方面。

（1）自动微分。MindSpore 对网络模型的自动求导，通过梯度指导对网络权重的优化。当前主流的深度学习框架主要有三种自动微分技术：网络在编译时转换为静态数据流图（TensorFlow），在静态图上做自动微分；以记录操作符重载的方式，动态生成数据流图（PyTorch），在动态图上自动微分；基于源码转换的通用自动微分。而 MindSpore 采用基于源码转换的通用自动微分：以即时编译（JIT）的方式在中间表达（编译过程中程序的表达形式）上做自动微分变换，支持 while/if/for 等复杂的控制流结构、支持高阶函数和闭包等灵活的函数式编程方式。

（2）自动并行。MindSpore 提出一种全新的分布式并行训练模式，融合了数据并行、模型并行和混合并行。MindSpore 构建了基于数据量、模型参数量、网络集群拓扑带宽等信息的代价模型（Cost Model），自动选择一种代价最小的模型切分方式，并绑定模型到设备执行，实现自动分布式并行训练。几乎不需要开发者参与，只需要专注于模型逻辑的开发。

（3）数据处理。MindSpore 中的 MindData 负责完成训练过程中数据的 pipeline 处理，包括数据加载、数据增强、导入训练，并提供简单易用的编程接口和覆盖计算机视觉/自然语言处理（CV/NLP）等全场景的丰富数据处理能力。MindData 提供 c_transforms 模块和 py_transforms 模块来进行数据增强，用户也可以自定义算子来做数据增强。

（4）图执行引擎。MindSpore 的图处理操作，纵向看总共分为三层，分别是执行控制层、业务功能层、数据管理层。横向展开分析，可细分为六大步骤，分别是图准备、图拆分、图优化、图编译、图加载和图执行。通过上述图操作，MindSpore 图引擎可以将前端下发的图转换为一种可以在升腾硬件上高效运行的图模式。

（5）深度优化的模型集市。MindSpore 在 2020 年提供超过 30+ 的深度优化模型，可供开发者直接使用。此外，MindSpore 还提供了可视化工具，可以对单次训练可视化以及多次训练的模型溯源，帮助开发者快速发现模型训练过程中的问题。

（6）分布式全场景。针对不同的运行环境，MindSpore 框架架构支持可大可小，适应全场景独立部署。MindSpore 框架通过协同经过处理后的、不带有隐私信息的梯度、模型信息，而不是数据本身，以此实现在保证用户隐私数据保护的前提下跨场景协同。

4. MegEngine

旷视深度学习框架天元 MegEngine 由旷视研究院于 2014 年自主研发，现已正式开源。它可以帮助开发者用户借助友好的编程接口，进行大规模深度学习模型训练和部署。架构上 MegEngine 具体分为计算接口、图表示、优化与编译、运行时管理和计算内核五层，可极大简化算法开发流程，实现模型训练速度和精度的无损迁移，支持动静态的混合编程和模型导入，内置高性能计算机视觉算子，尤其适用于大模型算法训练。

MegEngine 不仅架构先进、性能优异，而且移植性强。它强调产品化能力，在此基础上保证研发过程的快捷便利。MegEngine 的功能特性有如下几个方面。

（1）动静合一。静态图好部署，动态图易调试，但两者难以兼得。MegEngine 瞄准这一痛点，同时适配科研实验和生产部署环境，内置动静转换，动静态混合编程。MegEngine 在静态图的基础上，逐渐加入支持完整动态图的功能。在动态模式下加速研发过程，无须改变模型代码一键切换至静态模式下的部署，为科研和算法工程师同时提供便利。

（2）兼容并包。当前框架学习接口各异，模型复现困难，学习成本高。它使用 Pythonic 风格 API，简单直接，易于上手，支持导入 PyTorch Module，特别为计算机视觉任务优化。MegEngine 的顶层 API 基于 Python，采取了类似于 PyTorch 的风格。简单直接，易于上手，便于现有项目进行移植或整合。为更好地帮助学习和实践，MegEngine 同时提供了"开箱即用"的在线深度学习工具 MegStudio，和汇聚了顶尖算法和模型的预训练模型集合 Model Hub。

（3）灵活高效。针对生产环境计算设备繁多，缺乏优秀性能这一问题，MegEngine 具有高性能算子，充分利用算力。它的高效内存优化策略，支持自动 Sublinear 内存优化，JIT 代码生成机制，可以加速计算。MegEngine 支持内置算法选择，智能适配设备。

MegEngine 底层的高性能算子库对于不同的硬件架构进行了深度适配和优化,并提供高效的亚线性内存优化策略,对于生产环境繁多的计算设备提供了极致的性能保证。其高效易用的分布式训练实现能有效支持富有弹性的大规模训练。

(4)训练推理一体。面对从研究到生产,流程复杂,精度难以对齐的问题,MegEngine 从训练到推理,无须模型转化,精度损失最小化,跨设备模型精度对齐。它支持多种硬件平台(CPU、GPU、ARM)。不同硬件上的推理框架和 MegEngine 的训练框架无缝衔接。部署时无须做额外的模型转换,速度/精度和训练保持一致,有效解决了 AI 落地中"部署环境和训练环境不同,部署难"的问题。

5. Jittor

清华大学于 2020 年 3 月发布了自研的深度学习框架计图 Jittor。它是一个内部使用创新的元算子表达神经网络计算单元、完全基于动态编译的深度学习框架,其主要特性为元算子和统一计算图。目前 Jittor 已经开源。

Jittor 易于使用,用户只需要数行代码,就可定义新的算子和模型,在易用的同时,不丧失任何可定制性。它的实现与优化分离。用户可以通过前端接口专注于实现,而实现自动被后端优化,从而提升前端代码的可读性,以及后端优化的鲁棒性和可重用性。Jittor 的所有代码都是即时编译并且运行的,包括 Jittor 本身。用户可以随时对 Jittor 的所有代码进行修改,并且动态运行。

Jittor 的功能特性有如下几个方面。

(1)算子融合。将神经网络所需的基本算子定义为元算子,可以融合成卷积、池化、BN 等算子。

(2)高阶导数以及反向传播闭包。元算子是反向传播闭包,即元算子的反向传播也是元算子。同时支持计算任意高阶导数。在深度学习算子开发过程中,免去了反向传播算子重复开发工作,同时可以使用统一的优化策略。

(3)算子动态编译。Jittor 内置元算子编译器,可以将用户通过元算子编写的 Python 代码,动态编译成高性能的 C++ 代码。

(4)自动优化。Jittor 内置优化编译器,同时和 LLVM 兼容,会根据硬件设备,自动优化动态编译的代码。常见的优化编译有循环重排、循环融合、数据打包、向量化、

GPU 并行。这些编译对 C++ 代码进一步优化，生成对计算设备友好的底层算子。

（5）统一内存管理。Jittor 使用了统一内存管理，统一 GPU 和 CPU 之间的内存。当深度学习模型将 GPU 内存资源耗尽时，将试用 CPU 内存弥补。

（6）高效同步异步接口。同步接口编程简单，异步接口更加高效，Jittor 同时提供这两种接口，同步和异步接口之间的切换不会产生任何性能损失，让用户同时享受到易用性和高效率。

（7）模型迁移。Jittor 采用和 PyTorch 较为相似的模块化接口。为了方便用户上手，Jittor 提供了辅助转换脚本，可以将 PyTorch 的代码转换成 Jittor 的模型。在参数保存和数据传输上，Jittor 使用和 PyTorch 一样的 Numpy+pickle 协议，所以 Jittor 和 PyTorch 的模型可以互相加载和调用。

6. 飞桨（PaddlePaddle）

飞桨以百度多年的深度学习技术研究和业务应用为基础，集深度学习核心训练和推理框架、基础模型库、端到端开发套件和丰富的工具组件于一体，2016 年正式开源，是中国首个自主研发、功能完备、开源开放的产业级深度学习平台。

飞桨在业内率先实现了动静统一的框架设计，兼顾科研和产业需求，具备开发便捷的深度学习框架、超大规模深度学习模型训练、多端多平台部署的高性能推理引擎、产业级开源模型库四大领先技术。

在硬件方面，飞桨与芯片厂商深度优化，适配芯片或 IP 达到 31 种，对国产硬件的支持处于业界领先地位，持续打造软硬一体的 AI 技术底座。

二、人工智能应用的模块开发

人工智能应用通常可以划分为多个模块，如分类应用可以划分为预处理、特征选择、模型训练、预测结果等。这里我们将通过两个简单的案例来阐述人工智能应用的模块代码开发。

第一个案例是依据学生的复习时长和效率，预测考试能否及格。这是一个典型的分类问题，复习时长和效率是决定是否通过考试的两个重要因素，可以作为训练的特征。我们首先构建逻辑回归的分类模型，使用往年的数据进行训练。这里的示例简化了预处理和特征选择的模块，只选择了时长和效率这两个特征。随后，对本次考试的某位学生的成绩作出预测，给出在特定复习时长和效率的情况下，该学生的考试成绩能否及格的概率预测。案例的代码和重要模块如下所示：

```python
from sklearn.linear_model import LogisticRegression

# 复习情况, 格式为:( 时长 , 效率 ), 其中时长单位为小时
# 效率为 [0, 1] 之间的小数 , 数值越大表示效率越高
X_train = [(0, 0), (2, 0.9), (3, 0.4), (4, 0.9), (5, 0.4),
           (6, 0.4), (6, 0.8), (6, 0.7), (7, 0.2), (7.5, 0.8),
           (7, 0.9), (8, 0.1), (8, 0.6), (8, 0.8)]
# 0 表示不及格 ,1 表示及格
y_train = [0, 0, 0, 1, 0, 0, 1, 1, 0, 1, 1, 0, 1, 1]

# 创建并训练逻辑回归模型
reg = LogisticRegression()
reg.fit(X_train, y_train)

# 测试模型
X_test = [(3, 0.9), (8, 0.5), (7, 0.2), (4, 0.5), (4, 0.7)]
y_test = [0, 1, 0, 0, 1]
score = reg.score(X_test, y_test)

# 预测并输出预测结果
# learning = [(8, 0.9)]
learning = [(4, 0.5)]
result = reg.predict_proba(learning)
```

```
print(result)

print(' 模型得分 : ', format(score))

print(' 复习时长为 : {0[0]}, 效率为 :{0[1]}'.format(learning[0]))

print(' 不及格的概率为 : ', result[0][0])

print(' 及格的概率为 : ', result[0][1])

print(' 综合判断 , 考试结果预测 : ', ' 不及格 ' if result[0][0] > 0.5 else ' 及格 ')
```

运行该段代码，得到如下的预测结果：

```
[[0.71254172 0.28745828]]

模型得分 : 0.6

复习时长为 : 4, 效率为 :0.5

不及格的概率为 : 0.7125417189202302

及格的概率为 : 0.2874582810797698

综合判断 , 考试结果预测 : 不及格
```

在复习时长较低和效率不高的情况下，模型根据以往该学生的考试成绩，以相对较大的概率推断出本次考试的结果为不及格。当然，在实际情况中，除了复习时长和效率之外，考题难度、考场心理状况、突发情况等也会对学生的考试成绩造成一定的影响，分类器也只能根据历史数据给出一个大致的概率估计，而且这个估计也只是基于复习时长和效率两个特征的数据训练得来的。因此，复习得不好也未必不及格，只能说明大概率无法通过考试。

第二个案例是使用 K 近邻算法判断交通工具的类型。假设有普通火车、高铁和飞机三种类型交通工具的数据，数据给出了总长度、时速、重量、座位数量一共四个维度的特征。我们事先知道每条数据对应使用交通工具的类型，即已知标签数据。接下来，使用这些数据特征和标签，对 K 近邻模型进行拟合。最后用拟合好的模型对未知交通工具类型的数据进行分类，得到预测结果。分类器训练和预测的代码如下所示：

```
from sklearn.neighbors import KNeighborsClassifier

# X 中存储交通工具的参数
# 总长度 ( 米 )、时速 (km/h)、重量 ( 吨 )、座位数量
X = [[96, 85, 120, 400],      # 普通火车
     [144, 92, 200, 600],
     [240, 87, 350, 1000],
     [360, 90, 495, 1300],
     [384, 91, 530, 1405],
     [240, 360, 490, 800],    # 高铁
     [360, 380, 750, 1200],
     [290, 380, 480, 960],
     [120, 320, 160, 400],
     [384, 340, 520, 1280],
     [33.4, 918, 77, 180],    # 飞机
     [33.6, 1120, 170.5, 185],
     [39.5, 785, 230, 240],
     [33.84, 940, 150, 195],
     [44.5, 920, 275, 275],
     [75.3, 1050, 575, 490]]
# y 中存储类别 ,0 表示普通火车 ,1 表示高铁 ,2 表示飞机
y = [0]*5+[1]*5+[2]*6
# labels 中存储对应的交通工具名称
labels = (' 普通火车 ', ' 高铁 ', ' 飞机 ')
```

```
# 创建并训练模型
knn = KNeighborsClassifier(n_neighbors=3, weights='distance')
knn.fit(X, y)

# 对未知样本进行分类
unKnown = [[300, 79, 320, 900], [36.7, 800, 190, 220]]
result = knn.predict(unKnown)
for para, index in zip(unKnown, result):
    print(para, labels[index], sep=':')
```

在这一案例中，预处理和特征选择的模块也被简化了，特征被直接地呈现为矩阵。这里做了一个假设，即总长度（米）、时速（km/h）、重量（吨）、座位数量这四个特征都对标签的类型产生影响（实际上也确实对交通工具的种类影响较大）。最重要的两个模块是训练模型和分类预测，这是分类问题中的核心部分。最后，程序的运行结果如下所示：

```
[300, 79, 320, 900]: 普通火车
[36.7, 800, 190, 220]: 飞机
```

测试数据有两份，K近邻模型给出的预测结果分别是普通货车和飞机。其实，在本案例中，根据第二组特征"时速"也基本能准确地预测出交通工具的类型，只不过选择四组特征的预测准确率更高，可以最大限度地从数据库中提取所有的有效信息，进而更加准确地做出分类预测。

通过上述两个简单的分类案例，我们可以大致地理解机器学习分类应用的具体开发步骤。首先是要得到特征，可以通过预处理和特征选择的方式获取到分类的训练数据集；其次是训练分类模型，这一步骤可以选用适当的分类算法来训练模型；最后是对未知样本进行分类，得到标签预测的概率。当然，除了分类任务以外，人工智能应用还有很多其他任务，这些任务的模块代码开发这里不做讲解。

第三节 人工智能应用接口的基础性开发

考核知识点及能力要求:
- 了解接口的概念和人工智能应用的接口类型;
- 掌握人工智能应用的接口开发方法。

一、人工智能应用接口的基础知识

(一)接口的基本概念

接口 Interface 既可以指计算机硬件,也可以指软件。硬件的接口是指同一计算机不同功能层之间的通信规则。例如,手机数据线就是一个计算机和手机通信的硬件接口,通过数据线,计算机可以访问手机中的照片等数据信息。软件的接口则可以理解为访问软件功能模块的入口,它可以是处理特定功能的函数,也可以是封装了数据的类的方法。狭义而言,接口是软件开发中的 API;广义来说,接口可以是人与软件之间的交互界面。

(二)人工智能应用的接口类型

随着人工智能技术的发展,人工智能的应用已渗透到教育、医疗、金融、交通、资讯、体育、娱乐等各大领域,未来也将呈现出越来越重要的作用。如何将现有的人工智能技术和资源快速地部署到新兴领域的软件应用中,是一个非常值得讨论和研究的课题。其中,一种好的解决方案是使用现成的人工智能接口,如百度图像识别 API、科大讯飞 API 等,可以帮助我们更好地开发综合或者垂直领域的人工智能应用。

根据 AI 的不同应用领域，人工智能应用接口可以分为计算机视觉 API、智能语音 API、自然语言处理 API 等类型。

1. 计算机视觉 API

计算机视觉是运用图像处理等技术，从图像中识别出物体、场景和活动等目标。例如，使用图像处理技术可以从图像中检测到物体的纹理和边缘，运用聚类分析技术可以将医学图像中的不同组织分割出来。计算机视觉 API 按照不同的任务和功能可以划分成不同的类别。

我们以百度 AI 开放平台中的计算机视觉接口为例，其分为图像识别 API、人脸识别 API、文字识别（OCR）API 几个大类。其中，人脸识别 API 和文字识别 API 被单独提出来划分为大类 API，下面不设置小类的接口。图像识别 API 有 12 个小类，包括 LOGO 商标识别、动物识别、植物识别、地标识别、红酒识别、货币识别等常用类别（见表 3–5）。

表 3–5　　　　　　　　百度图像识别接口一览

接口类别	接口描述
图像单主体检测	识别图像中的主体具体坐标位置
图像多主体检测（邀测）	检测出图片中多个主体，并给出位置、标签和置信得分
通用物体和场景识别高级版	识别图片中的场景及物体标签，支持 10w+ 标签类型
菜品识别	检测用户上传的菜品图片，返回具体的菜名、卡路里、置信度信息
自定义菜品识别	入库自定义的单菜品图，实现上传多菜品图的精准识别，返回具体的菜名、位置、置信度信息
LOGO 商标识别	识别图片中包含的商品标志信息，返回标志品牌名称、在图片中的位置、置信度
动物识别	检测用户上传的动物图片，返回动物名称、置信度信息
植物识别	检测用户上传的植物图片，返回植物名称、置信度信息
果蔬食材识别	检测用户上传的果蔬类图片，返回果蔬名称、置信度信息
地标识别	检测用户上传的地标图片，返回地标名称
红酒识别	识别图像中的红酒标签，返回红酒名称、国家、产区、酒庄、类型、糖分、葡萄品种、酒品描述等信息
货币识别	识别图像中的货币类型，返回货币名称、代码、面值、年份信息，可识别百余种国内外常见货币

可以看出，商业公司的计算机视觉 API 类型较为实用，通常针对一些常用和热门的应用场景单独开发一套接口。尤其像人脸识别，这是一个近年来非常热门的人工智能应用场景，被广泛地应用于各大手机 App 和人脸检测设备硬件厂商，因此在百度人工智能 API 中被单独列为一个大类。

2. 智能语音 API

智能语音处理则是运用语音识别等技术，让机器通过识别和理解过程把语音信号转变为相应的文本或命令的高级技术。它的核心技术包括特征提取、模式匹配准则和模型训练三个方面。智能语音处理涉及信号处理、模式识别、概率论和信息论等。智能语音处理的 API 按照不同的任务和功能同样可以划分为不同的类别。

百度语音 API 有语音识别和语音合成两大类别。而科大讯飞的智能语音 API 更加齐全，包括语音识别、语音合成、语音分析三大类别，语音识别还兼有小语种和方言的识别，种类很齐全但需要付费（见表 3-6）。

表 3-6　　　　　　　　　　科大讯飞智能语音接口一览

接口类别	接口描述
语音识别	语音听写、语音转写、实时语音转写、语音唤醒、离线命令词识别、离线语音听写
语音合成	在线语音合成、离线语音合成
语音分析	语音评测、性别年龄识别、声纹识别、歌曲识别

3. 自然语言处理 API

自然语言处理（Natural Language Processing，NLP）是人工智能的另外一大重要分支。它是一门交叉学科，其研究需要涉及语言学、计算机科学和数学等多个学科的知识。自然语言处理有多个重要任务，包括中文分词、词性标注、命名识体识别、句法分析、篇章分析、情感倾向分析等。它的应用领域有多个层面：拼写纠错、语音识别、问答系统、自动摘要、机器翻译等。因此，自然语言处理 API 既可以按照任务分类，也可以按照大的应用领域分类。

科大讯飞的自然语言处理 API 既有基础任务级别的接口，如词法分析、依存句法分析、语义角色标注、语义依存分析（依存树）、语义依存分析（依存图）、情感分析，又有高级应用级别的接口，如机器翻译、关键词提取等。

百度的自然语言处理 API 按照应用领域层面分为八大产品级的 API，具体的接口类型和详细介绍见表 3-7。

表 3-7　　　　　　　　　　百度自然语言处理接口一览

接口类别	接口描述
文本纠错	识别文本中有错误的片段，进行错误提示并给出正确的建议文本内容
情感倾向分析	对包含主观信息的文本进行情感倾向性判断
评论观点抽取	自动抽取和分析评论观点
对话情绪识别	自动检测用户日常对话文本中蕴含的情绪特征
文章标签	对文章进行核心关键词分析
文章分类	对文章按照内容类型进行自动分类
新闻摘要	自动抽取新闻文本中的关键信息，生成指定长度的新闻摘要
地址识别	精准提取快递填单文本中的姓名、电话、地址信息，自动补充纠正，生成标准规范的结构化信息

二、人工智能应用接口开发的案例

在这里，给出一个百度 AI 开放平台应用接口使用的语音识别与合成的综合案例，介绍如何应用在线 API 来完成人工智能应用开发的全过程。

要使用百度 API，首先要申请一个百度智能云账号，并在控制台中创建一个个人的应用程序。应用创建后才能够正式地调入百度 API，基于创建的应用，可以成功地获取到 AppID、API Key 和 Secret Key。通过这些关键信息，可以调用百度 AI 的应用接口，完成相关配置。接下来，需要生成新的签名 Access Token（用户身份验证和授权的凭证），它的有效期通常为 30 天。Access Token 的获取方法有很多种，这里给出一种生成 Access Token 的方法，具体参考如下代码：

```python
import requests
import json
def getAccessTokent():
    baidu_server = "https://openapi.baidu.com/oauth/2.0/token?"
    grant_type = "client_credentials"
    # API Key
    client_id = " 从官网获取的个人应用 API Key"
    # Secret Key
    client_secret = " 从官网获取的个人应用 Secret Key"
    # 拼接 url
    url = 'https://openapi.baidu.com/oauth/2.0/token?grant_type=client_credentials&client_id={}&client_secret={}'.format(client_id, client_secret)
    # print(url)
    # 获取 token
    res = requests.post(url)
    token = json.loads(res.text)["access_token"]
    print(token)

getAccessTokent()
```

使用 Client Credentials 获取 Access Token 需要应用在其服务端发送请求（推荐用 POST 方法）到百度 OAuth2.0 授权服务的"https：//openapi.baidu.com/oauth/2.0/token"地址，并带上以下参数：

（1）grant_type：必需的参数，固定为 client_credentials；

（2）client_id：必需的参数，从官网获取的个人应用 API Key；

（3）client_secret：必需的参数，从官网获取的个人应用 Secret Key。

获取到 Access Token 之后，就可以正式启动开发，通过编程调用百度 AI 开放平台的应用接口。

下面分别就语音合成和语音识别两个模块来重点讲解百度 API 的调用。

第一部分是语音合成模块，其作用是将输入的文字转变成语音，并朗读出来。通过记录桌面程序在文本框 textEditSay 中输入的汉字或英文，调用自定义的 toSound（）函数来实现对文本的语音合成，最后把合成后的语音用 playsound（）函数播放出来。其中，语音合成的重点代码如下所示：

```python
@pyqtSlot()
def on_toolButtonSay1_clicked(self):
    self.textBrowserJinDu.append('---------- 语音合成 ----------')
    QApplication.processEvents()
    sayText = self.textEditSay.toPlainText()
    if sayText.strip():
        print(sayText)
        self.toSound(sayText, 'Sound\outSayYes.mp3')
        playsound('Sound\outSayYes.mp3')
    else:
        playsound('Sound\outSayNO.mp3')
```

其中，toSound（）函数在本质上是调用百度语音 API，即调用百度 AI 开放平台的应用接口，其内部实现如下：

```python
def toSound(self, text, savePath):
    apiUrl = 'https://tsn.baidu.com/text2audio'
    data = {
        "tex": text,  # 要进行语音合成的内容
        "tok": " 个人应用生成的 Acess Token 值 ",  # 个人的鉴权认证 Access Token
        "cuid": " 语音识别 ",  # 随便取值 , 官网推荐是个人电脑的 MAC 地址
```

```
    "ctp": 1, # 客户端类型,web 端固定值 1
    "lan": "zh", # 中文语言
    "spd": 5, # 语速
    "pit": 5, # 语调
    "vol": 5, # 音量
    "per": 4, # 男女声,4 是度丫丫
    "aue": 3, # 音频格式,3 是 mp3
}
try:
    os.remove(savePath)
    r = requests.post(apiUrl, data=data)
    print(r.headers)    # 返回的表头
    text = r.content    # mp3 二进制数据
    # 将 mp3 的二进制数据保存到本地的 mp3
    f = open(savePath, "wb")
    f.write(text)
    f.close()
except Exception as e:
    print(e)
self.textBrowserJinDu.append('* 声音合成完成 ')
self.textBrowserJinDu.moveCursor \
(self.textBrowserJinDu.textCursor().End)
QApplication.processEvents()
```

toSound（）函数在内部封装了对百度语音 API 的调用，而外部程序又调用了 toSound（）函数，实现了对文本的语音合成并播放。

第二部分是语音识别模块，其作用具体为对检测录音，识别所说的话并转换成文

字。先用自定义的 recoding( ) 函数进行录音，然后通过调用自定义的 toWord( ) 函数，将录音转换成文字并在文本框 textBrowserWrite 显示出来。其中，语音识别的重点代码如下所示：

```
@pyqtSlot()
def on_toolButtonListen_clicked(self):
    self.textBrowserJinDu.append('---------- 语音识别 ----------')
    QApplication.processEvents()
    self.recording('Sound/saveWrite.wav')
    text = self.toWord('Sound/saveWrite.wav')
    print(text)
    self.textBrowserWrite.setText(text)
```

recoding( ) 函数可以实现录音功能，同时，它还可以检测说话是否结束，如果结束则自动断掉录音。recoding( ) 函数的代码实现如下所示：

```
def recording(self, filename, time=0, threshold=7000):
    """
    :param filename: 文件名
    :param time: 录音时间。如果指定时间 , 按时间来录音 , 默认为自动识别是否结束录音
    :param threshold: 判断录音结束的阈值
    :return:
    """
    CHUNK = 1024     # 块大小
    FORMAT = pyaudio.paInt16    # 每次采集的位数
    CHANNELS = 1   # 声道数
    RATE = 16000    # 采样率：每秒采集数据的次数
    RECORD_SECONDS = time   # 录音时间
```

```python
WAVE_OUTPUT_FILENAME = filename    # 文件存放位置
p = pyaudio.PyAudio()
stream = p.open(format=FORMAT, channels=CHANNELS, \
        rate=RATE, input=True, frames_per_buffer=CHUNK)
print("* 录音中 ...")
self.textBrowserJinDu.append('* 录音中 ...')
self.textBrowserJinDu.moveCursor \
        (self.textBrowserJinDu.textCursor().End)
QApplication.processEvents()
frames = []
if time > 0:
    for i in range(0, int(RATE / CHUNK * RECORD_SECONDS)):
        data = stream.read(CHUNK)
        frames.append(data)
else:
    stopflag = 0
    stopflag2 = 0
    while True:
        data = stream.read(CHUNK)
        rt_data = np.frombuffer(data, np.dtype('<i2'))
        # 傅里叶变换
        fft_temp_data = fftpack.fft(rt_data, \
                rt_data.size, overwrite_x=True)
        fft_data = np.abs(fft_temp_data) \
                [0:fft_temp_data.size // 2 + 1]
        # 判断麦克风是否停止，判断说话是否结束。麦克风阈值，默认 7000
```

```python
            if sum(fft_data) // len(fft_data) > threshold:
                stopflag += 1
            else:
                stopflag2 += 1
            oneSecond = int(RATE / CHUNK)
            if stopflag2 + stopflag > oneSecond:
                if stopflag2 > oneSecond // 3 * 2:
                    break
                else:
                    stopflag2 = 0
                    stopflag = 0
        frames.append(data)


self.textBrowserJinDu.append('* 录音结束 ')
self.textBrowserJinDu.moveCursor( \
        self.textBrowserJinDu.textCursor().End)
QApplication.processEvents()
print("* 录音结束 ")
stream.stop_stream()
stream.close()
p.terminate()
with wave.open(WAVE_OUTPUT_FILENAME, 'wb') as wf:
    wf.setnchannels(CHANNELS)
    wf.setsampwidth(p.get_sample_size(FORMAT))
    wf.setframerate(RATE)
    wf.writeframes(b''.join(frames))
```

接下来,重点介绍完成语音识别的 toWord( ) 函数。该函数可以对上一步得到的语音文件进行识别,并转换成文字输出到文本框 textBrowserWrite 上。代码的核心是调用百度语音的应用接口,它的具体实现如下所示:

```python
def toWord(self, fileurl):
    try:
        RATE = "16000"  # 采样率 16kHz
        FORMAT = "wav"  # wav 格式
        CUID = " 语音识别 "
        DEV_PID = "1536"  # 无标点普通话
        token = ' 个人应用生成的 Access Token 值 '

        # 以字节格式读取文件之后进行编码
        with open(fileurl, "rb") as f:
            speech = base64.b64encode(f.read()).decode('utf8')


        size = os.path.getsize(fileurl)
        headers = {'Content-Type': 'application/json'}
        url = "https://vop.baidu.com/server_api"
        data = {
            "format": FORMAT,
            "rate": RATE,
            "dev_pid": DEV_PID,
            "speech": speech,
            "cuid": CUID,
            "len": size,
            "channel": 1,
```

```
        "token": token,
    }
    req = requests.post(url, json.dumps(data), headers)
    result = json.loads(req.text)
    print(result)
    self.textBrowserJinDu.append('* 语音识别完成 ')
    self.textBrowserJinDu.moveCursor( \
            self.textBrowserJinDu.textCursor().End)
    QApplication.processEvents()
    return result["result"][0][:-1]
except Exception as e:
    print(e)
    self.textBrowserJinDu.append('* 识别不清！ ')
    self.textBrowserJinDu.moveCursor( \
            self.textBrowserJinDu.textCursor().End)
    QApplication.processEvents()
    return ' 识别不清 '
```

toWord（ ）函数在内部封装了对百度语音 API 的调用，外部程序则调用了 toWord（ ）函数，实现了对录音的识别，并将语音转换成文字。

通过语音识别和语音合成的两个小例子，可以发现百度接口的调用方式是使用 HTTP API。百度 AIP 开放平台使用 OAuth2.0 授权调用开放 API，调用 API 时必须在 URL 中带上 Access Token 参数。例如，语音合成的代码部分使用的 API URL 为："https：//tsn.baidu.com/text2audio"，语音识别的代码部分使用的 API URL 为："https：//vop.baidu.com/server_api"。Access Token 是开发者的身份验证和授权的凭证，需要百度 API 用户提前获取和生成。

对于开发者而言，了解应用接口的开发非常重要。特别是使用成熟的应用接口，可以简化人工智能程序的开发流程。现在，越来越多的人工智能领域的大型企业，如百度、科大讯飞等，都在提供在线的 API 资源。其中，既有免费的部分，也有需要付费购买的应用接口。对于做在线 App 的公司来说，如果不想占用过多的手机内存空间和资源，完全可以通过购买成熟的在线 API 的使用权来完成人工智能领域独立应用的开发。这样既可以减少开发底层人工智能组件的成本，又可以站在巨人的肩膀上更好地提升 App 运行的效率。

第四节　应用集成设计开发案例

考核知识点及能力要求：
- 了解计算机视觉方向的应用集成设计开发步骤；
- 了解智能语音识别方向的应用集成设计开发步骤；
- 了解自然语言处理方向的应用集成设计开发步骤。

人工智能应用集成按照不同的领域，可以划分为计算机视觉、智能语音识别、自然语言处理、机器人流程自动化等几个方面。下面我们将重点介绍计算机视觉、智能语音识别和自然语言处理三个领域应用集成设计开发过程中如何使用人工智能算法。

一、计算机视觉应用集成设计开发案例

计算机视觉的应用集成存在着非常多的算法和细分领域。为此，这里给出一个图像压缩的示例，该案例使用 K 均值聚类算法来压缩图像颜色。

虽然现实生活中的颜色可以有成千上万种，但是人的眼睛对于其中的很多种颜色是不敏感的。由于人眼的这种特性，色彩的计算机存储存在着大量的冗余。因此，可以通过对图像中的颜色进行聚类分析，将一个聚类中的所有颜色使用一种均值颜色替代，这样就可以减少存储的数据量，以达到图像压缩的目的。

对于图 3-16 所示的这张照片，我们可以先将所有的颜色聚类为 4 个部分，接着使用 4 种颜色来表示原始的图像。图像的数据量通常较大，当聚类数 n_clusters 的值变大时，算法花费的运算时间会急剧地上升，因此可以使用 MiniBatchKMeans 来提高算法运行效率。使用 K 均值算法压缩图像颜色的代码如下所示：

图 3-16　原始的图像

```
import numpy as np
from sklearn.cluster import KMeans
from PIL import Image
import matplotlib.pyplot as plt


# 打开并读取原始图像中像素颜色值，转换为三维数组
imOrigin = Image.open('in_image.jpg')
```

```
dataOrigin = np.array(imOrigin)
# 然后再转换为二维数组,-1 表示自动计算该维度的大小
data = dataOrigin.reshape(-1, 3)

# 使用 K 均值算法把所有像素的颜色值划分为 4 类
kmeansPredicter = KMeans(n_clusters=4)
kmeansPredicter.fit(data)

# 使用每个像素所属类的中心值替换该像素的颜色
# temp 中存放每个数据所属类的标签
temp = kmeansPredicter.labels_
dataNew = kmeansPredicter.cluster_centers_[temp]
dataNew.shape = dataOrigin.shape
dataNew = np.uint8(dataNew)
plt.imshow(dataNew)
plt.imsave('out_image.jpg', dataNew)
plt.show()
```

通过 K 均值聚类算法，图像所有像素的颜色值被划分为 4 类，选择每个像素所属类的中心值去替换该像素的颜色。在这一过程中，根据 K 均值所选择的初始中心的不同，会得到不同的结果。图 3-17 展示了其中一种可能的结果图像。通过聚类算法生成的图像的大小明显小于原始的图像，也就是说实现了图像压缩的效果。

二、智能语音识别应用集成设计开发案例

智能语音的应用集成同样可以包括非常多的设计和开发案例。为此，这里给出了一个智能语音识别的简单示例，通过该案例可以初步掌握智能语音的有关编程方法。

图 3-17 使用 K 均值压缩图像颜色的效果

声音是一种波动现象，其本质是震动，可以理解为位移关于时间的函数。对于一个声音文件 .wav 而言，波形文件中记录了不同采样时刻的位移。通过傅里叶变换，可以将时间域的声音函数分解为一系列不同频率的正弦函数的叠加。在音频识别的应用当中，可以通过频率谱线的特殊分布，建立音频内容和文本的对应关系，以此作为模型训练的基础。

首先，使用如下代码片段，绘制出语音信号的波形和频率分布。

```
import numpy as np
import numpy.fft as nf
import scipy.io.wavfile as wf
import matplotlib.pyplot as plt


sample_rate, sigs = wf.read('freq.wav')
sigs = sigs / (2 ** 15)  # 归一化
times = np.arange(len(sigs)) / sample_rate
freqs = nf.fftfreq(sigs.size, 1 / sample_rate)
ffts = nf.fft(sigs)
pows = np.abs(ffts)
```

```
plt.figure('Audio')

plt.rcParams['font.sans-serif'] = ['SimHei']

plt.rcParams['axes.unicode_minus'] = False


# 绘制语音信号的波形
plt.subplot(121)

plt.title(' 时间域 ')

plt.xlabel(' 时间 ', fontsize=12)

plt.ylabel(' 信号 ', fontsize=12)

plt.tick_params(labelsize=10)

plt.grid(linestyle=':')

plt.plot(times, sigs, c='dodgerblue', label=' 信号 ')

plt.legend()


# 绘制语音信号的频率分布
plt.subplot(122)

plt.title(' 频率域 ')

plt.xlabel(' 频率 ', fontsize=12)

plt.ylabel(' 能量 ', fontsize=12)

plt.tick_params(labelsize=10)

plt.grid(linestyle=':')

plt.plot(freqs[freqs >= 0], pows[freqs >= 0], c='orangered', label=' 能量 ')

plt.legend()


plt.tight_layout()

plt.show()
```

通过运行以上代码,可以得到如图 3-18 所示的结果。该图中,左侧的线代表语音信号的波形分布,右侧的线则表示信号的频率分布。通过可视化绘图,可以了解这段音频的信号大致分布情况。

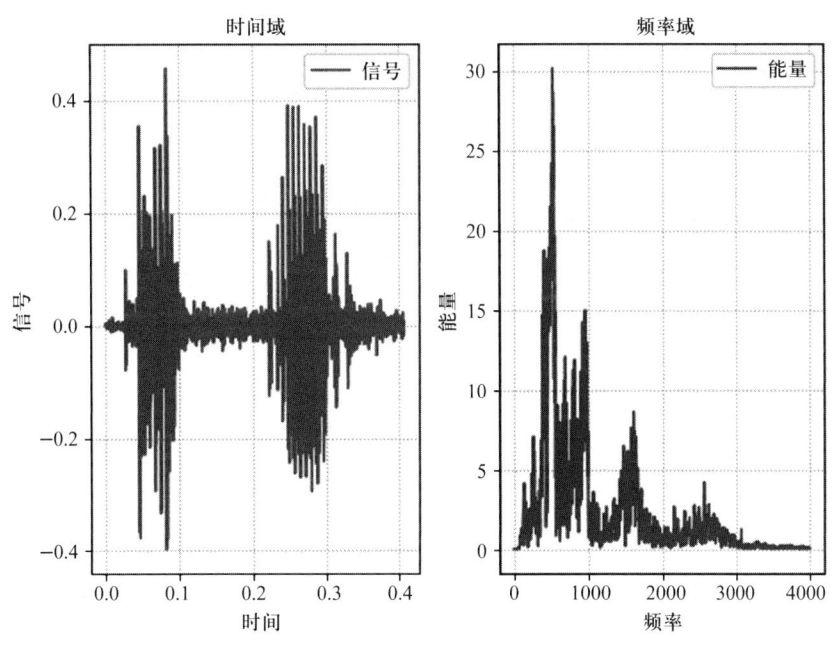

图 3-18 语音信号的波形和频率分布

接下来,绘制 MFCC 矩阵。在语音识别的过程中,最常用到的声学特征就是 MFCC,全称梅尔频率倒谱系数(Mel-Frequency Cepstral Coefficients)。MFCC 是在梅尔频率域提取出来的倒谱参数,反映了语音参数的静态特性。可以使用 MFCC 矩阵作为语音识别的特征,基于隐马尔科夫模型(Hidden Markov Model,HMM)进行模式识别,找到测试样本最匹配的声音模型,从而识别语音内容。MFCC 特征的提取与 MFCC 矩阵的绘制代码如下所示:

```
import scipy.io.wavfile as wf

import python_speech_features as sf

import matplotlib.pyplot as plt


sample_rate, sigs = wf.read('freq.wav')
```

```
mfcc = sf.mfcc(sigs, sample_rate)
plt.matshow(mfcc.T, cmap='gist_rainbow')
plt.show()
```

读取原始音频文件 freq.wav 之后,利用 python_speech_features 声音文件处理库提取 MFCC 特征。MFCC 矩阵的可视化效果如图 3-19 所示。

图 3-19 MFCC 矩阵的可视化效果

使用隐马尔科夫模型训练 training 文件夹下的音频,再对 testing 文件夹下的音频文件做分类。语音识别应用的训练和测试分为如下几个步骤:

(1) 读取 training 文件夹中的训练音频样本,每个音频对应一个 mfcc 矩阵,每个 mfcc 都有一个类别(如 apple)。

(2) 把所有类别为 apple 的 mfcc 合并在一起,形成训练集,如图 3-20 所示中训练集样本可以训练一个用于匹配 apple 的 HMM。

(3) 训练 7 个 HMM 分别对应每个水果类别(apple、banana、kiwi、lime、orange、peach、pineapple),保存在列表中。

(4) 读取 testing 文件夹中的测试样本(apple、banana、lime),整理测试样本。

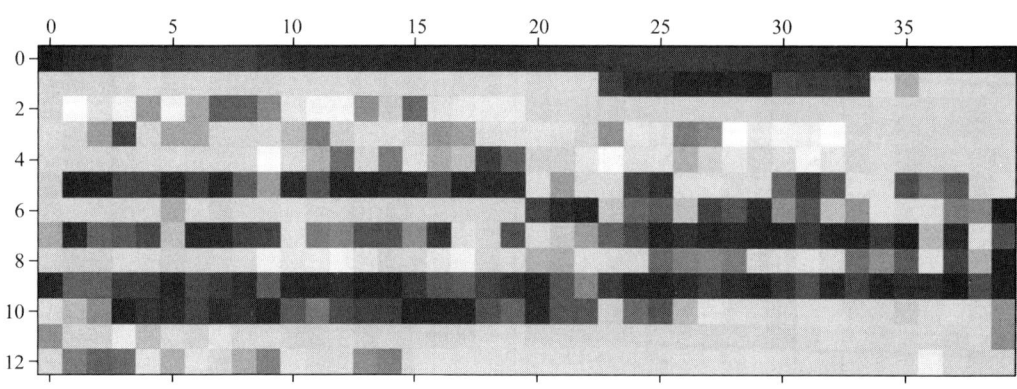

图 3-20 类别为 apple 的训练集样本

（5）针对每一个测试样本，分别使用 7 个 HMM 模型，对测试样本计算 score 得分，取 7 个模型中得分最高的模型所属类别作为预测类别。

最后，使用隐马尔科夫模型识别语音的案例代码如下所示：

```python
import os
import numpy as np
import scipy.io.wavfile as wf
import python_speech_features as sf
import hmmlearn.hmm as hl


# 读取 training 文件夹中的训练音频样本，每个音频对应一个 mfcc 矩阵，每个 mfcc 都有一个类别
def search_file(directory):
    # 使传过来的 directory 匹配当前操作系统
    directory = os.path.normpath(directory)
    objects = {}
    # curdir: 当前目录
    # subdirs: 当前目录下的所有子目录
    # files: 当前目录下的所有文件名
    for curdir, subdirs, files in os.walk(directory):
        for file in files:
            if file.endswith('.wav'):
                label = curdir.split(os.path.sep)[-1]
                if label not in objects:
                    objects[label] = []
                # 把路径添加到 label 对应的列表中
                path = os.path.join(curdir, file)
```

```
            objects[label].append(path)
    return objects
# 读取训练集数据
train_samples = search_file('speeches/training')


# 把所有类别为 apple 的 mfcc 合并在一起，形成训练集。由上述训练集样本可以
训练一个用于匹配 apple 的 HMM。
train_x, train_y = [], []
# 遍历 7 次
for label, filenames in train_samples.items():
    mfccs = np.array([])
    for filename in filenames:
        sample_rate, sigs = wf.read(filename)
        mfcc = sf.mfcc(sigs, sample_rate)
        if len(mfccs) == 0:
            mfccs = mfcc
        else:
            mfccs = np.append(mfccs, mfcc, axis=0)
    train_x.append(mfccs)
    train_y.append(label)


# {'apple':object, 'banana':object ...}
models = {}
for mfccs, label in zip(train_x, train_y):
    # n_components: 用几个高斯分布函数拟合样本数据
    # covariance_type: 相关矩阵的辅对角线进行相关性比较
```

```
    # n_iter: 最大迭代上限
    model = hl.GaussianHMM(n_components=4, covariance_type='diag', n_iter=1000)
    models[label] = model.fit(mfccs)

# 读取 testing 文件夹中的测试样本，针对每一个测试样本：
# 1. 分别使用 7 个 HMM 模型，对测试样本计算 score 得分。
# 2. 取 7 个模型中得分最高的模型所属类别作为预测类别。
# 读取测试集数据
test_samples = search_file('speeches/testing')

test_x, test_y = [], []
for label, filenames in test_samples.items():
    mfccs = np.array([])
    for filename in filenames:
        sample_rate, sigs = wf.read(filename)
        mfcc = sf.mfcc(sigs, sample_rate)
        if len(mfccs) == 0:
            mfccs = mfcc
        else:
            mfccs = np.append(mfccs, mfcc, axis=0)
    test_x.append(mfccs)
    test_y.append(label)

pred_test_y = []
for mfccs in test_x:
```

```
# 判断 mfccs 与哪一个 HMM 模型更加匹配
best_score, best_label = None, None
for label, model in models.items():
    # 使用模型匹配测试 mfcc 矩阵的分值
    score = model.score(mfccs)
    if (best_score is None) or (best_score < score):
        best_score = score
        best_label = label
pred_test_y.append(best_label)


print(test_y)
print(pred_test_y)
```

测试集中的三个音频分别为：apple15.wav、banana15.wav、lime15.wav，均未出现在训练集当中。最终，print（pred_test_y）打印出模型预测的类别，分别为：apple、banana 和 lime。因此，算法可以正确识别出新的语音数据。

三、自然语言处理应用集成设计开发案例

自然语言处理的应用集成同样有很多不同的设计方法和开发案例。为此，这里给出了一个最简单的中文自然语言处理技术——中文分词的应用示例，该案例可以完成该技术中文文本分词和简单统计的功能。

我们选用的中文语料是《红楼梦》的全文文本数据库（drm.txt），应用的任务是对语料库进行中文分词，依据《红楼梦》中的人名列表（drm_names.txt）统计出所有人物的出场次数，给出出场频次前 10 位的人物，同时用词云来表示。《红楼梦》中的人物列表展示如下所示，每一行存放一个《红楼梦》中的人名。

余信
俞禄

```
玉钏
玉官
玉柱儿
鸳鸯
圆信
云儿
云光
詹光
张德辉
张华
……
```

为了进行自然语言处理中的中文分词,需要导入中文分词库 jieba。jieba 详细使用方法可参考:https://github.com/fxsjy/jieba。为了展示词云,同样需要导入 wordcloud 扩展库。《红楼梦》中出场频次排名前 10 位的人物统计和词云展示可以用如下代码完成:

```
import numpy as np
import jieba
import wordcloud
import matplotlib.pyplot as plt


# 将《红楼梦》的文本从文件中读入字符串
txt = open("drm.txt", "r", encoding="utf-8").read()
# 将《红楼梦》的人物名读入列表
names = np.loadtxt('drm_names.txt', dtype='U')
# 对文本进行中文分词
words = jieba.lcut(txt)
```

```
# 统计人物的词频,保存到字典中
counts = {}
for word in words:
    if word not in names:
        continue
    else:
        counts[word] = counts.get(word, 0) + 1


# 统计《红楼梦》中出场频次前 10 位的人物
items = list(counts.items())
items.sort(key=lambda x: x[1], reverse=True)
for i in range(10):
    word, count = items[i]
    print("{0:<10}{1:>5}".format(word, count))


# 用词云展示出场频次前 10 位的人物
wc = wordcloud.WordCloud(font_path="SimHei.ttf", max_words=10)
word_cloud = wc.generate_from_frequencies(counts)
# 写词云图片
word_cloud.to_file("wordcloud.jpg")
# 显示词云文件
plt.imshow(word_cloud)
plt.axis("off")
plt.show()
```

可以使用字典保存人物统计的频次。为了统计出场频次前 10 位的人物,可以使用 sort 方法进行逆序排序(设置 reverse=True)。控制台输出的《红楼梦》人物频次排序前 10 位如下所示：

贾宝玉	3919
王熙凤	1754
林黛玉	1373
贾母	1227
薛宝钗	1081
王夫人	1024
贾琏	673
袭人	594
平儿	588
薛姨妈	454

左侧列是频次排名前 10 位的人物，右侧列是人物名在语料中出现的频次。为了更好地进行可视化，使用词云来展示频次排名前 10 位的人物，其中，generate_from_frequencies 方法可以接受一个频次字典作为参数。最终，统计结果的词云可视化展示如图 3-21 所示。

图 3-21 《红楼梦》出场频次前 10 位人物的词云可视化展示

通过这三个应用集成设计开发案例，初学者可以大致掌握计算机视觉、智能语音识别和自然语言处理应用的设计思路。通过后续工作过程中不断地编程练习和人工智能应用集成开发经验的积累，将进一步深入地理解人工智能技术的原理，开发出更加复杂的人工智能应用程序。

思考题

1. 简述人工智能应用的数据梳理方法及其具体方法。

2. 简述人工智能应用的数据分析方法。请分别举例说明。

3. 简述人工智能应用的常用编程语言和主流平台工具。

4. 说明人工智能应用模块开发的一般步骤。

5. 什么是接口？人工智能应用的接口类型有哪些？

6. 简述不同人工智能应用方向的集成设计开发的异同点。

第四章
人工智能应用集成产品交付

人工智能应用集成负责面向人工智能应用场景,将人工智能应用中的平台、软件、硬件、算法等形成集成应用系统,解决用户总体人工智能需求。

- **职业功能:** 人工智能应用集成产品交付方法。
- **工作内容:** 人工智能应用集成负责面向人工智能应用场景,将人工智能应用中的平台、软件、硬件、算法等形成集成应用系统,解决用户总体人工智能需求。
- **专业能力要求:** 能按照人工智能应用集成的交付流程和交付标准,进行人工智能应用主要组件和接口的安装、配置、调试;能基于业务场景编制人工智能应用安装手册、使用手册等交付文档。
- **相关知识要求:** 人工智能应用集成交付的主要环节和交付方法;智能语音、计算机视觉、自然语言处理、机器人流程自动化等人工智能应用集成主要组件的安装、配置、调试方法;人工智能应用交付文档的规范和撰写要求。

第一节　人工智能应用集成的交付及实施

考核知识点及能力要求：
- 人工智能应用集成交付的主要环节；
- 人工智能应用集成交付的主要方法。

一、人工智能应用集成交付的流程

人工智能应用集成交付属于软件交付的一种，其交付流程也大体相同，不同之处在于交付的方法、标准和人工智能应用集成交付特有的组件和接口安装、配置、调试等。

广义上，传统的软件交付流程，涵盖从需求分析到运维的整个生命周期；狭义上，交付流程和交付环节只包含从交付测试、试运行到系统上线的阶段性流程。这一章，主要阐述狭义上的人工智能应用集成交付，即从交付测试、试运行到系统上线的阶段性流程。

（一）人工智能应用集成项目的一般交付流程

人工智能应用集成项目的交付流程如图 4-1 所示。

项目交付输入 / 输出见表 4-1。

（二）人工智能产品组件交付流程

以计算机视觉组件为例，整个交付过程一般来说分为以下六个环节。

1. 项目可行性分析

在这个环节将业务需求转变为可以拆解的技术方案需求，确保这些技术方案组合起来可以满足最终业务需求,防止出现业务需求不清楚、业务需求无法转化为技术方案或者转换为技术方案,但是因为技术瓶颈无法满足业务目标的情况。

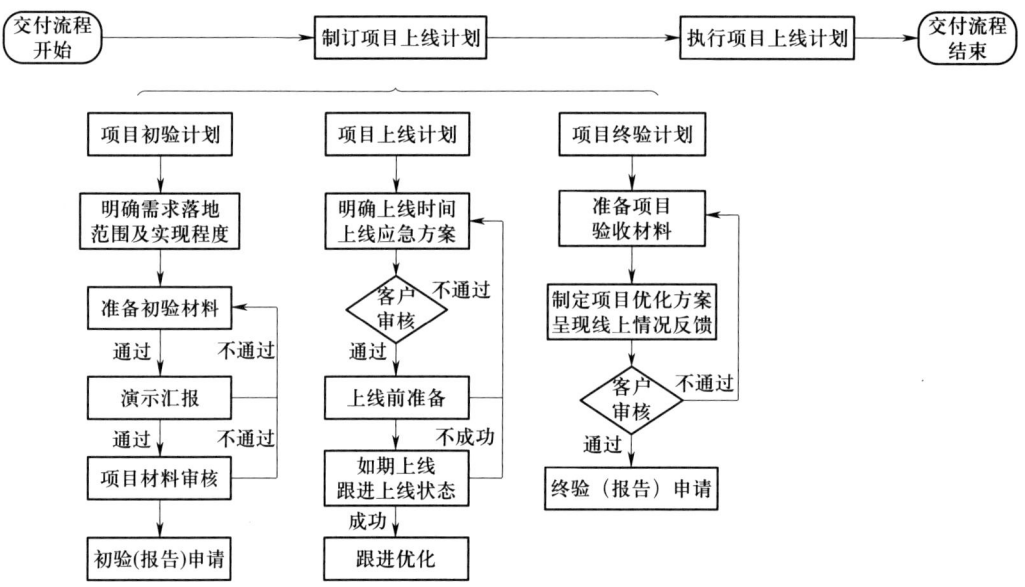

图4-1 人工智能应用集成项目的交付流程

表4-1 项目交付输入/输出表

输入	过程	输出
《项目实施计划》 《项目工作说明书——SOW》 《项目工作分解结构——WBS》	1. 项目经理制订项目上线计划,其中包括项目验收计划(初/终)、上线应急预案等; 2. 根据初验计划提交初验申请,并准备演示汇报及验收材料; 3. 根据上线计划提交上线申请,明确上线日期、准备工作及应急预案,确保如期上线; 4. 上线后持续跟踪线上效果,并做好持续跟进及优化; 5. 根据终验计划提交终验申请,并准备相关终验材料,获得客户认可	《项目验收计划(初/终)》 《项目上线计划及应急预案》 《验收初验申请》 《验收终验申请》 《项目培训计划》 《用户手册》 《项目运营方案》

在这个环节,一般需要客户提供真实场景的计算机视觉的输入信息,如照片、扫描文档、视频等,需要根据真实的数据才能得到较为客观的评估结果,比如典型的

OCR（光学文字识别）场景，因打印过程中经常会出现重叠字问题，这种场景下识别效果一般很难做好，而业务上又需要高准确率，那么项目就存在交付风险。

2. 项目验收标准确定

经过第 1 阶段后，需要确定项目的验收标准，需要在测试数据集合上确定一个和客户业务目标一致的量化测试指标，如 OCR 的文字识别准确率，确保达到该准确率的模型可以满足客户业务需求，又具有可实现性。需要说明的是，测试数据需要和可行性分析中的数据分布保持一致。

3. 训练数据准备

目前计算机视觉任务都已经转变为通过深度学习模型来解决，需要训练数据来进行模型训练从而满足目标，而在一般情况下预训练的模型因为训练数据漂移等不能完全满足业务目标，需要用业务场景数据进行模型训练或微调。数据一般通过真实场景数据和程序合成数据两种来源获取。

4. 模型开发、训练或优化

拿到训练数据后，针对前边确认的技术方案就可以设计模型、开发模型、训练模型或者微调模型。在这个环节持续时间，会反复迭代，如模型效果不满足可能会更换模型，如训练数据数量或者质量不达标则需要重新完善训练数据。

5. 效果测试

这个环节主要是进行项目验收标准约定的指标测试，在测试数据集合上进行测试，查看约定量化测试指标是否达到业务需求。

6. 软件部署交付

这个环节主要是将满足效果的模型进行产品化并交付给客户，可能包含和客户业务系统的对接。交付方式常见情况分四种。

（1）公有云提供。这种情况将模型部署到公有云并提供开发 API，客户业务系统和 API 对接。

（2）私有化服务部署。这种情况下需要将开发的模型以及开发的 API 部署到客户私有化服务器上，并完成和客户系统对接。

（3）带硬件一体机的交付。这种情况需要将模型部署到硬件一体机环境，直接将硬件一体机提供给客户。

（4）边缘硬件交付。有些时候模型运行在边缘硬件上（如手机），那么这个时候需要将模型实现为边缘设备可以直接使用的 SDK。

（三）机器人流程自动化组件的交付流程

人工智能应用集成项目中，除了传统的人工智能产品组件之外，通常还会涉及机器人流程自动化（RPA）组件的交付。机器人流程自动化技术作为一种重要的黏合剂，也是一种重要的人工智能应用集成手段。

机器人流程自动化项目的实施一般由需求分析、机器人设计、机器人构建、测试、上线五个阶段组成。交付流程一般从机器人构建开始到上线结束。在机器人流程自动化项目实施期间，建议采用瀑布或者敏捷开发的方法进行实施（如图 4-2 所示）。

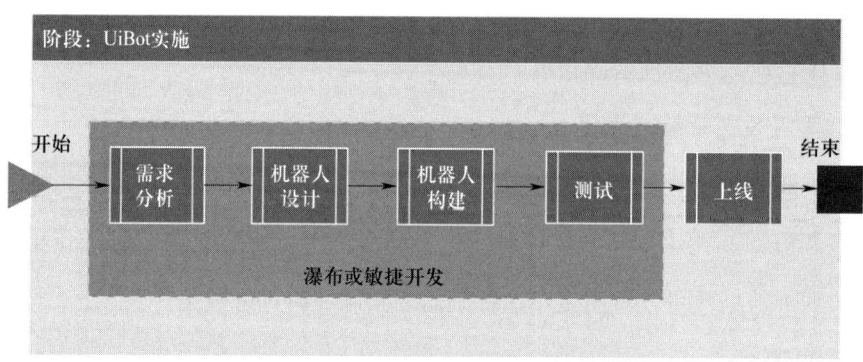

图 4-2　机器人流程自动化项目实施流程

1. 机器人构建

该阶段的目的在于，通过对构建机器人、代码评审和单元测试等过程进行全程记录和指导，搭建高质量、稳定的机器人。

（1）指导文档（见表 4-2）。

表 4-2　　　　　　　　机器人构建阶段指导文档表

序号	文档名	描述说明
1	编码规范	RPA 产品编写代码规范
2	流程自动化实施最佳实践指导	机器人实现稳定流程的方法说明和经验总结
3	RPA 项目代码评审	对编写的代码进行检查

续表

序号	文档名	描述说明
4	企业级框架参考	RPA 产品企业级框架参考，包括工程文件和使用文档，目的是搭建、编写稳定的机器人
5	单元测试	按照"流程模块"进行测试记录表格

（2）活动说明。

机器人构建阶段由开发和构建、单元测试、代码评审三部分活动组成。整体活动流程如图 4-3 所示。

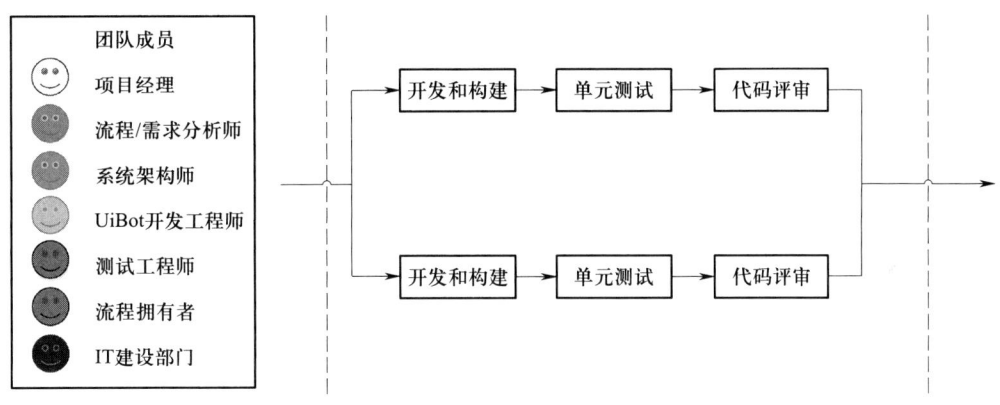

图 4-3　机器人构建阶段活动流程

关于机器人构建阶段的说明见表 4-3。

表 4-3　　　　　　　　　　机器人构建阶段活动流程表

序号	活动名	参与人	动作
1	开发和构建	主导：	按照设计文档对项目进行开发
2	单元测试	主导：	按照功能模块进行测试
3	代码评审	主导：　参与：	对编写的代码进行检查

2. 机器人测试

通过不断测试，确保构建稳定的机器人场景，为最终上线做好准备。

（1）指导文档（见表4-4）。

表4-4　　　　　　　　　　　机器人测试指导文档表

序号	文档名	描述说明
1	RPA 项目系统集成测试	内部测试，对每个流程的功能和性能进行测试
2	RPA 项目 UAT 测试	上线用户参与测试

（2）活动说明。

机器人测试阶段由系统集成测试、用户验收测试（User Acceptance Test，UAT）两部分活动组成。

在系统集成测试时，需假设存在未知场景和系统响应，用来测试整个RPA流程构建的稳定性。

UAT测试是RPA项目实施最为重要的阶段，要让流程所有者和IT建设人员充分参与到测试中，出现的问题要做好记录并及时更正。

注：测试阶段只是对缺陷的修复。如果涉及需求的改动，导致需要进行大量的代码返工，那么实施阶段应走需求变更流程。

该部分整体的活动流程如图4-4所示。

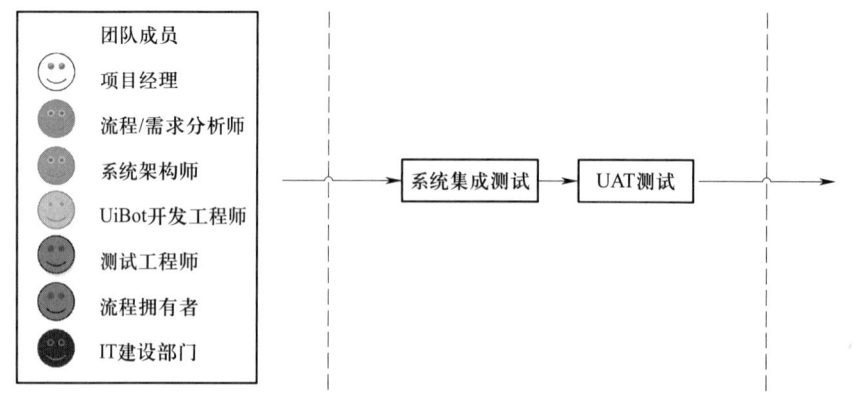

图4-4　机器人测试阶段活动流程

关于机器人测试阶段的说明见表4-5。

3. 机器人上线

该阶段的目的在于指导机器人上线过程需要完成的工作内容和注意事项。

表 4-5　　　　　　　　　机器人测试阶段活动流程表

序号	活动名	参与人	动作
1	系统集成测试	主导： 参与：	搭建环境，实施人员对流程进行测试，出现的缺陷需及时修复，内部测试无问题后，上线进入 UAT 阶段
2	UAT 测试	主导： 参与：	用户参与测试，出现的缺陷需及时修复，最终达到上线状态

（1）指导文档（见表 4-6）。

表 4-6　　　　　　　　　机器人上线指导文档表

序号	文档名	描述说明
1	机器人上线部署清单	上线部署清单列表
2	×××RPA 项目上线用户手册	项目建设用户操作相关说明

（2）活动说明。

上线阶段由准备上线环境、上线运行、监控和稳固三部分活动组成。

准备上线环境一定要配置好，并为用户提供操作手册。在机器人运行时及时做好运维监控，不断地迭代稳固流程。

该部分整体的活动流程如图 4-5 所示。

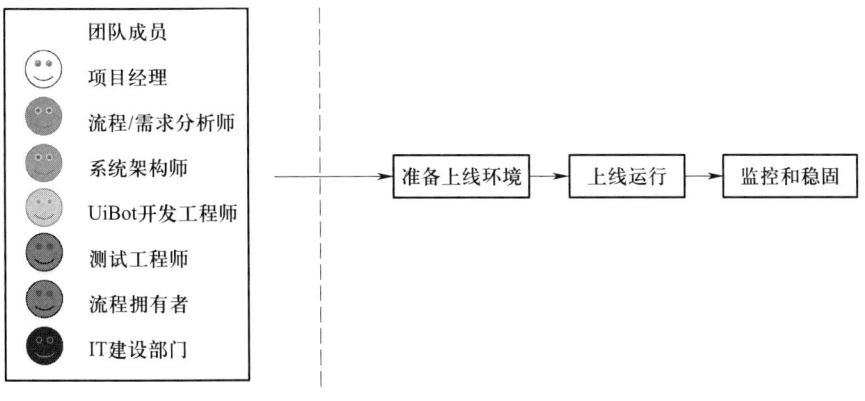

图 4-5　机器人上线阶段活动流程

关于机器人上线阶段的说明见表4-7。

表4-7　　　　　　　　　机器人上线阶段活动流程表

序号	活动名	参与人	动作
1	准备上线环境	主导： 参与：	搭建环境，并对整个项目进行测试，出现的缺陷需及时修复
2	上线运行	主导： 参与：	用户参与测试，出现的缺陷需及时修复，最终达到上线状态
3	监控和稳固	主导： 参与：	做好运维监控，不断地迭代稳固流程

4. 人工智能应用集成项目的测试流程

人工智能应用集成项目测试流程如图4-6所示。

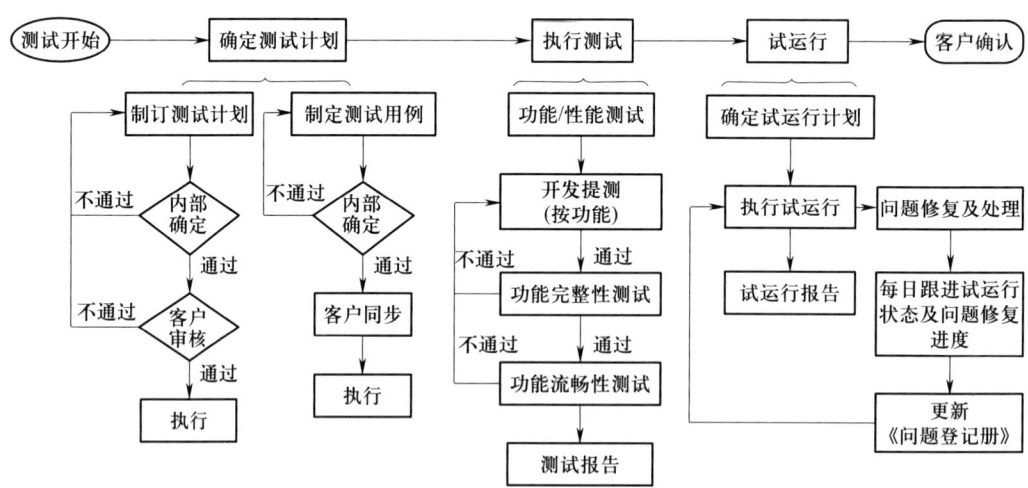

图4-6　人工智能应用集成项目测试流程

人工智能应用集成项目测试输入/输出见表4-8。

项目质量控制：整个测试环节中，除上述进度跟进外，还将会从项目风险预警、需求变更、项目沟通机制三个维度保证项目质量。

表 4–8　　　　　　　　　　项目测试输入/输出表

输入	过程	输出
《项目实施计划》《项目成员规划——测试人员》开发自检后提测	1. 项目经理整合产品、售前、开发、测试，根据项目需求制订项目测试计划，并获得客户审核通过 2. 根据开发功能和开发、测试，共同制定测试用例，并同步项目相关方 3. 测试环节借鉴 scrum 模式，开发以功能点提测，测试对照测试用例逐一进行功能测试，有问题实时反馈对应功能的开发，并做好问题记录 4. 功能、性能等方面测试全部完成后，出具测试报告，并获得确认 5. 试运行时，实时跟进客户测试进度，并实时更新《问题登记册》，表明问题发生时间、处理时间等信息，及时更新和同步	《项目测试计划》《项目测试用例》《问题登记册》《测试报告》《试运行报告》及客户确认签字

风险预警：在项目测试环节开始，针对整个测试环节做风险评估，并定期跟踪反馈项目风险状态，实时同步给项目相关方（见图 4-7）。

需求变更：在整个项目测试环节中，针对结合业务侧需要变更的需求，将会按照需求变更流程进行可行性分析、具体工作量评估以及相关客户和领导确认，之后将会补充进项目计划和项目工作说明书内（见图 4-8）。

项目沟通机制：在整个项目测试环节中和客户达成并建立良性有效的沟通机制，如定期周汇报、阶段性成果汇报/展示、和客户在正确的沟通渠道反馈问题并保证及时责任到人。

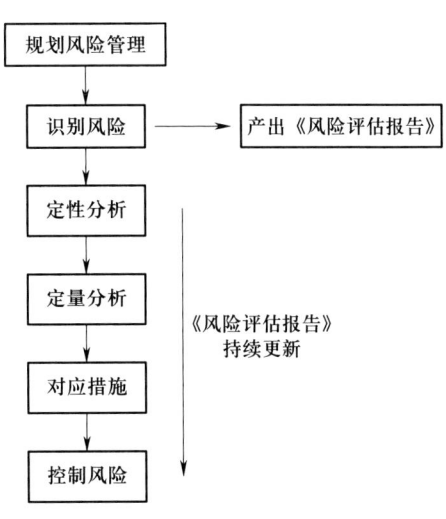

图 4-7　风险规划管理图

在应对临时突发情况、现场问题紧急处理等情况下,能够灵活合理地解决问题,保证实施团队的工作节奏不受到影响(见表4-9)。

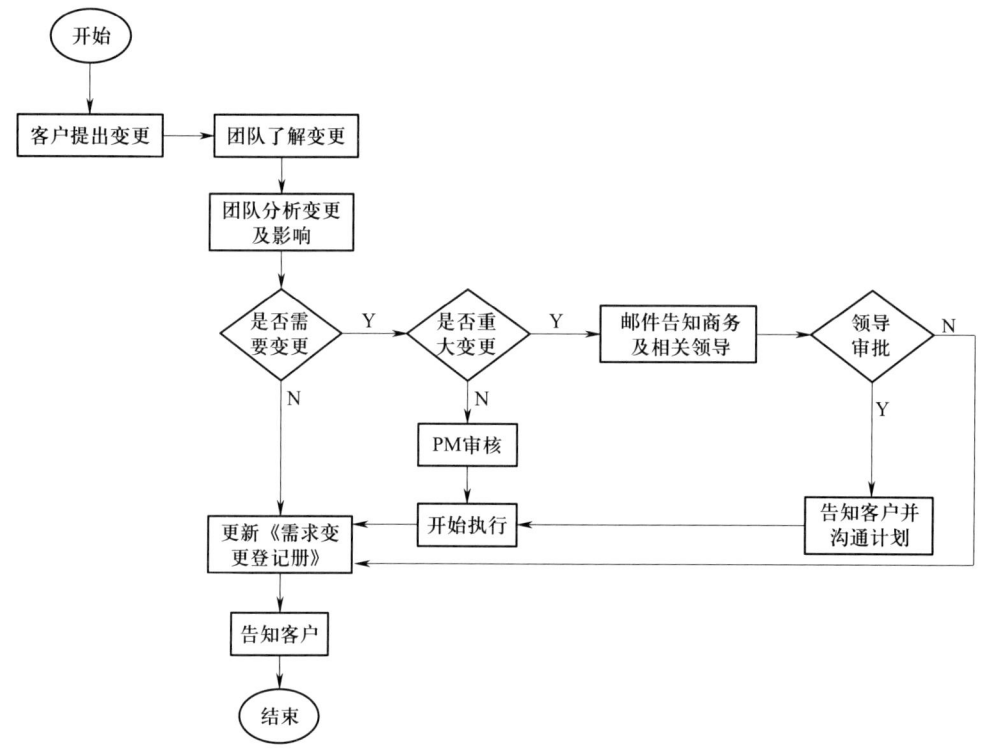

图 4-8 需求变更流程

表 4-9 项目沟通机制

报告内容	报告频率	报告接收方	报告方式
项目日常沟通	实时/每日站立会	以微信群为主要沟通渠道,实时沟通解决,突出实效性	微信群 电话/线下沟通
项目周期性汇报	周报	客户项目经理,客户方项目发起人,客户方项目业务人员,企业项目管理办公室,企业项目发起人	邮件/会议
阶段性成果汇报	每个里程碑节点	以每个阶段为里程碑,每个阶段下的多个节点完成后,整体汇报该阶段成果	邮件/会议
项目验收报告	结项交付	客户项目经理,客户方项目发起人,客户方项目业务人员,企业项目管理办公室,企业项目发起人	邮件

上线：属于项目交付环节，从上线计划讨论，至最终上线且客户确认签字为止。

二、人工智能应用集成交付的方法

人工智能应用主要包含语音类应用、视觉类应用、自然语言处理类应用等。每一类应用又会根据应用场景不同提供差别化的功能，所以在集成交付过程中需要根据场景的具体需求选择最匹配的人工智能应用。

（一）人工智能应用集成的交付

人工智能应用集成的交付主要有如下三种。

1. 通用型传统软件集成交付

人工智能应用集成项目，进行定制化私有化部署时，更加类似于传统的 C/S 架构，实施设计硬件和网络环境，部署服务器和安装客户端，客户自身维护成本较高，因此需要交付大量的规范文档，以方便用户进行维护，增加用户的安全感。

2. SaaS（软件即服务）集成交付

由于人工智能应用集成项目具有较高的运维门槛，所以很多人工智能应用采用 SaaS 集成交付方案。SaaS 交付具有交付迅速，并能够获得用户使用反馈数据等诸多优点，一度获得了市场供需双方的认可。

3. SaaS OnBoarding

随着人工智能系统的越加复杂，并且在不断地迭代更新，客户在理解人工智能应用集成项目和深入使用上，遇到了困难。因此 SaaS OnBoarding 成为了新的趋势。在集成交付到用户使用，仍然会有 1～3 个月的"新手启动"期，用于陪伴用户成长和深入理解产品，让用户真正在产品的赋能下，获得切实的工作成效。

下面详细阐述这三种交付方法分别包括哪些流程。

传统软件实施交付流程包括（见图 4-9）：

- 项目启动；
- 需求调研；
- 蓝图设计；
- 系统配置；

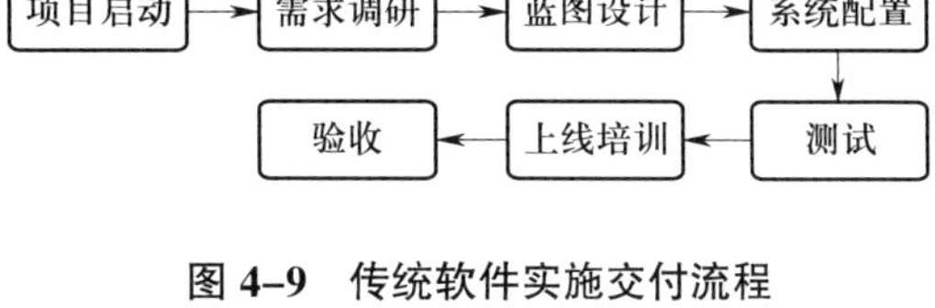

图 4-9 传统软件实施交付流程

- 测试；
- 上线培训；
- 验收。

SaaS 实施交付流程包括（见图 4-10）：

- 项目启动；
- 需求调研；
- 蓝图设计；
- 系统配置；
- 测试；
- 上线培训；
- 验收；
- 健康达标；
- 交接 CSM（客户成功经理）。

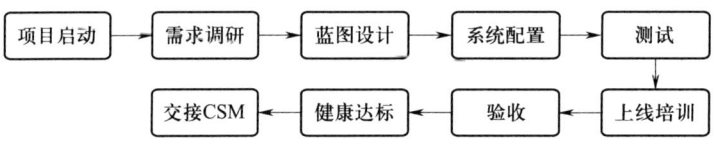

图 4-10　SaaS 软件实施交付流程

SaaS Onboarding 的内容包括（见图 4-11）：

- 客户对接：厂商对接客户的人员从销售转变为 CSM，客户档案也需要从销售交接到 CSM。
- 系统配置：设置用户权限。
- 上线和使用培训且达成健康指标。

关于集成测试阶段的说明见表 4-10。

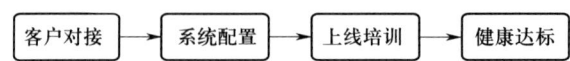

图 4-11　SaaS Onboarding 实施交付流程

表 4-10　　集成测试阶段说明

要素	描述
参与人员	系统测试人员
输入	项目实施方案、需求规格说明书、概要设计说明书、详细设计说明书、集成测试代码版本、安装部署手册
过程	根据项目的需求规格说明书，编写集成测试计划（与概要设计同时进行）、系统集成测试用例。根据集成测试计划和系统测试用例，进行系统的集成测试，编写集成测试报告
工作成果	集成测试计划、系统集成测试用例、集成测试报告

关于交付验收阶段的说明如下。

（1）用户培训（见表 4-11）。

表 4-11　　用户培训说明

要素	描述
参与人员	项目实施团队
输入	可执行软件程序、安装部署手册、项目实施方案
过程	按照项目开发完成的软件系统，编写软件系统的用户操作手册，包括安装部署、使用说明、运行维护等内容。 制订培训计划，编写培训教材，组织用户培训。培训完成后，需要通过考试、实际操作等手段进行培训结果检验。 培训结束后，编写培训总结报告
工作成果	用户操作手册、运行维护手册、培训教材、考核试卷、培训总结报告

（2）成果交割（见表 4-12）。

表 4-12　　成果交割说明

要素	描述
参与人员	项目经理、配置管理人员
输入	项目实施方案、项目合同
过程	用户培训完成后，将项目所有成果按照合同要求提交给客户，并编写成果交付清单，请客户签字确认
工作成果	成果交付清单、交付成果

(3)项目验收（见表4–13）。

表4–13　　　　　　　　　　　　项目验收说明

要素	描述
参与人员	项目经理、测试人员、销售人员
输入	成果交付清单、交付成果
过程	系统安装部署成功，开始试运行后，进行项目初验。需要编写项目初验汇报材料、项目初验评审意见。参加客户组织的项目初验评审会议，进行项目实施总结汇报和系统演示等工作。 试运行结束，项目成果交割完成后，进行项目的最终验收。需要编写项目终验汇报材料、项目终验评审意见。参加客户组织的项目终验评审会议，进行项目实施总结汇报和系统演示等工作
工作成果	项目初验汇报材料、项目初验报告评审意见、初验会议纪要、项目终验汇报材料、项目终验评审意见、终验会议纪要、项目验收报告

关于健康达标阶段的说明如下。

在项目培训结束后，需要对客户的使用者进行培训，并且确保客户能够健康地使用应用，在考试和实操考核中，客户都获得了较好的成绩，才能够确保本阶段任务的达成。

关于交接CSM阶段的说明如下。

项目验收意味着双方的项目实施结束了，但对于人工智能应用项目来说，系统在客户企业落地才迈出了第一步。因此，项目交付后，双方可能会发生人员更替，此时厂商内部的客户交接，CSM对外的客户对接都必须衔接到位。

CSM交接有顺利交接和客户健康两个核心点。

核心点一，内部交接给CSM最重要的是交付物。

交付物在整个项目实施中非常重要，所有的信息资料都要以文档形式存底。

首先是必须作为交付物提供给甲方，甚至在实施每个阶段交付物都还需要甲方签字盖章才能往下推进工作。其次对内也要交接给CSM以便持续服务客户。

核心点二，客户健康。

这是SaaS和传统软件实施的差异点。传统软件多私有化部署，无指标衡量客户使用是否健康，SaaS 有客户行为数据，比如活跃度、健康度等指标客观反映客户使用状态。详见指标体系构建系列。

项目交付后即使交接给 CSM，实施顾问也要在一段时间内对客户的使用负责，绩效或奖金也和客户健康指标挂钩，这样才能让实施交付以客户成功为导向，而非一味地追求验收和回款。

（二）语音应用集成的方法

语音类智能应用主要实现语音和文字之间的转换，为用户和机器人之间提供语音的交互方式。语音类智能应用主要包括语音识别（ASR）和语音合成（TTS）。

1. 语音识别

语音识别实现将语音转换成文字的功能。语音识别根据使用场景分为实时语音识别和非实时语音识别。不同厂商提供的语音识别功能可能会有所差异，如是否支持多语言、是否支持方言等，集成应用前需要分析使用场景的具体需求，根据需求选择最合适的应用。

（1）实时语音识别。

实时语音识别是通过将用户的语音数据实时处理，在用户说话的同时将用户的语音转换成文字。使用的场景多为智能外呼机器人、实时会议记录等。集成前需要仔细阅读接口技术文档，确定应用的输入输出满足场景的需求。

实时语音识别应用对外提供的服务多为 WEBSOCKET 服务，通过实时收集用户的语音数据并发送给实时语音识别应用，实现语音实时的文字转换。

实时语音识别应用根据厂商不同可能提供一些功能设置，如热词设置、断句时长设置、识别文字后补充标点等。集成应用过程中，应根据场景的实际需要选择、设置。

实时语音识别应用集成的注意事项包括以下方面。

第一，实时语音识别应用一般会在用户停止语音输入一段时间后主动断开链接，集成中需要根据实际情况做重连或清理工作。

第二，集成语音识别应用时要注意并发数的约定，超出约定并发数的语音识别请求会造成请求等待超时或出错。

（2）非实时语音识别。

非实时语音识别是通过将音频文件上传到语音识别应用以获取整个音频文件的文字识别结果。非实时语音识别应用的使用场景多为智能语音客服（用户以整句话一次输入）、音频文件的文字转写。

非实时语音识别应用对外提供的服务多为 Web 服务、WEBSOCKET 服务。通过直接提供音频文件或音频文件链接的形式（Web 服务），或者将音频文件数据流式上传的形式（WEBSOCKET 服务），获取文字识别结果。

实时语音识别应用集成的注意事项是，集成语音识别应用时要注意并发数的约定，超出约定并发数的语音识别请求会造成请求等待超时或出错。

2. 语音合成

语音合成应用提供将文字生成人造语音的服务。不同厂商提供的语音合成服务会存在差异，如合成速度、音色、是否支持多语言、方言等，集成应用前需要分析使用场景的具体需求，根据需求选择最合适的应用。

语音合成应用对外提供的服务的方式多为 Web 服务，用户通过提供文字内容获取合成后的音频文件。

语音合成应用集成的注意事项包括以下方面。

第一，集成语音识别应用时要注意并发数的约定，超出约定并发数的语音识别请求会造成请求等待超时或出错。

第二，触发合成前应去掉不需要合成的内容。语音合成应用会将作为输入的文字的全部内容合成语音，如果内容中有不需要合成的部分（如网页的超链接），需要在合成前从文字中去掉。

（三）计算机视觉应用集成的方法

视觉类应用部分主要介绍以 OCR（Optical Character Recognition）视觉文字识别技术为主的应用集成。OCR 应用提供识别、提取图片中文字的功能。OCR 应用主要分为通用场景（通用文字 OCR 识别、表格 OCR 识别）和垂直场景（卡证类 OCR 识别、票据类 OCR 识别）。集成应用前需要分析使用场景的具体需求，根据需求选择最合适的应用。

1. 通用场景 OCR

通用场景 OCR 包含通用文字识别、表格识别等。此类应用主要用于直接提取图片中的文字内容且无须对提取内容做结构化处理的场景。

2. 垂直场景 OCR

垂直场景 OCR 包含有卡证类识别、票据类识别等。主要应用于提取图片中对应类别的结构化数据，如身份证识别可以直接提取身份证图片中的个人信息并生成结构化数据（K/V 对，Key-Value，关键字—值）。

3. OCR 应用对外提供的服务的方式

OCR 应用对外提供的服务的方式多为 Web 服务，主要支持图片格式的文件。工具不同，支持的文件格式、参数也有所不同，集成应用前需要仔细阅读接口文档。

4. OCR 应用集成的注意事项

（1）OCR 应用的识别结果可能会包含一些错误，为提高准确率，集成时可能需要增加后处理，如字、词的纠错，时间格式的校正等。

（2）图片质量、拍摄角度等会对识别结果产生较大影响。

（3）实际应用中，经常会遇到需要对某类特殊文档的图片进行 OCR 识别并提取结构化数据。这种情况一般先使用通用场景 OCR 获取文字内容，再通过如自然语言处理等方式获取结构化的结果。

三、人工智能应用集成交付的标准

人工智能应用集成交付的标准包括文档交付标准、源代码交付标准和系统、可执行文件交付标准等。

（一）文档交付标准

人工智能应用集成的文档交付包括《项目验收计划》《项目上线计划及应急预案》《项目培训计划》《用户手册》《项目运营方案》等（见图 4-12）。

《项目验收计划》的一般结构应当包括以下方面。

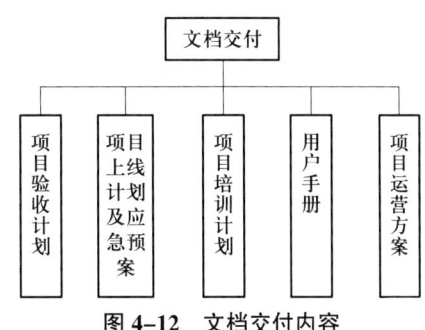

图 4-12　文档交付内容

（1）综述：需求或目标、环境。

（2）项目验收过程要求：从全局角度描述准备阶段、初步验收、系统调试适应性、系统终验与交付，项目审批部门组织的工程竣工验收等内容的要求。

（3）项目验收工作流程：主要需要绘制验收流程图，项目验收前期准备工作，提交项目验收申请，项目验收申请审批，如何组织项目验收评审会等。

（4）集成交付的条件，交付组织和交付的步骤。

《项目培训计划》的一般结构应当包括以下方面。

（1）管理员培训。

培训对象：系统管理员。

培训目的：可以独立完成软件系统的日常维护，解决一般问题。

培训内容：系统体系结构，系统配置，系统管理，系统使用。

（2）使用人员培训。

培训对象：系统一般使用人员。

培训目的：熟练掌握所设计部分的功能。

培训内容：整个应用各功能模块的使用。

《用户手册》的作用是给用户代表去查看，学习使用系统。在后续正常运营中，用户群体遇到困惑也可以查询。其一般结构应当包括以下方面。

（1）封面：包括公司标志、公司名称、软件名称、版本号。

（2）目录：功能模块名称、页码。

（3）修订记录：包括修改人、审批人、修改内容、版本号和修订时间。

（4）系统概述：项目背景、项目目标、应用的主流程。

（5）功能说明：模块划分、步骤说明、注意事项、内容说明、系统截图。

（二）源代码交付标准

（1）源代码的编写应遵守对应编程语言的编程规范。

（2）如果使用的编程语言有源代码检测工具，在源代码交付前，应使用检查工具扫描源代码并修改存在风险的代码。

（3）源代码中应包含足够量的注释，方便后期的代码维护。

（4）源代码中的日志打印，应当能够明确体现日志优先级划分、详细记录打印日志时的具体位置、清晰反映出当前系统的具体状态，系统发生报错时能够及时告警并快速定位问题。

（5）系统测试源代码也需要随系统源代码一起交付。

（三）系统、可执行文件交付标准

（1）系统在需求说明书指定的运行环境中，验证并通过测试报告书中设计的所有测试用例。

（2）系统在需求说明书指定的运行环境中，性能测试结果达到需求说明书中的性能要求。

（3）系统在需求说明书指定的运行环境中，通过客户的验收测试。

（4）系统具备较强的容错能力。

（5）系统提供良好的交互体验。

（6）提供详细的系统使用说明书。

（7）提供详细的系统运维手册。

四、人工智能应用集成主要组件的安装、配置、调试方法

（一）自然语言处理产品的安装、配置、调试方法

1. Gensim 简介

Gensim 是一款开源的第三方 Python 工具包，用于从原始的非结构化的文本中，无监督地学习到文本隐层的主题向量表达。它支持包括 TF–IDF、LSI、LDA 和 Word2Vec 在内的多种主题模型算法，支持流式训练，并提供了诸如相似度计算、信息检索等一些常用任务的 API 接口。

2. Gensim 的安装

Gensim 可以在 Linux、Windows、Mac OS X 及其他任何支持 Python 2.6+ 和 Numpy 的平台上运行。不过，为使得 Gensim 能够成功运行，需要提前安装 Python、Numpy、Scipy 三个依赖包。Gensim 对 Python 版本的要求是不低于 2.6，若 Python 版本不够高，可前往 http：//python.org/download 下载符合要求的版本。同时为避免烦琐安装，也可以

前往 https://www.anaconda.com/ 下载 anaconda 并对依赖包进行集中安装。安装完成后，在 Python 中使用 pip install gensim 语句安装 Gensim 即可。

3. Gensim 核心概念

整个 Gensim 包中大致涉及 Corpus、Vector 和 Model 三个概念，在此作简要解释。

语料（Corpus）：一组原始文本的集合，用于无监督地训练文本主题的隐层结构（如主题等）。语料中不需要人工标注的附加信息。在 Gensim 中，语料库通常有两种功能：

（1）作为训练一个模型的输入，在训练的过程中，模型通过使用训练语料库找到主题，初始化模型的内部参数。

（2）作为一种文档的组织形式。在训练过后，一个主题模型可以用于从新的文档中抽取主题。

向量（Vector）：由一组文本特征构成的列表。是一段文本在 Gensim 中的内部表达。

（1）稀疏向量（Sparse Vector）：通常可以略去向量中多余的 0 元素。此时，向量中的每一个元素是一个（key, value）的元组。

模型（Model）：一个抽象的术语，定义了两个向量空间的变换（即从文本的一种向量表达变换为另一种向量表达）。

4. Gensim 的一般步骤

（1）训练语料的预处理。

训练语料的预处理指的是将文档中原始的字符文本转换成 Gensim 模型所能理解的稀疏向量的过程。以下为一个例子。

创建一个包含 9 个文档的语料库：

```Python
documents = [
  "Human machine interface for lab abc computer applications",
  "A survey of user opinion of computer system response time",
  "The EPS user interface management system",
```

```
"System and human system engineering testing of EPS",
"Relation of user perceived response time to error measurement",
"The generation of random binary unordered trees",
"The intersection graph of paths in trees",
"Graph minors IV Widths of trees and well quasi ordering",
"Graph minors A survey",
]
```

下面，对文档进行分词，移除停用词和词频为1的词：

```Python
stoplist = set('for a of the and to in'.split())
texts = [[word for word in document.lower().split() if word not in stoplist] for document in documents]
# 删除词频为1的词
from collections import defaultdict
frequency = defaultdict(int)
for text in texts:
    for token in text:
        frequency[token] += 1
texts = [[token for token in text if frequency[token] > 1] for text in texts]
```

最终得到的效果为：

```Python
from pprint import pprint
pprint (texts)

...
```

```
texts = [['human', 'interface', 'computer'],
['survey', 'user', 'computer', 'system', 'response', 'time'],
['eps', 'user', 'interface', 'system'],
['system', 'human', 'system', 'eps'],
['user', 'response', 'time'],
['trees'],
['graph', 'trees'],
['graph', 'minors', 'trees'],
['graph', 'minors', 'survey']]
```

当然，对文档处理的方式可以有所不同。上例只是对文档进行了大小写转换，然后利用空格来分词。事实上，当面对中文文档时，一般考虑利用 Jieba 等包进行分词处理并需要自定义停用词。

接下来，可以调用 Gensim 提供的 API 建立语料特征的索引字典，并将文本特征的原始表达转化成词袋模型对应的稀疏向量的表达：

```Python
from gensim import corpora
dictionary = corpora.Dictionary(texts)
corpus = [dictionary.doc2bow(text) for text in texts]
```

到这里，训练语料的预处理工作就完成了。在 dictionary 中，赋予了语料库中的每一个词独一无二的 ID，随后得到了语料中每一篇文档对应的稀疏向量（这里是 bow 向量）；向量的每一个元素代表了一个词在这篇文档中出现的次数。例如：

```Python
print corpus[0] # [(0,1),(1,1),(2,1)]
# 这里代表第一篇文章中出现了 dictionary 中的第一、第二、第三个词各一次
```

（2）主题向量的变换。

对文本向量的变换是 Gensim 的核心。通过挖掘语料中隐藏的语义结构特征，最终可以变换出一个简洁高效的文本向量。下面以 TF-IDF（Term Frequency-Inverse Document Frequency，词频—逆文本频率指数）模型为例，介绍 Gensim 模型的一般使用方法。

首先是模型对象的初始化。通常，Gensim 模型都接受一段训练语料（注意，在 Gensim 中，语料对应着一个稀疏向量的迭代器）作为初始化的参数。

```python
Python
from gensim import models
tfidf = models.TfidfModel (corpus)
```

其中，corpus 是一个返回 bow 向量的迭代器。这两行代码将完成对 corpus 中出现的每一个特征的 IDF 值的统计工作。可以将这种转换应用到一个语料库上：

```python
Python
corpus_tfidf = tfidf[corpus]
# 得到的效果如下
for doc in corpus_tfidf:
    print(doc)
...
[(0, 0.57735026918962573), (1, 0.57735026918962573), (2, 0.57735026918962573)]
[(0, 0.44424552527467476), (3, 0.44424552527467476), (4, 0.44424552527467476), (5, 0.32448702061385548), (6, 0.44424552527467476), (7, 0.32448702061385548)]
[(2, 0.5710059809418182), (5, 0.41707573620227772), (7, 0.41707573620227772), (8, 0.5710059809418182)]
[(1, 0.49182558987264147), (5, 0.71848116070837686), (8, 0.49182558987264147)]
[(3, 0.62825804686700459), (6, 0.62825804686700459), (7, 0.45889394536615247)] 16
[(9, 1.0)]
```

[(9, 0.70710678118654746), (10, 0.70710678118654746)]

[(9, 0.50804290089167492), (10, 0.50804290089167492), (11, 0.69554641952003704)] [(4, 0.62825804686700459), (10, 0.45889394536615247), (11, 0.62825804686700459)]

（3）文档相似度的计算。

在得到每一篇文档对应的主题向量后，就可以计算文档之间的相似度，进而完成如文本聚类、信息检索之类的任务。Gensim 也提供了这一类任务的 API 接口。以信息检索为例，对于一篇待检索的 query，目标是从文本集合中检索出主题相似度最高的文档。

首先，需要将待检索的 query 和文本放在同一个向量空间里进行表达（以 LSI 向量空间为例）。

构造 LSI 模型并将待检索的 query 和文本转化为 LSI 主题向量：

```Python
lsi_model = models.LsiModel (corpus_tfidf, id2word=dictionary, num_topics=2)
corpus_lsi = lsi_model[corpus_tfidf]
query_lsi = lsi_model[query]
```

其次，用待检索的文档向量初始化一个相似度计算的对象：

```Python
index = similarities.MatrixSimilarity (corpus_lsi)
```

最后，借助 index 对象计算任意一段 query 和所有文档的（余弦）相似度：

```Python
sims = index[query_lsi]
```

Gensim 内置了多种主题模型的向量变换，包括 LDA、LSI、RP、HDP 等。这些模型通常以 bow 向量或 TF-IDF 向量的语料为输入，生成相应的主题向量。

除此之外，Gensim 还常用于获得文档的关键词，具体方法如下。

方法一：直接取 TF-IDF 权重最大的 n 个词作为一篇文本的关键词。

方法二（适用于 LDA 和 LSI）：首先，得到文本的主题向量；其次，得到文档中每个词的主题—词分布（此步骤与获得文档—主题分布方法相同，只需将单个词放入主题模型中即可）；最后，计算输入文档和每个词的主题分布间的（余弦）相似度，取相似度最大的 n 个词作为文档的关键词即可。

5. Gensim 常见应用场景

（1）TF-IDF。

TF-IDF 是一种统计方法，用以评估一个词对于一个文件集或一个语料库中的一份文件的重要程度。词的重要性随着它在文件中出现的次数成正比增加，但同时会随着它在语料库中出现的频率成反比下降。TF-IDF 加权的各种形式常被搜索引擎应用，作为文件与用户查询之间相关程度的度量或评级。

TF-IDF 想要达到的目的是：一个词预测主题能力越强，权重就越大；反之，权重就越小。例如在网页中看到"NLP"这个词，就能基本了解网页的主题或多或少地与自然语言处理相关。但看到"应用"一词，对主题基本上还是一无所知。因此，"NLP"的权重就应该比"应用"大。

Gensim 语句：

```python
Python
from gensim import models
tfidf = models.TfidfModel (corpus, normalize=True)
# 从现在开始，变量 tfidf 可以被看作是一个只读的对象，利用它，可以将任何向量从旧的表示形式 (bow 词频) 转换为新的表示形式 (TF-IDF 权重)
doc_bow = [(0, 1), (1, 1)]
print tfidf[doc_bow] # [(0, 0.70710678), (1, 0.70710678)]
# 可以将这种转换应用到一个语料库上，并且利用它进行后续 LDA、LSI 等模型训练
corpus_tfidf = tfidf[corpus]
```

（2）LSI（LSA）。

传统的信息检索中将单词作为特征，构造特征向量；计算查询单词与文档间的相似度；但是没有考虑到语义、同义词等相关信息。在基于单词的检索方法中，同义词会降低检索算法的召回率（Recall），多义词的存在会降低检索系统的准确率（Precision）。

希望找到一种模型，能够捕获到单词之间的相关性。如果两个单词之间有很强的相关性，那么当一个单词出现时，往往意味着另一个单词也应该出现（同义词）；反之，如果查询语句或者文档中的某个单词和其他单词的相关性都不大，那么这个词很可能表示的是另外一个意思（比如在讨论互联网的文章中，Apple 更可能指的是 Apple 公司，而不是一种水果）。

LSI（LSA）使用 SVD 来对单词—文档矩阵进行分解。SVD 可以看作是从单词—文档矩阵中发现不相关的索引变量（因子），将原来的数据映射到语义空间内。在单词—文档矩阵中不相似的两个文档，可能在语义空间内比较相似。

Gensim 语句：

```Python
from gensim import models
model = models.LsiModel (tfidf_corpus, id2word=dictionary, num_topics=...)
# 训练 LSI 和 LDA 模型时可以直接使用原文档对应的稀疏向量 (bow 向量)，但一般情况下为了达到更好的效果，会使用 TF-IDF 权重向量进行训练。
corpus_lsi=model (tfidf_corpus)
```

（3）LDA。

LDA 是一种文档主题生成模型，包含词、主题和文档三层结构。

所谓生成模型，就是说，认为一篇文章的每个词都是通过"以一定概率选择了某个主题，并从这个主题中以一定概率选择某个词语"这样一个过程得到。文档到主题服从多项式分布，主题到词服从多项式分布。

LDA 是一种非监督机器学习技术，可以用来识别大规模文档集或语料库中潜藏的主题信息。它采用了词袋的方法，这种方法将每一篇文档视为一个词频向量，从而将文本信息转化为了易于建模的数字信息；但是词袋方法没有考虑词与词之间的顺序，这简化了问题的复杂性，同时也为模型的改进提供了契机。每一篇文档代表了一些主题所构成的一个概率分布，而每一个主题又代表了很多单词所构成的一个概率分布。

Gensim 语句：

```python
Python
from gensim import models
model = models.LdaModel (corpus, id2word=dictionary, num_topics=...)
corpus_lda=model (tfidf_corpus)
```

（4）Word2Vec。

Word2Vec 是通过深度学习（三层的神经网络）将词表征为数值型向量的工具。它把文本内容简化处理，把词作为特征，Word2Vec 将特征映射到 K 维向量空间，为文本数据寻求更加深层次的特征表示。通过词之间的距离（比如 cosine 相似度、欧氏距离等）来判断它们之间的语义相似度。Word2Vec 获得的词向量可被用于聚类、找同义词、词性分析等。

Word2Vec 优点是高效。

与潜在语义分析 LSI、LDA 相比，Word2vec 利用了词的上下文，语义信息更加丰富。

在医疗项目中，如诊断报告和检查报告，短文本很常见，因此 Word2Vec 可能会达到很好的语义表征效果。

Gensim 语句（gensim 的 Word2vec 类含有 24 个参数，详细说明参考 gensim 官方文档）：

```python
Python
from gensim.models import Word2Vec
model = Word2Vec (texts, min_count=1)
#tests 为列表，具体形式可参考 Gensim 一般步骤中的 tests
# 如果文档分词后的结果已经被存入文件中，也可以利用 word2vec.LineSentence('...')
直接读取数据
```

（5）HDP。

HDP是一种无参的贝叶斯方法（无须规定主题数）。但HDP模型是Gensim中新加入的，并且还只是一种粗糙的学术边缘产物，应小心使用。

```
Python
from gensim import models
model = models.HdpModel (corpus, id2word=dictionary)
corpus_hdp=model (corpus)
```

Gensim的分布式计算：

构建一个百万级别甚至更高的语料库需要大量时间，分布式计算可以通过将给定任务分解成多个子任务，并把它们分配给几个并行的计算节点，来加速计算过程。Gensim中提供了分布式计算的途径，并且使用时无须对原有代码做任何修改。其主要原理如下：在Gensim中，计算节点通过IP地址/端口唯一辨识计算机，它们间的通信通过TCP/IP实现，所有可用的机器集合被称作为一个集群。开始计算前，在集群的每个节点上运行一个Worker脚本。运行此脚本即告知Gensim可以将该节点视作一个从属节点，并给它分配任务。在初始化时，Gensim中的内置算法会查找并启动所有的可用工作节点。

Gensim作为一款强大且开源的工具包非常值得花时间学习，除以上介绍内容外，Gensim还支持Python的内置模块logging来输出日志，包含高效的工具函数来支持与Numpy矩阵格式的数据转换。如果希望对这些功能和Gensim分布式计算有进一步的了解，请参考Gensim官方文档。

（二）机器人流程自动化产品的安装、配置、调试方法

1. 关于安装过程

（1）在初次使用之前，需要自行进行安装，或者由技术人员协助安装。

打开UiBot Enterprise Official 安装包所在的文件夹，双击安装文件。注意，UiBot_Enterprise_Official_X64_V5.5.0.exe适用于Windows（64位）系统，UiBot_Enterprise_Official_X86_V5.5.0.exe适用于Windows（32位）系统。

注：5.5.0 版安装包包含 UiBot Creator 企业版和 UiBot Worker 企业版。

（2）打开安装文件后，阅读勾选 UiBot 用户协议并点击同意。

（3）进入安装引导页面（见图 4-13），可以直接点击"立即安装"按钮或者点击"自定义安装"。

图 4-13 安装引导界面

（4）自定义安装界面如图 4-14 所示。浏览并选择安装的位置，选择是否创建桌面快捷方式。

图 4-14 自定义安装界面

（5）点击"立即安装"按钮，程序进入安装状态，页面会显示"正在安装 ..."的进度条（见图 4-15）。几秒之后即可迅速安装完毕。

（6）安装完成后，点击"立即体验"启动客户端（见图 4-16）。如果同时勾选 UiBot Creator 和 UiBot Worker，则同时打开这两个客户端，请按需选择。

图 4-15 安装进度界面

图 4-16 安装完成界面

2. 关于卸载

如果需要卸载 Creator，可以通过安装目录下的 Uninstall.exe 文件进行卸载。

双击打开 Uninstall.exe 时，弹出对话框如图 4-17 所示，按实际情况选择"确认"或"取消"。

图 4-17　卸载界面

如点击"确定"则开始卸载当前版本的软件,反之取消卸载(见图 4-18)。

图 4-18　正在卸载界面

注意事项：

对于 UiBot Creator 5.5.0 企业版和 UiBot Worker 5.5.0 及更高版本，因为安装包一体化，两者是同步安装、同步卸载、同步更新的，因此卸载当前版本时，应注意是否开启了另一客户端，以避免在运行过程中突然卸载。

卸载结束后，界面如图 4-19 所示，表示已完成卸载。

图 4-19 卸载完成界面

五、人工智能应用集成接口的安装、配置、调试方法

接口是人工智能应用对外提供服务的重要方式。项目通过简单接口对接，就能够快速集成人工智能应用能力。因此，为项目提供一个简明、清晰、可靠的接口开发文档，是人工智能应用必要且不可忽视的一环。

在编写接口开发文档时，为确保文档可读性和完整性，内容需要包括服务名称、访问地址、输入格式、输出格式、示例代码、测试数据、安全控制、错误码说明等。

（一）服务定义

服务定义模块，用于让阅读者迅速理解当前接口能够提供什么服务。通过服务名称简练直观地概述接口能力,而服务描述则进一步描述了接口的使用场景和注意事项。

例如,在智能对话机器人应用中,每当用户发送一条消息之后,机器人能够分析用户的问题并给出对应的回复内容。该服务可以如下定义。

(1)服务名称:获取机器人回复接口。

(2)服务描述:根据用户输入的文本消息,机器人理解并做出响应,返回最合适的答复给用户。调用本接口的前提是已经在机器人平台搭建并训练了机器人。

(二)调用方式

服务部署后,开发人员需要根据服务定义的方式进行对接,调用方式一般会提供调用该服务的路由地址、请求类型、鉴权方式等。

例如,上面"获取机器人回复接口"所提供的访问方式如下:

(1)访问地址为 https://xxxxx.xxxx.xx/msg/bot-response。

(2)接口使用 HTTPS 协议、JSON 数据格式、UTF-8 编码、POST 请求。

(3)鉴权认证需要在请求的 Headers 中附加校验参数。

1. 输入格式

调用服务接口的输入格式中,一般需要明确接口字段名称(即请求接口所使用的各个字段名称,字段内一般通过下划线_拼接单词)、字段类型(例如列表 Array of objects、文本 string、整数 integer 等)、字段限制(如 [1 .. 128] characters、>= 1 等)、是否必填以及字段描述(字段的用途描述)等信息。

例如,上面"获取机器人回复接口"所提供的输入字段见表 4-14。

表 4-14　　　　　　　　"获取机器人回复接口"输入字段表

字段名称	字段类型	字段限制	是否必填	字段描述
msg_body	string	<= 1 024 characters	required	用户发送的文本消息内容
user_id	string	[1 .. 128] characters	required	用户唯一标识
extra	string	<= 1 024 characters		自定义字段。调用方可用该字段在不影响机器人回复的同时,透传一些用户消息之外的信息

2. 输出格式

这里主要定义接口返回的消息格式，便于开发人员使用返回结果进行后续开发。具体信息同输入格式。

例如，上面"获取机器人回复接口"所提供的输出字段见表4-15。

表4-15　　　　　　"获取机器人回复接口"输出字段表

字段名称	字段类型	字段限制	是否必填	字段描述
response_body	string	<= 1 024 characters	required	机器人回复的文本消息内容
response_id	string	[1 .. 128] characters	required	机器人回复的消息 id
msg_id	string	[1 .. 128] characters	required	机器人回复所对应的用户提问消息的 id
extra	string	<= 1 024 characters		自定义字段。调用方可用该字段在不影响机器人回复的同时，透传一些用户消息之外的信息

3. 示例代码

示例代码一般是提供一段可复制的格式正确的代码块，便于开发者快速使用。可以提供不同语言的示例代码，除调用 API 的代码段外，也可提供 SDK 的形式供开发者使用。需要确保代码字段和上面输入输出格式定义完全一致。

例如，上面"获取机器人回复接口"所提供的示例代码如下：

```json
JSON
{
"msg_body": "string",
"user_id": "string",
"extra": "string"
}
```

```
JSON
{
 "response_body": "string",
 "response_id": "string",
 "msg_id": "string",
 "extra": "string"
}
```

4. 测试数据

一般提供一组或多组服务成功的数据案例以及接口的性能测试结果，便于开发人员根据接口性能进行合理调用。注意不要为客户提供失败的测试案例，字段缺省或异常测试只需要在接口开发时完成并确保使用无误即可。性能指标一般可以从并发、稳定性等方面考量。

5. 安全控制

接口开发中，为了确保数据服务安全稳定，需要在安全控制中进行统一说明。需要说明的内容通常包括：接口加密请求、参数校验配置、限流逻辑以及时间戳等，其中，接口加密请求和校验配置可以避免接口参数被篡改，限流逻辑可以保证调用方完成对接，时间戳则可以避免接口的重复调用。

根据系统配置，接口会定义流量限制，一般使用 QPS（每秒钟最大处理的请求数）为单位的调用限制，如 200QPS，代表每秒钟至多处理 200 个请求，如超过这个量级则会出现排队。如果同一个账号在单位时间内访问次数超过预设范围，则可启用限制保护措施，保障业务需求同时防止系统被恶意攻击。此类指标需要明确注明在接口文档中。

6. 错误码说明

消息返回中，需要明确返回接口请求是否成功。如接口请求成功，则返回正确的编码，一般用"0"表示；如接口请求不成功，接口请求的消息返回有可能因为各种原因失败，一般开发是需要根据错误码来定位失败的原因。一般包括 HTTP 状态码、RPC 返回以及状态码说明。

说明示例见表 4-16。

表 4-16　　　　　　　　　　　　错误码说明

错误码	错误名称	说明
0	OK	成功
400	INVALID_ARGUMENT	客户端指定了无效参数。如需了解详情，请查看错误消息和错误详细信息
400	FAILED_PRECONDITION	请求无法在当前系统状态下执行，例如删除非空目录
400	OUT_OF_RANGE	客户端指定了无效范围

第二节　人工智能应用集成交付文档编制

考核知识点及能力要求：

- 人工智能应用交付文档的规范；
- 人工智能应用交付文档的撰写要求。

一、人工智能应用安装手册的编制

人工智能应用安装手册的编制如下文所述。

1. 配置要求

最低配置为 1 核心 4 GB 内存，低于此配置将无法安装成功。

建议至少 2 核心 8 GB 内存进行体验。

2. 安装方法

（1）查看服务器 IP，如果已知服务器 IP 地址，可省略。运行下面的命令查看 IP：

```
ip addr
```

本例中，IP 地址为 192.168.0.93，第二步安装时，需要使用。

（2）安装依赖环境（Docker 以及 Python）。

```
#1 解压安装包
tar -zxvf ./commander-single-deploy-5.0.2a.tar.gz
#2 进入目录
cd ./single-deploy


#3 安装基础库
cd deps
bash install_dep.sh
#4 禁用 selinux
setenforce 0
# 启动 Docker，并设置为自动启动
systemctl enable docker
systemctl start docker
#5 安装 commander
cd ..
cd apps
bash install.sh /opt/laiye
# /opt/laiye 是安装目录，可根据实际情况设置，如果 centos 分区挂载的数据盘在 /data，则可以 bash install /data/laiye
# 等待安装完成到最后一步，需要输入 IP 地址。若输入错误，不要按 Ctrl + C 键，按回车键后，会询问是否安装正确，输入 n 可重新输入，请确保 IP 地址输入正确，否则服务会安装出错
```

出现上述信息为安装成功。

二、人工智能应用使用手册的编制

（一）人工智能应用使用手册的编写方法

人工智能应用一般以服务接口的方式提供，通过既定的输入格式，通过服务端模型的计算后，返回计算后的结果并输出。在系统流程中，在相应位置调用人工智能应用接口，即可完成应用的使用。所以人工智能应用的使用手册一般分为三部分：

第一部分，是人工智能应用所提供的功能描述，使用场景及产品规格；

第二部分，是使用人工智能应用接口服务相关内容，包括接口访问的地址、接口调用的方式、输入输出的格式；

第三部分，是人工智能应用本身的模型管理、训练数据管理、标注管理以及接口访问情况的监控和优化。

（二）人工智能应用规格说明书

1. 功能说明

人工智能是研究、开发用于模拟、延伸和扩展人的智能的理论、方法、技术及应用系统的一门新的技术科学。人工智能领域的研究包括语音识别、图像识别、自然语言处理等。

（1）语音识别是以语音为研究对象，通过信号处理和识别技术让机器自动识别和理解人类口述的语言后，将语音信号转换为相应文本或命令的一门技术；

（2）图像识别指对图像进行对象识别，以识别各种不同模式的目标和对象的技术；

（3）自然语言处理——人机交互的核心组成部分。

2. 使用场景

人工智能可以应用于多种场景，并在各行各业有所普及，例如：

（1）人脸识别、语音识别、指纹识别等各类识别系统；

（2）智能检测识别信息技术广泛应用于工业、交通、军工、公共事业、医疗、环境监测等领域；

（3）智能物流系统可以通过智能交通系统和相关信息技术解决物流作业的实时信息采集，并对采集的信息进行分析和处理；

（4）无人驾驶。

其中，对话机器人可以帮助企业客户搭建、训练和管理对话机器人超级雇员，目前已成功应用到零售、母婴、旅游、教育、通信、汽车和金融等行业，助力企业销售、客服、行政、人事、法务等场景实现智能化转型。人工智能机器人可扮演智能客服、公众号助手、智能咨询顾问、智能导购等角色，7×24小时服务用户、提升用户体验好感度、提升销售额。

例如：

某保险行业公司几十万名保险代理人，业务水平参差不齐，很难进行有效的业务培训，提高产出，智能销售助理机器人可通过归纳整理保险代理人常见问题集，结合现有的个险业务知识搭建知识库，实现基础问答；结合热点问题及输入联想功能确保代理人问题能够准确命中知识库内的知识点；通过线上挖掘功能，获取更多保险代理人关心的问题，结合知识点统计功能，向业务部门实时反馈产品热度。

某零售公司"6·18"和"双十一""双十二"客服咨询激增数倍，需增加大量临时客服，即使准备了大量FAQ，客服回复话术仍不统一，基于历史一年的聊天记录和过往FAQ，搭建知识库，解决重复性问题，提升了客服效率与回复准确率。

3. 效果展示

某保险及零售行业对话机器人案例如图4-20所示。

4. 算法原理

对话机器人采用的算法具备泛化能力，意图分类能力，未识别问题统计、推荐与再标记训练能力，具体如下。

（1）泛化能力：系统具备以一个知识点的文本语料进行训练能够识别出语义相似的文本能力。

（2）意图分类能力：系统具备在已经维护的分类知识点的情况下，输入一个文本能够按照相似度计算分类到对应的知识点的能力。

（3）未识别问题统计、推荐与再标记训练能力：系统能够对未识别出的用户问题列表进行热点问题发现和推荐，并支持维护人员对该部分增量数据进行再标记训练，以提升知识点识别的准确率。

图 4-20 对话机器人案例

5. 效果评测

销售助理机器人上线一周线上问答准确率达到 95%，并且为客户提供了超过 200 个新热点问题。

会员服务机器人上线一个月内问答准确率达到 93%，人力节省 23%，人效提升 35%。

6. 性能指标

对话机器人系统采用分布式架构，可根据业务量进行扩容，满足并发和响应时间的要求。

满足如下性能指标：

（1）支持在用户访问并发度增加时，可通过横向扩展节点数量提升响应效率。

（2）核心接口请求的响应时间小于 300 ms。

（3）系统架构支持完整的高可用方案，能够支持 7×24 运行。每一年内智能客服正常服务时间的比例大于 99.99%。

（4）通过人工标注及教育过的智能客服，在进行模型训练后，TOP 3 问题命中准确率不低于 85% ~ 90%。

（三）人工智能应用配置

1. 指标监控

通常来说，在人工智能应用的长期使用中，需要具备数据记录分析的能力。从使用角度上讲，如果产品操作独立，会在相应的产品平台上有相应的数据分析模块做数据展示，若集成到其他产品当中则需要提供相关接口和记录以便于调用。

基础数据：从数据的来源来讲，最基本需要记录应用的输入信息和输出信息，包含其应用渠道、应用人员、信息收发时间等。如果有条件，还可以记录系统模块间的处理步骤和结果，以方便在后期遇到问题时排查，相应的产品手册上应对这些字段做出解释，如果有相应的使用案例则更佳。

数据看板：产品化的数据看板一般会展示使用者主要关心的指标，如图 4-21 所示为某产品数据看板页面，可以看到典型的数据看板一般要包含时间选取、数据报表、关键数据计算、数据解释、导出数据等元素；如果提供接口，则报表的原始数据和相关要素也要相应地体现在接口中，并应在使用手册中提供相应字段的说明。

2. 错误情况分析

在人工智能应用的使用过程中，由于模型算法的复杂性，一般来说最终使用用户并不会去研究错误出现的原因，而是通过反馈给到应用项目实施、运维人员进行排查。人工智能应用产品应提供运维培训等方面的使用手册，帮助实施、运维人员能够排查非模型、产品设计造成的使用问题和产品故障。如果提供相应手册，其应当从使用问题、非使用问题、服务稳定性问题、系统故障问题、系统优化方向、模块间的定位等角度进行说明，甚至可以为后期的产品提升、项目能力提升提供信息。

3. 在线标注

部分成熟的产品会产品化实现上线后数据处理的闭环，从而可以通过运维人员主动检查发现、优化相关问题。

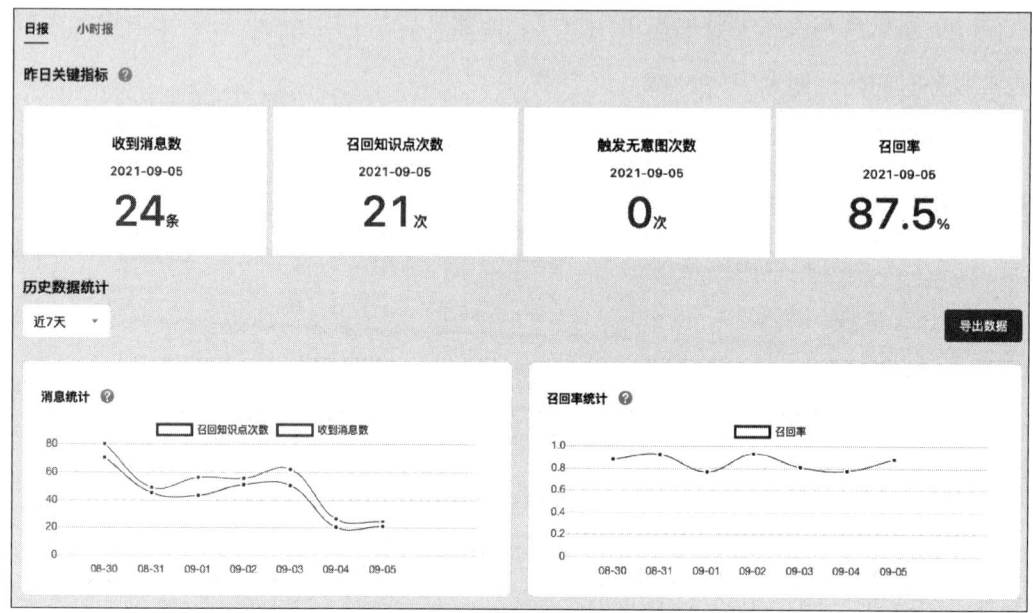

图 4–21 人工智能应用数据看板

其基本功能应该包含针对输入信息的应用输出，并包含可以标注其他正确结果的方法。针对问答型机器人其应当为对应正确的知识点，对光学字符识别产品来说应当能标注正确的文字，对语音识别系统来说应当能标注其正确的文字结果，从而可以较为快速地完成机器人识别效果的标注。

使用手册中应当对此部分操作至少做出功能性的阐述。

4. 模型优化

（1）对于人工智能应用产品，应当在界面或数据库中新增上线后的数据以帮助提升对应效果，进一步地，可以通过模型应用辅助的方式加快模型数据新增。

（2）图 4-22 所示为某产品模型优化功能的部分示意，其突出特色为示意了模型推荐的结果，减轻了人工筛选用户问题进行对应的工作量。可以看到界面上功能点非常多，产品手册也相应地对每个功能点进行了结构化的介绍。

1）在某一级页面/某二级页面中切换到"按问题查看"分页。该页面以"卡片"为单位来组织。一个卡片代表一条需要学习的相似说法。每个"卡片"的构成都是相同的：

"卡片"的标题是需要学习的"相似说法"。

图 4-22 相似说法学习

"卡片"的三个选项，代表需要开发者告知机器人该"相似说法"属于哪个知识点或者意图。三个选项按照置信度由高到低排列，高的位于左边。

知识点由知识点标题、有代表性的相似说法、置信度以及答案构成。

意图由意图名称、触发器的相似说法、置信度以及该意图关联的词槽构成。

2）添加到该知识点。点击卡片上三个选项中任意选项上的"添加到该知识点"，系统会将"相似说法"合并到选项代表的知识点或者意图中。

3）新建知识点。点击卡片菜单行中的"新建知识点"，可以新建一个知识点，该知识点包含当前卡片代表的相似说法。

4）新建意图。点击卡片菜单行中的"新建意图"，可以新建一个"意图"，该意图的触发器中包含这一条相似说法。

5）合并到现有知识点。点击卡片菜单行中的"合并到现有知识点"，可以将该相似说法添加到已有的一个知识点的相似说法中。

6）合并到现有意图。点击卡片菜单行中的"合并到现有意图"，可以将该相似说法添加到已有的一个意图的触发器中。

7）删除。删除这条相似说法，不做审核。

8）在线训练。部分人工智能应用的模型训练模块对于用户是开放的，这时在使用手册中尤其要注意介绍其操作方法、注意事项、模型训练时间等提示、警示信息。

5. 算法自检

对于对抗式学习模型和允许用户对模型进行优化的人工智能应用，应当具备算法自检相关功能，帮助发现相关问题，结合在线标注等功能给出指标指导。

6. 人机协同

对于现阶段的绝大部分人工智能应用来说，模型给到的结果只能作为参考，在运行中或后期需要通过人工设定精度、阈值等指标进行协同工作，部分人机协作场景下，也需要人工对执行结果做进一步确认和处理。因而，在使用手册中，除了要写明功能说明之外，尤其要注意写明人工负责和智能应用负责的范畴以及分工协作的方法。点明在哪些场景下会流转到人工，需要人工予以关注和确认，最好能写明人工的操作原则和步骤，如何将人工工作转回人工智能应用继续处理。

（四）RPA产品使用手册

例如，某RPA项目实现了对应收平台中涉及的大量银行交易流水、第三方结算流水的自动化下载处理、核对，替代了以往各地区人工进行网银下载、对账的方式。

1. RPA产品操作说明

RPA产品的操作说明见表4-17。

表4-17　　　　　　　　　　RPA产品操作说明表

序号	文档名	描述说明
1	UiBot Creator 操作手册	Creator 相关功能、命令介绍
2	UiBot Worker 操作手册	Worker 相关功能、命令介绍
3	UiBot Commander 操作手册	Commander 相关功能、命令介绍
4	UiBot Commander 日常维护手册	Commander 服务运维操作文档

2. 上线部署的硬件环境

RPA产品上线部署的硬件环境见表4-18。

表 4–18　　　　　　　　　上线部署的硬件环境说明表

序号	配置项	详细说明
1	Network Hub	对设备 IP 进行设置
2	KeyBox	将密码按照索引存入
3	UsbKey	按照端口对应关系插在 Network Hub 上

3. 上线部署的软件环境

RPA 产品上线部署的软件环境见表 4–19。

表 4–19　　　　　　　　　上线部署的软件环境说明表

序号	配置项	详细说明
1	Office Excel 2016	
2	IE 浏览器（ie8）	解除安全模式
3	Commander.py 插件	放置 Worker 安装目录下 extend/python

4. 产品配置

RPA 产品的 Commander 配置见表 4–20。

表 4–20　　　　　　　　　Commander 配置说明

序号	配置项	详细说明
1	部门	按客户要求划分
2	用户权限	客户自定义
3	录屏	所有流程要求运行携带录屏

RPA 产品的 Mage 配置见表 4–21。

表 4–21　　　　　　　　　Mage 配置说明

序号	配置项	详细说明
1	交通银行验证码识别模板	训练模板名称为交通银行验证码模板

RPA 产品的 Worker 配置见表 4-22。

表 4-22　　　　　　　　　　Worker 配置说明

序号	配置项	详细说明
1	开机自启动	开启 Worker 开机自启选项

第三节　人工智能应用集成产品交付案例

考核知识点及能力要求：

- 智能语音产品的安装、配置、调试方法；
- 计算机视觉产品的安装、配置、调试方法；
- 自然语言处理产品的安装、配置、调试方法；
- 机器人流程自动化产品的安装、配置、调试方法。

一、客服咨询机器人产品交付案例

下面以国内某大型企业的客服咨询机器人产品交付案例为例，阐述以智能语音为核心的应用集成产品的交付。

（一）客户背景

该客户是中国十大房地产公司之一，业务涵盖地产开发、商业运营、租赁住房、智慧服务、房屋租售、房屋装修六大主航道业务，并积极试水养老、产城等创新领域。2009 年于香港联交所主板上市。2020 年，集团营业额为 1 845.5 亿元。2021 年 3 月被正式纳入恒生指数，成为多家蓝筹股之一。目前集团拥有雇员 35 000 余人，业务遍布全国100余个城市。连续9年获"中国房地产开发企业综合实力10强",连续3年获《福布斯》全球企业2 000强,入选2021年《财富》世界500强。

(二)项目需求

本项目甲方为智慧服务子公司,拥有物业管理企业国家一级资质,并通过香港品质保障局 ISO 9002 认证,服务业态涵盖住宅、商业、公建及城市等多个领域,进驻全国50多个城市,服务逾170万户业主,合约管理面积超过2亿平方米。公司秉承"满意+惊喜"的服务理念,致力于打造客户心中的好服务,四次取得中国质量协会"全国住宅用户满意度指数测评"综合评分第一,并被国务院发展研究中心等机构评定为"中国优秀物业服务企业服务质量十强""中国物业行业十大品牌"。

集团各类楼盘项目已累计销售超过15万套;与4 000余个商务开展了商业用房合作;累计服务超过10万余名租户。物业服务中心每天需接待上万人次的业主,处理物业服务需求。

物业服务的业务内容存在大量重复,内容枯燥,且遇到停水停电等情况,服务电话很容易被"打爆"。为了解决这一状况,客户希望上线智能电话客服机器人来拦截大量重复性的问题,降低客服部门的服务压力。

系统按照 RPA+ 外呼的标准进行建设,总体架构如图 4-23 所示。

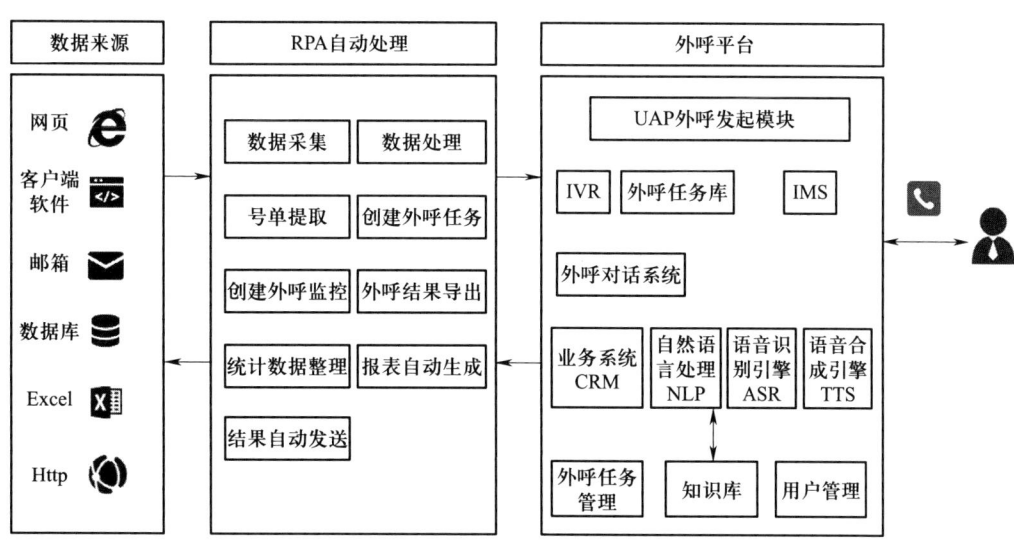

图 4-23 客服咨询机器人产品技术架构图

数据来源：支持多种数据来源和多种数据格式，比如网页、C/S架构软件、邮箱、数据库、Excel、Word等。RPA机器人可以定期自动从数据源上进行外呼数据采集，并进行汇总。

RPA自动处理：外呼数据采集到后，RPA机器人可以对数据进行清洗、整理、优先级排序，同时根据外呼平台的外呼任务创建格式要求对数据进行处理，以便机器人自动创建外呼任务，减少每天需要人工创建的烦琐过程。RPA机器人还可以对外呼过程进行监控，当发生异常时，通知相关人员。外呼结束之后，RPA机器人可对外呼结果进行整理，生成工作人员需要的格式，并通过邮箱自动发送给工作人员或完成提醒。

外呼平台：外呼平台是一套综合管理平台，通过其开放性、互通性、融合性，可以很好地支持与RPA机器人融合对接，使业务相互联动。其主要包括外呼管理、ASR、TTS、自然语言理解、知识库、用户管理等模块。

（三）解决方案

公司为客户提供了整套的智能呼叫中心系统，集成了NLP智能对话机器人、Call Center、TTS、ASR、中控系统等模块，并与客户的CRM系统、防骚扰系统和电话线路对接。

营销场景下，陌生拜访的工作全部由智能机器人完成，对购买意向、关注的楼盘、通话时长等进行记录，并根据预先制定的规则进行打标签，针对有意向的客户再由人工客服进行后续跟进；当客户需要转人工时，智能机器人客户准确识别意图并转接专业销售顾问进行一对一的咨询。

物业服务场景下，协助客户的业务人员根据日常的业务情况，梳理了"门岗放行""代收包裹""开关水电"等高频业务类型，并搭建了专属的任务机器人。业主拨打电话后，智能机器人可进行全流程的全自动服务。如有停水停电等突发情况，中控系统从CRM系统读取到相关信息后，会自动播报给业主。如有非高频业务、转人工需求或其他异常情况，智能机器人会按相应规则转接至人工客服提供后续服务。

（四）交付方案

本环节分项目启动、用户测试项、上线验收交付实施四个阶段分别进行阐述。

1. 项目启动

项目启动阶段的主要工作是建立项目团队、召开项目启动会。在召开项目启动会前，需要准备以下事宜。

（1）与项目发起人沟通了解项目整体情况，包括市场份额、项目情况、分工界面、发起方负责部门和负责人员、关键里程碑等；

（2）与领导确认项目团队框架、开发人员、测试人员、售前、产品、交付、采购等，确认项目预算；

（3）与项目负责人沟通项目情况，了解目前的工作分配、对此项目的了解和可以参加项目启动会时间；

（4）找一个最近的且关键团队人员能够参加的时间作为项目启动会召开时间，提前与他们沟通确认时间，并至少提前两天发邮件通知开会时间、地点和项目议题等。

项目启动会一般流程如下。

（1）负责人开场，说明项目远景，并指定项目经理及内部关键干系人；

（2）项目发起人说明项目成立背景和成功标准、里程碑规划、项目主要干系人；

（3）售前简单介绍项目情况、技术架构、周边项目及厂商；

（4）研发经理介绍开发人员配置、入场时间及相应开发周期；

（5）测试经理说明测试人员配置及入场时间；

（6）采购说明项目需采购设备周期；

（7）交付说明实施周期及实施方案讨论；

（8）项目经理，会议中主持会议，防止会议跑题、时间控制、记录会议要点等，会议后梳理会议结论并给会议参与人员和项目人员群发会议纪要。

项目启动会主要是信息共享，而非问题讨论，最好在会前与各方沟通清楚各方的工作职责和事项。项目启动会控制在一小时为佳；超过两小时仍在争论，未能达成明确清晰的分工，就算是失败的项目启动会。

2. 用户测试

此阶段由客户方组织业务部门、技术部门等相关部门组成测试团队，并且自行拟定测试用例（供应商可协助）对供应商交付的内容进行用户验收测试（UAT），并记录所有的测试结果形成"UAT测试报告",供应商应配合修复测试报告中标记的问题。修复完成后提交客户重新进行UAT,直至客户接受所有测试结果。

3. 上线验收

(1)系统安装部署成功,开始试运行后,进行项目初验。需要编写项目初验汇报材料、项目初验评审意见。参加客户组织的项目初验评审会议,进行项目实施总结汇报和系统演示等工作。

(2)试运行结束,项目成果交割完成后,进行项目的最终验收。需要编写项目终验汇报材料、项目终验评审意见。参加客户组织的项目终验评审会议,进行项目实施总结汇报和系统演示等工作。

4. 交付实施

此阶段工作主要包括制订项目实施计划、工作说明书(SOW)、工作分解结构(WBS)、部署环境确认、平台部署、系统对接、机器人搭建、整体测试,详情描述如下。

(1)项目实施计划。

项目实施计划主要包含项目背景、项目需求范围、项目分工、实施时间计划、项目实施步骤建议、项目风险分析和应对。

(2)工作说明书。

"工作说明书"通常作为合同的一部分,对提供的产品及服务进行表述。SOW在很高层次上说明项目的用途、范围与途径。实际上,SOW是甲乙双方之间的高层共识,将帮助沿着正确的方向安排策划工作,是WBS的基础。

SOW通常包括对项目技术的目标与宗旨的描述,必须满足的成本和进度方面的约束、实际存在的资源约束以及甲乙双方在开始时应该理解的有关假定。SOW主要包括:

1)履约期(约定服务启动时间以及各里程碑时间);

2)使用资源(描述项目使用的资源,包括人力资源与系统资源);

3)工作范围(描述供应商在本项目中的工作内容及交付物);

4)交付与验收方法(描述供应商工作内容、交付物、验收方式、验收预期);

5)供应商职责(描述供应商在项目阶段需承担的责任);

6)客户职责(描述客户在项目阶段需提供的环境、数据、人员等协助项目完成上线交付）；

7）项目变更控制（描述项目变更应遵循的步骤）。

（3）工作分解结构。

"工作分解结构"是以项目的可交付结果为导向而对项目任务进行的分解，它把项目整体任务分解成较小的、易于管理和控制的工作单元，工作分解结构的每一个细分层次表示对项目可交付结果更细致的定义和描述。WBS其实是为实现特定目标或成果的所有工作定义的层次化结果。

（4）部署环境确认。

供应商将系统部署所需的软硬件需求提交给甲方，甲方准备完成后，在部署前由供应商部署工程师确认甲方提供的系统部署环境是否符合要求，包括服务器配置、操作系统、网络带宽、账号权限、数据库环境、负载均衡服务等。如环境检查不符合要求，需及时反馈给甲方进行调整，直至确认无误后进入实际部署环节（见图4-24）。

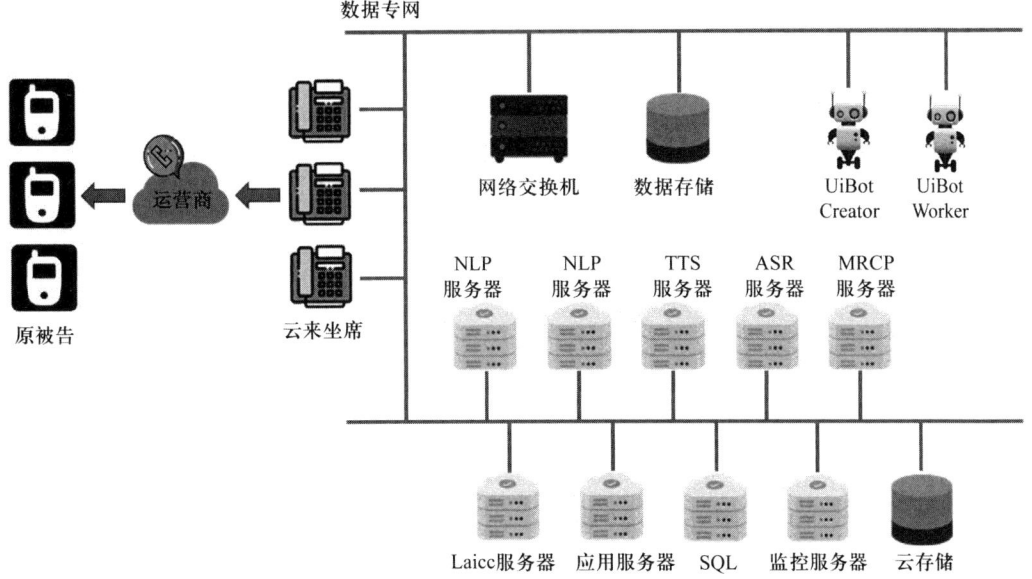

图4-24　客服咨询机器人项目网络拓扑

依托公务外网链接至互联网，通过防火墙进行隔离防护。本案例共需服务器10台，可以使用虚拟机。

1）NLP服务器：共2台，提供自然语言识别、语义理解服务；

2)TTS 服务器:共 1 台,提供语音合成服务;

3)ASR 服务器:共 1 台,提供 ASR 模型及服务;

4)MRCP 服务器:共 1 台,提供 PLS 授权服务、MRCP 服务;

5)Laicc 服务器:共 1 台,提供 LaiCC 服务;

6)应用服务器:共 1 台,提供前端和后台服务;

7)SQL:共 1 台,数据库主服务器;

8)监控服务器:共 1 台,提供监控服务;

9)云存储:共 1 台,提供云存储服务。

服务器清单见表 4-23。

表 4-23   服务器清单

序号	服务器名称	CPU	内存	系统	磁盘
1	NLP 服务器	24core(支持 sse3,avx,fma)	64 GB	Centos 7.7	系统盘 50 GB,数据盘 500 G 挂载到 /opt 目录
2	TTS 服务器	2core(2.5 GHz,33 MB cache)	16 GB	Centos 7.7	100 GB 磁盘,不区分系统和数据盘,数据放在 oss 上
3	ASR 服务器	16core(2.5 GHz,支持 avx2)	128 GB	Centos 7.4	200 GB
4	MRCP 服务器	8core	32 GB	Centos 7.4	100 GB
5	Laicc 服务器	16core(支持 sse3,avx,fma)	32 GB	Centos 7.7	系统盘 50 GB,数据盘 500 GB 挂载到 /opt 目录
6	应用服务器	8core(2.5 GHz)	16 GB	Windows Server 2016	500 GB
7	SQL	16core(2.5 GHz)	32 GB	SQL Server 2016	500 GB(SSD 硬盘)
8	监控服务器	4core(2.5 GHz)	16 GB	Centos 7.6 及以上	300 GB
9	云存储	/	/	/	1 TB

按照项目建设内容及需要，共需要 2 台电脑（见表 4-24）。

设计器电脑：共 1 台，流程开发设计器；

执行器电脑：共 1 台，流程自动化机器人。

表 4-24　　　　　　　　　　　电脑清单说明表

序号	产品名称	软件要求	硬件要求	网络要求
1	RPA 流程设计器	Windows server 7 sp1/Windows server 10/Windows server 2008/Windows server 2012/Windows server 2016 32 位或 64 位系统	CPU：Intel core 双核及以上 内存：4 GB 及以上 硬盘：128 GB 及以上	支持离线使用
2	RPA 流程执行器	Windows server 7 sp1/Windows server 10/Windows server 2008/Windows server 2012/Windows server 2016 32 位或 64 位系统	CPU：Intel core 双核及以上 内存：4 GB 及以上 硬盘：128 GB 及以上	支持离线使用

端口要求见表 4-25。

表 4-25　　　　　　　　　　　端口要求表

序号	开放端口	作用
1	80/443	网站访问使用
2	6379	redis 内网访问
3	55944	sqlserver 内网访问
4	9200/9300	ES 内网访问
5	10050/10051	监控端口内网访问
6	3366	mysql 内部访问
7	22/3389	允许固定 IP 访问

（5）平台部署。

部署环节分为部署环境检查、系统部署、功能测试三部分，流程如图 4-25 所示。

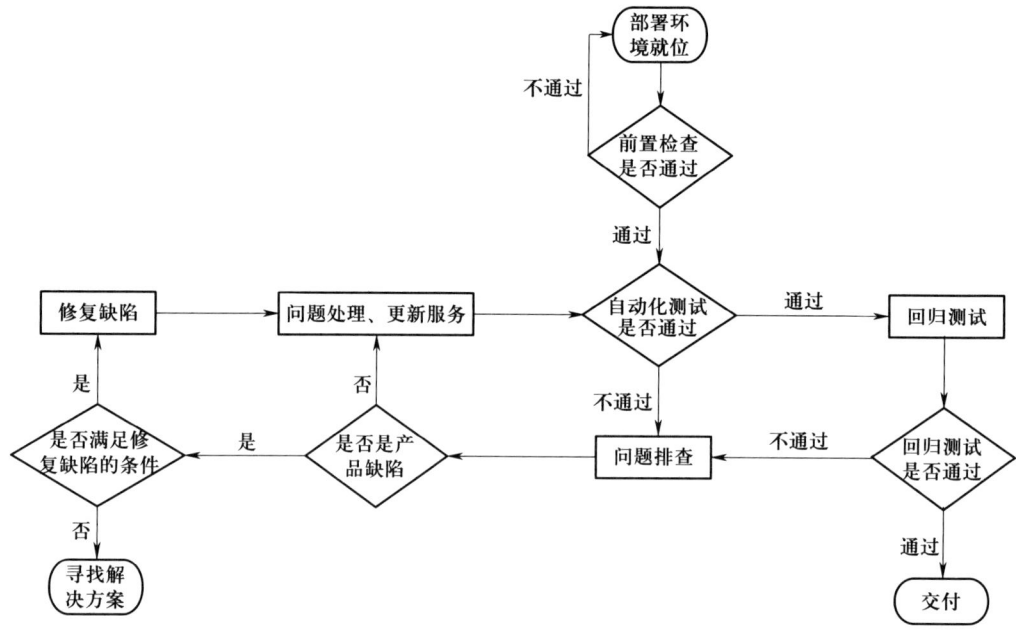

图 4-25 平台部署流程

完成部署及测试工作后由测试部门出具"系统测试报告",主要包括各功能模块的功能性测试结果以及系统性能测试结果。

(6)系统对接。

项目中一般会集成第三方供应商产品,因此与第三方供应商系统需要进行对接,另外也需要跟客户系统(如呼叫中心、CRM、数据库等)进行对接,所以在平台部署完成后即可开始与各方的系统对接工作。如图 4-26 所示为一个对接示例。

(7)机器人搭建。

按照机器人类型一般分为问答机器人搭建与任务机器人搭建。

1)问答机器人搭建的主要工作是搭建一个机器人知识库,而知识库由若干个知识点组成,知识点一般从客户的历史聊天语料经过 AI 算法清洗、聚类后获得。

2)任务机器人的搭建需要根据在项目前期与客户业务部门梳理出来的业务流程来进行设计(任务机器人的设计应在 SOW 中进行描述)与搭建。

(8)整体测试。

整体测试阶段包括知识库准确性测试、任务流程正确性测试以及与其他系统对接后的业务完整性测试。

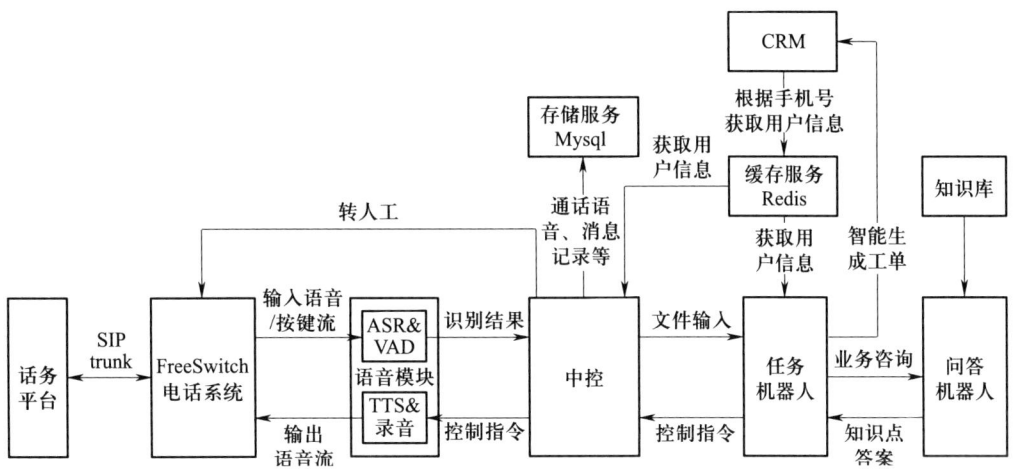

图 4-26 语音智能呼入机器人系统对接示例

1）知识库准确性测试一般采用 LOO 测试（交叉验证法 Leave One Out）方式获得在不同阈值下机器人的召回率与准确率，依此来检测各知识点的召回准确性。

2）任务流程正确性测试需要由测试部门按照任务流程来人工定义测试集，测试集要确保所有的任务节点均能被测试到，测试集制定完成后通过自动化测试脚本来获得测试结果。

3）业务完整性测试应由测试部门根据业务需求制定测试用例，测试用例必须涵盖所有的应用场景，并通过手动、自动化相结合的方式进行整体测试。

整体测试完成后测试部门需出具"整体测试报告"，包括测试用例的每一项测试结果，如有错误情况需反馈给实施开发部门进行修复，修复完成后测试部门需进行回归测试并重新出具测试报告，直至所有用例测试通过。

二、机器人流程自动化产品交付案例

下面以国内某大型能源企业的 RPA 机器人流程自动化产品交付案例为例，阐述以机器人流程自动化和计算机视觉为核心的应用集成产品交付。

某大型能源企业是中国 500 强企业、A 股上市公司，因集团公司财务共享中心机器人流程自动化（RPA）项目建设需要，为客户财务共享中心 5 个业务场景实现流程自动化信息化，从而提高员工工作效率及企业的产能。项目目标在于使用机器人流程自动化产品来替代财务共享中心员工完成部分工作，提高甲方的工作效率，提升员工价值，避免人为操作错误。

在项目准备阶段，甲方和乙方联合项目组制订整体项目计划，并由各个功能小组对项目计划进行分解，形成小组工作计划。

（一）项目管理

1. 项目计划

本项目的进度管理分为业务需求调研、资源准备、系统设计、系统开发、系统测试（功能测试、稳定性测试、UAT 测试）、试运行六个阶段。随后开始试运行。试运行稳定后，正式交付给集团使用。

项目进度见表 4-26。

表 4-26　　　　　　项目进度表

序号	任务名称	计划工期	开始时间	完成时间
	财务共享中心机器人流程自动化（RPA）项目计划表			
1	RPA 项目总计划	111 天	2020/6/28	2020/11/27
2	需求调研	5 天	2020/6/28	2020/7/2
3	《工作日 SAP 维护汇率》需求调研及确认签字	1 天	2020/6/28	2020/6/28
4	《跟踪预付款发票》需求调研及确认签字	1 天	2020/6/29	2020/6/29
5	《普票验真》需求调研及确认签字	1 天	2020/6/30	2020/6/30
6	《OA 邮件自动催办》需求调研及确认签字	1 天	2020/7/1	2020/7/1
7	《自动推送支付》需求调研及确认签字	1 天	2020/7/2	2020/7/2
8	技术设计	4 天	2020/7/3	2020/7/8
9	总体技术框架设计	1 天	2020/7/3	2020/7/3
10	《工作日 SAP 维护汇率》技术设计	0.5 天	2020/7/6	2020/7/6
11	《跟踪预付款发票》技术设计	0.5 天	2020/7/6	2020/7/6
12	《普票验真》技术设计	1 天	2020/7/7	2020/7/7

续表

序号	任务名称	计划工期	开始时间	完成时间
13	《OA邮件自动催办》技术设计	0.5天	2020/7/8	2020/7/8
14	《自动推送支付》技术设计	0.5天	2020/7/8	2020/7/8
15	代码编程	21天	2020/7/9	2020/8/6
16	《工作日SAP维护汇率》技术设计	3天	2020/7/9	2020/7/13
17	《跟踪预付款发票》技术设计	4天	2020/7/14	2020/7/17
18	《普票验真》技术设计	7天	2020/7/20	2020/7/28
19	《OA邮件自动催办》技术设计	4天	2020/7/29	2020/8/3
20	《自动推送支付》技术设计	3天	2020/8/4	2020/8/6
21	流程功能及稳定性测试	6天	2020/8/7	2020/8/14
22	《工作日SAP维护汇率》测试	1天	2020/8/7	2020/8/7
23	《跟踪预付款发票》测试	1天	2020/8/10	2020/8/10
24	《普票验真》测试	2天	2020/8/11	2020/8/12
25	《OA邮件自动催办》测试	1天	2020/8/13	2020/8/13
26	《自动推送支付》测试	1天	2020/8/14	2020/8/14
27	用户培训	2天	2020/8/17	2020/8/18
28	用户使用培训	2天	2020/8/17	2020/8/18
29	用户验收测试（UAT）	3天	2020/8/19	2020/8/21
30	UAT测试用例编写	1天	2020/8/19	2020/8/19
31	用户测试	2天	2020/8/20	2020/8/21
32	系统上线	1天	2020/8/24	2020/8/24
33	上线方案编写及评审	0.5天	2020/8/24	2020/8/24
34	系统上线	0.5天	2020/8/24	2020/8/24
35	系统试运行	66天	2020/8/25	2020/11/24
36	项目终验	3天	2020/11/25	2020/11/27

2. 项目变更管理

甲乙双方在本项目中实施如图 4-27 所示变更控制程序。

图 4-27 项目变更管理流程

项目范围的基准和实行在项目投标书、合同、总体工作计划、范围计划文档等文档中定义并记录。在计划阶段制定一个范围变更程序，包括变更控制表格的定义和设计。

范围变更指对经过同意的项目范围的任何修改。范围变更通常需要对成本、时间、质量或其他项目目标进行变更。范围的变更将被记录下来，并分析其可能的影响。范围变更是计划流程的反馈，如有需要则更新技术和计划文档，并通知所涉及的人员。

每个项目范围的变更需求都按优先级排列，并指定专人负责。对于每一个范围变更要求，都必须进行商业价值分析及其所造成影响的说明，用来获得范围变更的批准。商业价值分析应该调查变更可能对项目的人员、时间和预算所造成的影响。经过批准的范围变更将被实施，范围管理计划也将被更新。经过批准的范围变更必须包括在总体工作计划内。后续的工作将通过周期性的会议接受监督。

3. 项目文档管理

文档管理员需在各里程碑节点确认交付物的完成情况及完成质量，定期汇报项目实施经理，对项目组所有文档进行格式和部分内容上的复核，做好文档的分类归档、版本管理。文档撰写人需全力配合文档管理员完成文档的质量控制，文档质量由实施经理最终把关。

（二）项目验收

1. 验收测试的评定

上线初验合格后，系统进入试运行期。通过试运行后，所有功能达到技术规范书的要求时，可进行最终验收。在试运行期间，由于各种原因造成某些技术指标达不到要求，实施商应负责解决，但试运行期相应顺延。系统通过试运行后，双方签署终验报告，此报告将作为付款依据。终验后进入一年维护期，在维护期内实施商应对项目服务内容提供质保服务。

2. 成果交付

（1）设计器使用许可证；

（2）运行器使用许可证；

（3）管理端使用许可证；

（4）流程说明文档；

（5）流程技术设计文档；

（6）测试报告；

（7）产品使用说明书；

（8）用户操作手册。

3. 完成标志

系统上线后平稳且连续运行 3 个月以上；达到平稳运行的条件至少为系统功能满足需求、流程完备、操作顺畅、性能稳定等；提交经甲方签字的交付物。

（三）项目假设

项目实施小组按签字确认的需求开发实现功能后，提出验收申请。从此日起一个月作为验收期限，在验收期限内集团按上述验收内容对项目交付物进行验收。若在验收期限内集团方未组织验收或提出验收意见，则视为验收通过。若未通过验收，针对不合格的部分，项目实施小组负责改正，并对改正部分再次提出复验申请，集团方必须在收到复验申请的 20 个工作日内进行复验，若在此期限内集团未组织复验或提出复验意见，则视为验收通过。甲方的高级管理层应全力支持和投入该项目，对项目进行过程中所遇到的情况，及时作出决定和取得所需的管理层批准。项目交付品管理，所有经甲方认可后的项目交付物应及时提交给信息中心项目联系人，由其负责完成项目交付文档统一归档管理。

乙方在本项目建设过程所提供的整体解决方案，应符合合同约定要求和集团的实际情况，符合集团战略发展规划。

乙方在项目实施过程中所提供的各种计划、资料、技术方案、培训符合合同约定的要求，培训质量要以集团所参训人员通过考核为依据。

乙方有按期完工的职责，保证项目各个阶段能够按照既定目标和计划完成，除非由于非乙方原因导致的项目延期。每个阶段完成的标志按照阶段验收条件确定。

（四）项目培训

1. 培训目的

培训方具备丰富培训经验的培训团队，通过对集团参与实施阶段的人员及系统流程中的所有人员提供培训，达到以下效果。

平台操作人员：了解如何手动、按计划启动机器人执行流程；

平台管理人员：除了掌握平台操作人员要学习的技能外，还要了解如何操作管理端、机器人设计器、机器人执行器。

2. 培训设计

依据集团以及服务供应商的实际情况，从系统 IT 运维管理能力提升的需求出发，实现行业标准、最佳实践、实践经验和集团 IT 运维管理需求的紧密结合，通过贯穿整个项目期间的培训，达成建设 IT 服务团队相关理论能力的目标。

3. 培训形式

基本模式：现场授课—模拟互动—应用实践—培训考核。

说明：在对培训需求进行分析和判断的基础上，为达到培训目标，仅有知识和理论是不能转化成为技术能力，需要在关键的技术环节组织培训实践。

4. 培训方案

培训方案见表 4-27。

表 4-27　　　　　　　　　　　培训方案表

课程名称	课时	课程适用对象及目标
RPA 介绍	0.5 天	适用对象：流程参与人员、平台操作人员、平台管理人员 目标：了解什么是 RPA，RPA 适用场景，RPA 发展趋势
开发工具介绍	0.5 天	适用对象：流程参与人员、平台操作人员、平台管理人员 目标：RPA 开发工具介绍，包括设计器、运行器、管理器、AI 平台之间的关系以及各自的功能等

第四章 人工智能应用集成产品交付

续表

课程名称	课时	课程适用对象及目标
RPA 实施方法论	0.5 天	适用对象：RPA 开发人员 目标：如何对 RPA 项目进行项目管理、需求调研、开发技能、自测、部署
RPA 实践	0.5 天	适用对象：RPA 开发人员 目标：根据具体的需求，使用 RPA 开发工具进行项目的设计、开发，以便通过实战加深理论知识的认知

思考题

1. 人工智能产品组件的交付流程分为哪几个步骤？
2. 机器人流程自动化（RPA）的项目实施一般由几个阶段组成？
3. 人工智能应用集成交付方法有哪几种？各自有什么特点？
4. 计算机视觉应用集成的方法有哪些？
5. 人工智能应用集成文档交付的标准是什么？
6. 人工智能应用集成源代码交付的标准是什么？

第五章
人工智能应用集成产品运维

在人工智能应用集成产品的需求分析、设计开发及最终交付之后，进入产品的运维阶段。人工智能应用集成产品运维包括产品部署和操作、产品运维、运维日志与运维文档撰写等步骤。本章内容将重点讲解基于手册的人工智能产品部署、操作和运维，并通过一些具体的案例讲解如何撰写运维日志和运维文档。

- **职业功能：** 人工智能应用集成产品运维。
- **工作内容：** 人工智能应用集成产品运维的实操。
- **专业能力要求：** 人工智能应用集成产品运维的基本技能和专业技能掌握。
- **相关知识要求：** 基于手册的人工智能产品部署和操作，基于手册的人工智能产品运维，运维日志和运维文档的撰写。

第一节　基于手册的人工智能产品部署与操作

考核知识点及能力要求：
- 了解人工智能产品部署的相关技术；
- 了解基于手册的人工智能产品的部署和操作方法。

产品部署和操作是人工智能应用集成产品运维前期的关键步骤。产品部署阶段通常与开发和测试阶段重叠，人工智能应用集成的首次部署可能在项目早期进行，随着更多集成应用可交付物的使用，此阶段中的活动将不断重复进行。等到在线上或线下开放运营的时候，人工智能应用项目将进行最终部署。随着集成应用的开放，对相关应用项目服务进行持续更新将成为运维活动的一部分。

一、人工智能产品部署的相关技术

与人工智能产品部署密切相关的技术有很多，本部分重点介绍一些在企业工作中常用的相关技术和平台框架。

（一）数据库技术

数据库（Database）通常是部署应用产品时非常重要的一项内容。早期项目的数据库部署是以单一的数据源为核心，主要进行批处理、事务操作、决策分析等多种数据处理的步骤，分为操作型与分析型处理两种类别，通常这两种类型是分开的。其中，操作型处理也叫作事务处理，是对联机数据库的日常操作，通常是对数据库中记录的查询和修改，主要为企业的特定应用服务，强调处理的响应时间、数据的安全性和完整性等；分析型处理通常用于管理人员的决策分析，经常要访问大量的历史数据。这类单一源传统数据库的特点是，强调企业日常事务处理的优化，在分析处理等方面存在不足。

由于传统单一数据源封闭性和脆弱性的问题，越来越多的企业采用数据仓库来对多个异构的数据源进行集成和管理，通常按主题重组集成，我们称之为数据仓库（Data Warehouse）。数据仓库是一个面向主题的、集成的、相对稳定的、反映历史变化的数据集合，用于支持管理决策。它的一大特点是数据来源丰富且不再修改。在企业人工智能的应用部署中，常常会建设和部署大量的专有数据仓库，这些数据仓库以现有企业业务系统和大量业务数据的积累为基础。通常，数据仓库不是静态的，只有将信息及时地提供给需要这些信息的使用者，供其做出改善自身业务经营的决策，信息才能发挥作用，也才有意义。将信息加以整理归纳和重组，并及时地提供给相应的管理决策人员，是数据仓库的根本任务。

随着云计算和人工智能时代的来临，对于数据库的理解更加一般化。相比传统的数据库和数据仓库，一些在线的云数据成为人工智能集成应用部署的主要虚拟数据库。这些大数据必须依托云计算的分布式处理、分布式数据库和云存储、虚拟化等。通过打造在线大数据的虚拟"数据库"，或者利用第三方提供的服务，可以更方便和快捷地部署项目产品的数据库，这也是未来数据库技术发展的一大趋势和热点。

（二）Web 服务技术

当前有许多人工智能的应用集成产品是部署在 Web 服务（Web Services）上的，Web 产品的特点是客户端访问简单、便捷，不需要安装特定于某个产品的复杂庞大的客户端。尤其是线上人工智能的应用，通常客户端的机器不具备运行复杂人工智能算法的条件，这类应用产品经常要集成和部署在 Web 服务之上，运用服务器后台强大的硬件条件来提供持续稳定和高质量的服务。

Web 服务定义了一种松散的、粗粒度的分布式计算模式，使用标准的 HTTP 协议来传送网页文本和其他封装的内容。Web 服务的典型技术有如下几个方面：

用于传递信息的简单对象访问协议 SOAP；

用于描述服务的 Web 服务描述语言 WSDL；

用于 Web 服务注册的统一描述、发现及集成 UDDI；

用于数据交换的可扩展置标语言 XML。

Web 服务的主要目标是跨平台的互操作性，适合使用 Web 服务的情况有软件重用、应用程序集成、企业对企业（B2B）集成、跨越防火墙等。同时，在某些情况下，Web 服务也可能会降低应用程序的性能。不适合使用 Web 服务的情况包括单机应用程序、局域网上的同构应用程序等。随着人工智能技术的普及，许多人工智能的应用集成产品被部署到 Web 服务上，通过一些预定义好的接口提供不同层次的服务。

（三）Microsoft .Net 框架

Microsoft.Net 框架是微软公司于 2002 年正式推出的一组给应用开发人员使用的框架，包括一系列的产品、技术和服务。Microsoft.Net 框架提供了完整的基础类库、数据库访问技术及网络开发技术，允许开发者在其上构建各种应用方式，包括人工智能应用，使开发人员尽可能通过简单的方式，多样化地、最大限度地从外部获取信息，解决在线应用之间的协同工作。人工智能应用开发者可以在 Microsoft.Net 框架上使用多种编程语言，快速地构建、部署和测试人工智能的集成应用。

Microsoft.Net 框架是一整套体系结构，尽管可以支持多种编程语言，但官方推荐 C# 来完成相关应用的开发和部署，类似于 Java 语言对应的 Java EE 框架。整个框架的底层是一个通用语言运行环境（Common Language Runtine），这个环境提供了统一的运行环境和编程模型，极大地简化了应用程序的发布和升级，方便多种语言之间进行交互，同时有利于内存和资源的自动管理等。

Microsoft.Net 是微软主力推出的产品系列，然而其并非业界的标准。除了可以开发桌面 C/S 的应用外，它还可以开发在线的 B/S 应用，并且在应用产品的部署和操作方面也给使用者提供了非常多的案例和文档，可以帮助使用者更好地参与到 Microsoft.Net 项目的使用中来。

（四）Java EE 框架

Java EE 的全称为 Java Platform Enterprise Edition，即实现了企业级的 Java 应用。它最早由斯坦福大学网络（Sun）公司提案，是由包括 IBM、Oracle 等在内的各大厂商共同参与和制定的一套工业标准和规范的平台。和 Microsoft.Net 框架一样，作为成熟的平台框架，Java EE 也可用于人工智能应用集成产品的开发和部署。

Java EE 框架在 Java SE 的基础上构建，可以帮助企业开发和部署可移植、健壮、可伸缩且安全的服务器端 Java 应用程序。Java EE 平台由一系列容器（Container）、组件（Component）和服务（Services）所组成。容器是为各种应用组件提供 API 服务的 Java EE 运行时的环境，组件是表示应用逻辑的代码，服务则是应用服务器提供的各种功能接口，可以同系统资源进行交互。除此之外，Java EE 不仅是一种业界标准平台，更表达了一种软件架构和设计思想。

Java EE 应用通常将项目工作分成业务逻辑开发和表示逻辑开发的两个部分。其余的系统资源则由应用服务器负责处理，不必为中间层的资源和运行管理进行编码。这样就可以将更多的开发精力集中在应用程序的业务逻辑和表示逻辑上，从而缩短企业应用的开发周期，有效地保护企业的投资。

Java EE 项目可以依据不同的类型分为线上部署和线下部署两种方式。其中，线上部署主要是将项目工程部署于诸如 Tomcat 一类的 Web 服务器，向第三方提供访问连接或者专用接口；线下部署则可以分为非 Web 项目类型的客户端部署或者用户本地的局域网 Web 项目的工程部署。

（五）软件引擎与组件技术

软件引擎通常是系统的核心组件，目的是封装某些过程方法，使得在开发的时候不需要过多地关注具体的实现，从而将关注点聚焦在与业务的结合上。工作流程引擎是工作流管理系统的运行和控制中心。通过工作流程引擎，可以解释流程建模工具中定义的业务流程逻辑，进行过程、活动实例的创建，把任务分派给执行者，并根据任务执行的返回结果决定下一步的任务，控制并协调各种复杂工作流程的执行，实现对完整的业务流程生命周期的运行控制。对于人工智能的应用集成产品来说，可以运用软件引擎的技术封装常规和重要的过程方法，使用工作流程引擎技术控制人工智能应用的核心流程，再最终完成整个产品的部署。

组件（Component）是带有标准化接口的包装软件，可在多个应用程序中重复使用。简单而言，组件可以被看作是具有完整功能和输入输出接口的黑盒，它源于对业务逻辑规则的封装，使用者在无须了解它内部的实现细节和操作的情况下，即可快速便捷地调用组件完成某一个重要的业务功能。对于人工智能的产品而言，关键业务逻辑组件的使用可以加快整个集成应用的开发。组件可以使用任何支持组件编写的语言来完成对规则的封装，甚至实现跨平台。

在开发人工智能集成应用的过程中，有一些常用的组件标准，如微软的开放组件标准COM、DCOM和COM+等。Java EE也提供了一些重要组件，如远程方法调用RMI和用于封装中间层业务功能的EJB等。

（六）云计算技术

云计算（Cloud Computing）是分布式计算的一种，是基于互联网的超级计算模式，通过互联网来提供大型计算能力和动态易扩展的虚拟化资源。云计算把大型的数据计算处理程序分解后得到多个小型程序，每个小型程序被部署到网络的多个服务器当中，通过计算和分析得到的结果整合后返回给用户。这种方式可以有效地利用大量的低端计算机和存储设备，效果足以匹配于高性能的计算设备。同时，用户可以根据需要，动态地申请计算、存储和应用服务资源，在降低硬件、开发和运维成本的同时，大大拓展客户端的处理能力。

因此，所谓的云，可以理解为廉价计算机的集群。对于云计算技术来说，它具有超大规模、虚拟化、高可靠性、通用性、高可扩展性、按需服务、价格低廉、有潜在的危险性等几大特点。云计算的架构有基础设施即服务（IaaS）、平台即服务（PaaS）和软件即服务（SaaS）三个层次。云计算通过多年的发展，经过了从计算时代、网络时代，到云时代的历程。当前，人工智能技术的快速发展可以给云计算带来新的变化，许多人工智能的应用集成项目可以与云计算技术相结合，人工智能应用可以集成和部署到云平台，二者的结合将迸发出更大的能量。

（七）大数据技术

随着物联网终端技术的日渐成熟与云计算应用的大量普及，现代社会早已迈入大数据的时代。近年来，由于人工智能领域的快速发展，对海量数据的智能化处理与信息化过程中人工智能的应用，已经成为社会的研究热点与重大课题。

大数据不仅仅是指数据量的庞大，著名管理咨询公司麦肯锡曾给出如下的定义：

一种规模大到在获取、存储、管理、分析方面大大超出了传统数据库软件工具能力范围的数据集合，具有海量的数据规模、快速的数据流转、多样的数据类型和价值密度低四大特征。大数据技术不使用抽样调查的传统随机分析方法，而采用对所有数据进行分析和专业化处理，因此，它能够发掘出隐藏在数据背后的巨大潜在宝藏。当前，大数据技术在人工智能领域应用的重要性已经越来越受到学术界、工业界和政府部门等多方的认可。

大数据的来源包括用户浏览网站的轨迹、各种网页文档和媒体视音频、社交媒体数据、物联网传感信息、桌面和手机应用的日志文件等。大数据中的关键技术主要有数据采集、数据存储、数据管理、数据分析与数据挖掘。数据采集环节主要涉及数据抽取的技术；在数据存储阶段，结构化数据的存储与访问对应关系型数据库，非结构化数据和半结构化数据对应分布式文件系统的 NoSQL（非关系型数据库）进行存储；数据管理主要有分布式并行处理技术，如 MapReduce；数据分析与数据挖掘则与人工智能密切关联，包括分类、聚类、关联规则分析等。

人工智能的应用集成和部署需要大数据技术的支持，基于大数据的人工智能应用也已经渗透到越来越多的领域，吸引了各行各业的龙头企业的关注。当前，它们的应用领域包括电信、金融、电子商务、医疗、制造、零售等诸多行业，未来将向更多的行业融合和发展。

二、人工智能产品的部署和操作

由于存在上述诸多人工智能产品部署的相关技术，越来越多的企业在管理人工智能业务、开发人工智能应用集成产品时，采用各自不同的部署和操作方案。

（一）人工智能产品的部署案例

下面通过一些人工智能技术的部署案例，介绍人工智能的应用集成产品在企业中是如何部署的。

1. 沃尔玛的办公流程自动化

沃尔玛在其内部环境中集成和部署了人工智能应用，以实现流程自动化和提高效率。在早期，沃尔玛在应付账款、应收账款、薪酬和福利领域实现了自动化的流程。

近几年来，随着人工智能技术的发展和普及，沃尔玛将机器人过程自动化应用于共享服务组织，在该组织中实现自动化企业资源计划处理，例如将采购订单与发票匹配。当前，沃尔玛正在寻求将人工智能部署到整个公司范围内，如最近正在考虑将机器学习应用于商品营销业务，这些业务将协调供应商关系互动，并影响沃尔玛多家商店的店内展示，提高该公司的生产力。

2. 西部数码测试设备 AI 优化

对于硬盘制造商西部数据而言，测试设备是其最大的开支之一。如果可以用人工智能优化测试环境，将节省公司数亿美元的成本。近年来，西部数据在人工智能和大数据技术的部署领域投入了大量资源，其中最先进的人工智能用例之一就是优化测试环境。西部数据的技术团队使用先进的机器学习和卷积神经网络技术来改善沃尔玛的晶圆产量管理，同时使用相同的算法来识别和优化测试流程，从而达到节省资金成本的目的。

西部数据还在公司内部构建了一个大型数据和分析平台，支持各种工作负载、架构和技术，为各种技能水平的业务用户提供价值。数据科学家们可以利用先进的人工智能技术来监控、优化制造和运营能力。通过越来越先进的人工智能技术的部署和公司内部灵活的平台，西部数据保证了成熟的分析能力和自身商业价值的实现。

3. 美国银行的人工智能部署

随着竞争对手竞相开发和部署先进的人工智能应用，美国银行和哈佛大学合作开展负责任的人工智能开发，成立了人工智能负责任使用委员会。当前，美国银行推出了虚拟银行助理艾瑞卡（Erica）的人工智能应用，同时致力于探索将人工智能应用于欺诈检测和反洗钱。美国银行认识到，银行必须保持决策模型的透明度，并确保结果是公正的。为了探讨如何在人工智能时代指导职业转型和发展等关键问题，人工智能负责任使用委员会还召集政府、企业、学术界和民间社会的领导人，讨论人工智能在法律、道德和政策方面的新影响。

4. 7–Eleven 的聊天机器人

作为全球最大的连锁便利店之一，7–Eleven 公司通过部署新兴的人工智能技术改善客户的整体用户体验，减少可能的抱怨。7–Eleven 扩展成熟的技术和及时地引入新兴技术,采用了快速跟随新技术的方法以追上时代的步伐。除了运营多个全球研发实验室外,7-Eleven 还要求各地分公司的首席技术官测试新技术,并进行证明和概念测试。当前,公司已经与科技公司 Conversable 合作开发和部署了一个 Facebook Messenger 聊天机器人,允许用户注册忠诚度计划,查找商店位置,了解最新的折扣优惠等。

通过运用新技术重新定义客户的体验,7-Eleven 公司利用诸如 TensorFlow 之类的开源人工智能框架来探索人工智能如何简化销售和运营后台流程,寻求应用语音接口来重新定义和创新客户体验。

5. 皮尔逊公司的 AI 产品创新

皮尔逊集团是一个有上百年历史的教育公司,以发行杂志、书籍等出版物为主要业务,旗下有多家新闻出版方面的子公司。近年来,集团公司在整个业务中都布局了人工智能技术,对产品进行了大量的创新。从利用聊天机器人转变客户呼叫中心,到将人工智能、学习设计、教育法和洞察力转化为大脑功能,以创建个性化的学习体验。

皮尔逊公司利用机器学习技术进行自动化的论文评分,同时采用自适应学习和智能辅导的技术。为了让人工智能加速注入当前和未来的产品和服务,公司聘请了英特尔公司资深人士作为其负责人工智能产品和解决方案的高级副总裁,通过创建个性化的虚拟化技术来更新皮尔逊公司的数学作业工具,以提供更详细的反馈。

(二)基于手册的人工智能产品的部署和操作

下面通过一个具体的人脸识别案例,说明如何部署和操作人工智能应用集成产品,给出基于手册的产品部署说明书。

1. 人脸识别产品概述

(1) 开发背景。

人脸识别技术广泛应用于金融、安防反恐、教育、社交娱乐、设备、门禁/考勤、交通、智能商业等领域。而 3D 人脸识别技术得益于其优异的性能情况,逐渐在下游市场广泛应用。

人脸识别技术在中国的发展起步于 20 世纪 90 年代末,经历了技术引进、专业市场导入、技术完善、技术应用、各行业领域使用五个阶段。其中，2014 年是深度学习应用于人脸识别的关键一年，该年月全谱网（Facebook）发表了一篇关于 Deep Face 系统文章之后，Face++ 创始人印奇团队以及中国香港中文大学汤晓鸥团队均在深度学习结合人脸识别领域取得优异效果，两者在 LFW 数据集上识别准确度均超过了 99%，而肉眼在该数据集上的识别准确度仅为 97.52%。可以说，深度学习技术让计算机人脸识别能力超越了人类的识别程度。

目前，国内的人脸识别技术已经相对发展成熟，该技术越来越多地被推广到安防领域，延伸出考勤机、门禁机等多种产品，产品系列达 20 多种类型，可以全面覆盖煤矿、楼宇、银行、军队、社会福利保障、电子商务及安全防务等领域，人脸识别的全面应用时代已经到来。当前的人脸识别技术规模为 23.91 亿美元。整体来看，人脸识别技术行业市场规模不断扩大，增速处于高速增长区间。预计未来人脸识别技术将不断发展，其市场规模还会不断增长。

人脸识别作为生物识别领域中最自然、最可靠的技术，在中国这样一个具有世界第一庞大人口基数的发展中国家拥有非凡的地位。人脸识别应用的发展潜力在现阶段的中国体现得尤其重要，巨大的人口基数以及越来越频繁的流动性，如何充分利用信息技术进行有效的身份认证，一直是业内持续关注的焦点。

人脸识别具有其他生物特征识别技术所无法比拟的优点，吸引了人们的极大兴趣，但它本身仍然存在许多技术困难和挑战。

从研究学者分布来看，中国占据世界第三的位置，人才储备居优势地位。2018 年，AMiner 基于发表于国际期刊会议的学术论文，对人脸识别领域全 TOP 1 000 的学者进行计算分析，从全球范围来看，美国是人脸识别研究学者聚集最多的国家，在人脸识别领域的研究占有绝对的优势；英国紧随其后，位列第二；中国位列全球第三，占有一席之地。可以看出，中国的追赶势头不容忽视。

起初，人脸识别技术仅限于 2D 识别，但由于 2D 人脸识别容易受到姿态、光照、表情等因素影响，识别率不够理想，因此 3D 人脸识别应运而生。相比较而言，3D 人脸识别技术不仅识别率高，而且在使用方便性上也远远高于 2D 人脸识别。2018 年 3D 人脸识别技术已达 51%，预计未来 3D 技术将进一步深入渗透应用市场。

（2）适用范围。

人脸识别系统按照运行方式来分类，可以分成以 OpenCV 为代表的离线人脸识别和以百度 SDK 为代表的在线人脸识别。本产品实现了两个子系统，可以分别适用于两种情况。

如果只是做一个单位门口的人脸识别系统，由于需要的机器少，并且人员相对固定，那么可以使用离线人脸识别来实现。因为这个系统不需要考虑人脸库同步更新的问题，并且只需要一两台机器上存储人脸数据，并不会占用很多的存储空间。离线系统不需要强制联网，识别速度快于在线识别，人脸库管理较为方便。同时，可以实时识别每一帧画面内的人脸，没有 API 使用频率限制，人脸库中的图片格式几乎不受限制，可以使用任意 OpenCV 支持的格式。但是，每一台进行识别的机器上都需要存储人脸库的数据，占用很大的空间。识别准确率比百度的在线识别要低。

如果通过一个手机 App 来进行人脸识别，那么可以使用在线人脸识别系统。因为作为 App 必须考虑人脸库的更新同步问题，并且不可以占用很多空间来存储人脸库的数据，所以需要在线人脸库保存大量数据。在线系统简单方便。所有的功能 API 已由 SDK 出品方封装提供，只需要调用即可，不需要自己实现。并且中文文档描述得非常全面，学习很方便。由于使用在线人脸库，所以只要将人脸上传到人脸库，就可以在任何机器上使用。方便同步数据，并且节省机器的存储空间。识别的准确率比 OpenCV 的离线识别要高，可以有效识别脸部被遮挡的情况。但是在线识别系统必须连入互联网，API 也有调用 QPS 以及调用量限制。前文中，之所以上传人脸库时需要每上传两张后就暂停一秒，是因为上传人脸的 API 有 QPS 限制，调用频率最高只能每秒调用 2 次（2QPS），否则的话会上传失败。并且有些 API 总的调用次数也有限制。当然这个频率和调用量是可以购买的，最多可以达到每秒几百的调用频率。但是其价格对于个人用户来说过于高昂。无法实时识别每一帧画面中的人脸，因为人脸识别的 API 需要输入图片的参数，所以需要先把当前帧的画面保存下来后，才可以上传识别。并且上传时需要把图片转换为 Base64 格式。最后，手动上传到人脸库的图片的格式有限制。只支持 PNG、JPG、JPEG 以及 BMP 格式的图片，并且大小必须小于 5 MB。而用 API 上传时需要把图片转换为 Base64 格式。

（3）功能简介。

对于离线人脸识别，本产品有采集人脸功能、训练数据功能、人脸检测功能、人脸识别功能等主要功能。训练模型，人脸检测功能与人脸识别功能使用 OpenCV 的人脸识别模块实现。人脸检测，需要框出人脸的区域。通过程序采集图像，进行动态人脸识别。人脸识别前所需要的人脸库可以通过自己从视频获取图像、从人脸数据库免费获得可用人脸图像两种方式获得，如 ORL 人脸库（包含 40 个人每人 10 张人脸，总共 400 张人脸）。通过摄像头采集 10 张以上的人脸信息即可。离线人脸识别包括人脸库管理、模型训练、人脸检测等，所有的操作都在本台运行机器上完成，不需要联网。

对于在线人脸识别，本产品的功能有采集人脸功能、人脸识别功能、更新人脸库功能。三个功能均使用百度 SDK 中提供的 API 来实现。将本地的人脸库上传到在线人脸库，使用摄像头进行人脸识别。若已注册人脸通过，未注册人脸予以警告。在线人脸识别的人脸库是在 SDK 出品公司的服务器上，而不是在本机上。人脸库的管理以及人脸检测等功能已经由 SDK 出品公司封装成方法，通过在本机上调用 API，通过 http 请求调用相应的功能，在云端完成一系列操作之后，把结果返回给本机。而识别模型已经由 SDK 出品公司提供，所以要求联网操作。

（4）名词解释。

人脸识别：基于人的脸部特征信息进行身份识别的一种生物识别技术。

SDK：Software Development Kit，软件开发工具包。

API：Application Programming Interface，应用程序编程接口。

OpenCV：一个跨平台计算机视觉和机器学习软件库，由一系列 C 函数和少量 C++ 类构成，同时提供了 Python、Ruby、MATLAB 等语言的接口，实现了图像处理和计算机视觉方面的很多通用算法。

PCA：Principal Component Analysis，主成分分析，一种常见的数据分析方式，常用于高维数据的降维，可用于提取数据的主要特征分量。

QPS：Query Per Second，每秒查询率。QPS 是对一个特定的查询服务器在规定时间内所处理流量多少的衡量标准。

（5）参考资料。

《百度AI接入指南》《Python-SDK说明文档》《机器学习：PCA（人脸识别中的应用——特征脸）》《手把手教你调用百度人脸识别API》《百度人脸识别的原理》《OpenCV+Python实现人脸识别》《Python学习：基于OpenCV来快速实现人脸识别》《人脸识别应用有哪些？》等。

2. 产品部署规范

（1）硬件支撑环境。

1）系统主机推荐配置。

对于离线人脸识别，部署本产品无须特殊的性能要求。只需要一台带有摄像头外接设备的一般台式机或笔记本电脑即可。

对于在线人脸识别，也无特殊的系统主机推荐配置，服务器端配置在一般台式机或笔记本电脑即可，客户端可以用手机或者台式机访问。

2）存储系统推荐配置。

对于离线人脸识别，部署本产品以及运营所必要的存储空间无特殊要求。例如，只需要能保存公司内部所有员工的人脸数据即可。

对于在线人脸识别，也无特殊的存储空间要求。因为人脸数据需要存储在百度的在线人脸库中，因此需要注意线上空间的大小。

3）网络部署规范。

对于离线人脸识别，因为是离线系统，所以不需要单独设置网络条件，只要能在单独的机器上运行即可。

对于在线人脸识别，需要开通百度API的访问权限，只需一般的网络访问环境即可，如手机端用户需要支持HTTP协议，其他无特殊要求。

（2）软件支撑环境。

1）操作系统推荐配置。

对于离线人脸识别，需要安装Windows系列的操作系统，推荐安装Win7以后的系统，如Win10 1809版。

对于在线人脸识别，服务器端的系统配置同离线人脸识别，手机端只需要有能正常访问在线资源的浏览器即可。

2）数据库推荐配置。

对于离线人脸识别，不用特别设置数据库系统。可以利用文件夹创建保存人脸图像的 ORL 人脸库，ORL 人脸库中的每一张图像大小为 92×112。采集人脸信息时，通过摄像头拍摄 10 张以上图片，将图像大小调整为 92×112，保存在一个指定的文件夹，文件名后缀为 png。

对于在线人脸识别，百度提供在线的人脸库。除了可以手动上传图像以外，还可以调用 API 来更新人脸库，实现从本地文件中上传图像的功能。

3）操作系统、数据库及第三方组件依赖关系。

对于离线人脸识别，离线人脸检测依赖于 OpenCV 库。OpenCV 有三种人脸识别方法，分别基于 Eigenfaces、Fisherfaces 和 Local Binary Pattern Histogram 三个不同算法。这些方法都有类似的一个过程，即先对数据集进行训练，对图像或视频中的人脸进行分析，并且从是否识别到对应的目标、识别到的目标的置信度两个方面确定，在实际中通过阈值进行筛选，置信度高于阈值的人脸将被丢弃。

对于在线人脸识别，它的识别步骤需要依赖百度人脸识别的 SDK 包，使用百度 SDK 中提供的 API 来实现采集人脸、人脸识别和更新人脸库三个功能。

首先，要申请一个百度智能云账号，并在个人信息页面创建一个人脸识别的应用程序。之后官方会创建一个专门提供该程序使用的人脸库，并且还会提供 AppID、APIKey 以及 SecretKey，后面调用 API 时会用到这些。其次，调用相应功能的 API 需要先创建一个 ApiFace 对象，使用这个对象来调用相应的功能。查看 ApiFace 这个类，发现里面存储了许多 URL，查看内部的相应功能函数的实现，它是用这些 URL 向云端请求调用相应的方法，最后返回结果。所以用这个对象调用 API 其实就是简化了调用方式，不再需要去找相对应的 URL。

（3）操作系统规划。

对于离线人脸识别，通常应用于数据量较少的情形，因此，本产品无建议的存储系统、文件系统的规划要求，包括磁盘规划、文件目录规划、用户权限设置等。

对于在线人脸识别，需要根据用户量的多寡严格规定存储系统、文件系统的规划要求，建议采用高配置的计算机系统。

（4）数据库规划。

对于离线人脸识别，本产品并非采用关系型数据库。只需要文件系统中可以保存足够多的图片，就可以支持大量的数据库图片。

对于在线人脸识别，人脸库由百度在云端保存。因此，无须规划数据库资源划分、空间规划、用户权限设置等。

3. 产品安装部署说明

（1）产品安装操作步骤。

无论是对于离线人脸识别，还是对于在线人脸识别，均无须特别的安装步骤。

对于离线人脸识别，操作步骤按照如下的过程：首先，收集人脸的数据存入本地的人脸库；其次，对数据集进行训练，得到数据模型；最后，对图像或视频中的人脸进行分析，识别出新的人脸图像是否存在于人脸库中。

对于在线人脸识别，如果做成 App，需要首先购买商业使用 API 的权限；其次，用摄像头采集人脸，将数据上传至百度云空间中；最后，进行人脸识别，查看人脸库中是否有人脸，如果是就返回人脸信息，否则判断是否需要存储当前人脸至云端的人脸库。

（2）产品初始化数据准备。

对于离线人脸识别，需要收集人脸的数据存入本地的人脸库。例如，对 40 个人进行图像采集，每人 10 张人脸图像，总共 400 张图像。

对于在线人脸识别，同样需要进行数据准备，将摄像头拍摄到的人像数据上传至百度云空间中。既可以手动一张张上传，也可以实现程序的自动上传。

（3）部署有效性验证步骤。

最后部署有效性验证的方法，可以通过摄像头对新采集到的人脸数据进行识别。如果存在于数据库中则通过验证，如果系统显示不存在，则需要查看是否真实的不存在。若出现了与预期不符的结果，需要重新进行测试，直至所有有效性验证都顺利通过。

第五章　人工智能应用集成产品运维

第二节　基于手册的人工智能产品运维

考核知识点及能力要求：
- 了解产品运维的基本概念；
- 了解基于手册的人工智能产品运维的一般方法。

产品运维是指使用包括制度、流程、文档等规范化的方法，对IT产品的硬件、软件和网络环境等进行综合管理的过程。运维可以分为运营和维护两个部分，人工智能的产品也需要良好的运营和有效的维护。下面介绍基于手册的人工智能产品运维。

一、产品运维的基本概念

运维工作是指综合利用各种运维支撑工具，提供确保系统正常、安全、高效、经济运行的服务。运维管理流程是为了支持运维工作的实现，以确定的方式执行或发生的一系列有规律的行为或活动。通常，参与运维工作的各级人员、运维人员根据管理权限和负责运维工作范围的不同，划分为不同的运维角色。在运维工作中，会使用对不同运维项进行监控的工具，包括网络基础设施监控工具、业务应用监控工具、机房监控工具、计算机桌面安全管理工具等。

产品运维是一项管理产品内容和用户的工作。人工智能的产品运维主要侧重于人工智能产品部署之后的运行保障和故障应对，提供售后服务，同时最大化产品的运营收益。具体主要包括：对人工智能应用产品交付之后发现的不良进行修正；对交付后产品的潜在的不良进行纠正及再发防止；对产品交付之后，因环境或者需求的变化而引起的产品变化的应对；产品交付后，保障其提供正常的服务，并对其运行状况及各种要求应对的服务工作进行监视；为提高软件以及服务品质，对运营的结果进行分析与评价，并反馈给软件开发团队，找出改善点。下面通过几个重要的阶段来介绍人工智能的产品运维的整个流程。

二、人工智能产品的运维准备

在人工智能产品正式上线之前，必须了解产品的特性，实施上线准备，适时建设客户资源。例如，需要关注产品的功能范围、录入的数据、业务流程的实现度、测试缺陷值的预警范围是否达标、产品实施上线的具体方案及措施、产品上线验收方案及报告、运营关键人员的产品操作培训等。这里，具体就实施准备期的上线实施准备、产品内训和客户资源池三个重要部分进行详细介绍。

（一）上线实施准备

所谓上线实施准备，即在产品运营前针对上线环境、产品初装的静态数据及内容的准备，以及对产品认识及操作流程规范的培训等。

在运营上线前夕，需要对产品工具、平台和软件系统等有所准备，包括平台及运营工具的初始化安装、配置及初始数据的录入等。具体而言，又分为如下几个步骤。

1. 实施计划

根据实施上线的特性，将实施周期主要分为项目启动筹备阶段、内测试运行及准备阶段、正式运行及验收阶段。

2. 实施组织

根据实施阶段及权责不同，分为监管决策、实施执行、运营维护等团队。

3. 实施部署

依据产品的特性，需要关注网络的架构、是否双网机房（电信、网通）、DB值班制、机房自带硬件物理防火墙及软件防火墙、备份采用双机映射热备机制、预警机制采用7×24小时不间断自带短信预警系统、远程维护采用远程VPN专线及硬件身份识别机制等。

4. 数据准备

数据准备主要分为内测试运行的模拟数据、正式上线的初始化数据两个准备阶段。试运行阶段的数据准备，模拟正式上线环境的初始化的少量关键数据。内测阶段关键流程模拟真实场景的演练操作与录入数据等；正式上线的数据准备，在清空原有内测的基础上，录入正式的管理员、运营等角色的权限，静态初始化的信息，集成接口的参数环境配置等。

5. 上线运行跟踪

分为内测试运行、正式上线运行。项目内测试运行阶段，从系统上线环境的搭建与配置开始，准备与录入基础的模拟正式上线的静态数据，到验证系统的业务流程完善性。该阶段主要目的为验证上线版本的业务流程、对业务流程中存在的问题的反馈与解决、对运营及维护人员进行实操的培训。项目正式上线运行阶段，从系统上线环境的搭建与准备、系统初始化配置、正式上线的初期静态数据的录入，到验证系统上线数据完善性及运维培训交付等。

（二）产品内训

在运营团队接手之前，需要对人工智能应用的平台或产品工具予以充分掌握与熟悉，才能让平台正常地运转。产品内训主要服务目标为运营期的内部关键用户，主要面向产品、实施、市场、培训专员、销售、售前、客服、运营、维护等。在制作产品内训文档时，除了要深入了解产品现状外，对产品的操作、运维及业务解决方案也要有所了解。

以人脸识别门禁系统的产品内训文档为例，在文档中，尽量将各部门在产品中的日常业务操作流程进行深入调研与探讨，并在经过多方会议评审定稿后，再加入到内训文档中。例如，在内训文档的评审会上，业务部门针对"人脸识别门禁系统在小微企业部署后的异常发生解决方案如何实现"，通过拜访内训的重要部门和岗位，充分调研小微企业中确实发生的故障典型案例。在产品内训文档的二次修订过程中，可以及时地在产品内训文档中补充增加案例场景和业务解决方案，更新和细化文档中的业务解决方案案例的内容。因此，充分地抓住每一次能够规范业务流程的机会，会让产品在未来的运转过程中更顺畅。

（三）客户资源池

根据产品的定位规划不同，在产品运营前及运营过程中要根据分阶段的核心目标受众，有序地建设客户资源池。客户资源池是指在产品上线前，针对产品的目标用户群所积累、搭建、转化的资源信息池，即通过一定手段能够展现或入驻、使用产品的客户群。客户资源通常可以分为上游客户和下游客户。上游客户即供应商，下游客户包括客户、用户、会员等。

在建设客户资源池时，要始终围绕用户和服务分类两个核心内容。

用户信息的构建可以采用人工收集数据或者程序爬取数据两种模式。人工收集的数据准确性和可靠性高，但效率低下；用技术爬取的数据相反，爬取的结果存在许多错误，需要人工筛选后保留其中的有效数据。在使用程序爬取数据的过程中，需要注意爬取是否符合规范，不能触及法律的红线。对于那些无法爬取到的数据，比如App类的原生内容，可以通过人工收集的方式获取。

服务分类的研究包括服务分类方案、服务分类数据、服务分类标签替换方案等，这些都需要根据运营结果持续优化。

三、人工智能产品运营

产品运营阶段是人工智能应用集成产品运维中最重要的组成部分之一，主要目的是结合现有资源，通过运营实现其产品的诉求。产品运营分为产品运营规划、产品运营方案和运营效果管控三个步骤。

（一）产品运营规划

产品运营规划是在产品及产品规划的基础上，结合现有资源、团队能力等进而推演的运营目标。在运营规划的过程中要使用到产品运营规划路线图，即结合预期的运营目标，推演分阶段的运营策略、所需资源与里程碑。

产品运营规划路线图偏重于如何设定产品运营目标及推演实现路径的手段。在推演时，首先要了解公司对于产品的中远期商业目标、现有公司资源池、近期急迫性的诉求、里程碑可承受周期及行业机会时间点等；其次在输出运营规划的过程中要结合竞品及业态参照、客观影响等因素。在撰写运营规划时，有些时候某章节需要单独汇报,有些时候某章节需要属于运营汇报材料的部分章节来提供。

路线图从立项到正式上线运营,经历立项、需求、研发、运营(第一轮内测、第二轮公测)、正式上线及迭代。在这个过程中要规划好每一步要做的工作,并及时地跟进和评估。

除了路线图之外,产品运营团队的建设也是非常关键的一步。它不仅是指如何筹备一个懂得运营产品的团队,更是善于因地制宜,根据团队资源池合理地、有效地推进产品的运营工作。

在产品运营不分家的事业部中,产品与运营的工作存在交集,而当产品与运营分为不同团队时,就存在交接及配合的事务,故在团队建设过程中,除需要考量运营人员的运营、市场等能力外,还需要对该产品有足够的领悟能力或者有类似产品的运营经验。

任何一款产品在第一轮的运营期,运营人员的需求量都会非常大,然而庞杂的队伍未必能带来很好的效果,甚至会带来产品人员的培训压力、运营团队的管理压力等。因此,最大限度地调度内外部人员的侵入式运营,是解决产品运营团队的关键方法之一。当一个运营人员不能理解产品,不能设身处地地站在用户的角度考虑问题、解决问题时,那么运营效果将不尽如人意。

(二)产品运营方案

作为一款人工智能应用产品的运营负责人,该用什么样的策略在最少的资源、最短的时间内产生最大的收益呢?

第一,非常关键的一点是运营点梳理。运营点梳理是指针对上线产品的可运营点进行梳理,分析、整合、推演是在该阶段最常用的词汇。在梳理过程中首先需要关注当前产品的形态,在充分了解产品特性的基础上,进行系统化的推演。运营人员从了解产品开始,到知道产品立项初衷,懂得如何进行产品运营数据的分析、把握产品的用户需求根本。接着了解市场、行业和用户,最后学会商业谋划与运作。

第二,要懂得运营点的获取。如果要在有限资源内获取更加有效的运营点,需要熟知商用产品周边的资源与工具。其中,运营分析工具是运营决策者的辅助分析工具,通过已有历史客观的市场运营数据及模型,推导与预测下一阶段服务于自有产品运营的有意义的信息。运营分析工具主要有三大类型。

（1）数据统计类分析工具。这类工具主要由能够掌握用户、社交、商务领域数据的较权威的分析平台提供，如百度统计、腾讯罗盘、京东罗盘等。

（2）趋势指数类分析工具。这类工具研究关键词搜索趋势、洞察网民兴趣和需求、监测舆情动向、定位受众特征。其主要由能够掌握互联网网名搜索指数的较权威的分析平台提供，如阿里指数、生意参谋、百度指数、友盟指数、360指数、搜索指数等。

（3）焦点数据类分析工具。该类分析工具研究网民对于热点、聚焦点、关注点的统计数据的辅助运营分析的信息。市面上提供该类数据的工具较多，且均面向具有相关垂直类应用的运营特性，如中国互联网数据平台、亿邦电商数据、新榜、百度搜索数据风云榜、流量研究院、易观方舟、易观千帆、中国网络视频指数、5118数据挖掘、微报告、数据魔方等。

第三，要掌握产品运营方案。运营方案主要是指针对不同属性产品的运营发起、策划并实施的，以提升产品的运营指标为目的的方案。

常见的有网站运营方案，是以提升网站用户关注度、参与度、黏性、消费等指标为目的的运作实施方案。以网站内容更新维护、网站服务器维护、网站流程优化、数据挖掘分析、用户研究管理、网站营销策划等来提升用户体验、留存用户，促进活跃与消费等运营指标的提升。

产品运营方案的出具与撰写，可以通过七个步骤来完成：陈述问题、分解问题、消除非关键问题、制订详细的工作计划、进行关键分析、综合结果并建立有结构的结论、整理一套有力度的文件。该步骤将琐碎的运营需求转化为核心的经过推演的能够在对比下带来最佳收益的方案。

产品的运营方案在撰写前需要对产品所涉及的市场、行业、竞品等有充分的调研，并在调研竞品运营策略的基础上，结合自身资源池的能力及特性进行完善与补充。

产品运营方案在撰写与应用过程中，会涉猎或借用的相关方案，包括产品运维方案、产品需求收集方案、行业通用的解决方案、实施应用的解决方案、产品迭代的运营方案、客户服务的对接方案。

（三）运营效果管控

对于运营效果管控，运营效果跟踪和运营数据统计是重要的两个措施。

运营效果跟踪是针对运营方案执行的过程或结果，进行评估前的必备工作，主要是指根据运营指标及管控要素梳理出主要的埋点项，供给后续跟踪与评估等。在进行运营效果跟踪前，首先要梳理出运营过程中的重点事务，并通过重点事务所依据的线上数据节点的重要性，梳理出跟踪元素。

运营数据统计是指根据产品运营所产生的数据进行统计与分析。具体表现形式一般特定为由研发、数据分析人员根据数据库、数据挖掘等技术提供的报表信息，或运营后台自带的分析统计报表功能。运营数据统计的信息，通常服务于制定或调优运营策略。

四、人工智能产品推广

产品推广对于人工智能集成应用的运营是非常重要的，产品推广的途径包括网络、媒介、渠道等。网络推广需要借助于一定的网络工具和资源，网络推广方法其实是对某种网站推广手段和工具的合理利用，利用信息发布推广、搜索引擎推广、电子邮件推广、资源合作推广等方法。媒介推广指某产品借助纸媒体、广播、电视、广告牌等方式的推广。渠道推广则是利用固有的渠道，如应用商城、地面推广等方式推广。

（一）产品宣传资料

产品宣传资料具有多种形式，可以让用户快速地了解产品。

例如，产品白皮书一般是对外宣传推广产品时，官方的产品介绍文档。产品白皮书的发布渠道，一般为产品官网、正版光盘、宣传的白皮书手册等。产品白皮书的撰写，建议尽量应用官方话术，用严谨的语言阐述产品的现状，切忌浮夸与虚构部分功能的用途，应该尽量以稳定性、易用性、亮点、能够解决用户痛点的功能为宣传重点。

在撰写过程中关注的要素，包括企业介绍（企业简介、主要资质、获得荣誉、专业团队）、产品概述（产品概念、产品背景、市场机会、行业发展及竞品、市场需求、政策要求、企业需求、用户需求）、产品介绍（设计思路、平台架构、技术架构、应用架构、数据架构、标准规范、基础数据管理、功能详解）、平台价值（优势、平台承载的资源池说明、行业应用、标杆客户企业)、目标用户(现状、潜在、典型应用案例)等。

(二)产品推广宣传

1. 产品推广方式

产品推广方式依据面对用户的不同,可以分为线上推广和线下推广。

线上推广,以做展示广告为主,核心是将产品广而告知给更多的目标用户。例如,线上曝光,许多企业花费几亿元在春晚广告时间段投放广告、在腾讯新闻上购买首页广告位等。通过点击付费广告(PPC)搜索引擎的付费竞价排名推广广告,或者通过搜索引擎优化(SEO)对搜索引擎搜索结果进行自然排名的优化等。

线下推广则主要推进产品品牌宣传、协同友商宣传、线下活动营销与产品宣传、电话和实地拜访等营销手段,可以有效地形成与线上推广的营销闭环。还可以利用其他一些重大产品的发布方式。

2. 产品发布会

如果预算充足,可以采用产品发布会的方式进行品牌宣传。产品发布会一般为产品的新版本或重大版本的发布而举行,举办目的是将当前产品通过自主筹备,商业合作,其他峰会、沙龙、分享会等方式聚集在客户群、商家单位、媒体、协会及组织的听众群前,以上台演讲、演示的方式宣传、讲解自有的产品,起到粉丝营销、广告告知的效果。例如,iPhone 和小米手机每年通过举办新产品发布会吸引用户的眼球,形成很大的舆论风向,对销售效果有推波助澜的作用。小米的发布会是伴随着粉丝积累与饥饿营销共同成长起来的。每次发布会,小米产品运营与公关团队背后在推进,利用狂热的现场"米粉"的互动效果,利用媒介影响更多的受众。在小米产品发布会后各大主流媒介的持续报道 + 小米官网的饥饿营销的持续发酵,养成那些年的"米粉"们的购买习惯。

对于一场发布会,需要有演讲准备和会务准备。对于演讲准备,在撰写产品发布会 PPT 时,要清楚台下可能面向的主题观众群。演讲中除讲解产品亮点外,不要冗余、长篇累赘。自有产品的讲解,需要能引导观众群共同去感知产品;同时在产品发布会上演讲时,需要适时地脱稿,形成与观众的有效互动。对于会务准备,交给专业的人,但是要了解关键时间点与排练、预案等。

3. 产品说明书

产品说明书又称产品使用手册、产品帮助说明等，在面对不同用户、不同环境时其内容与用途也不同。产品说明书在撰写过程中，需要根据服务的受众不同，有区别地进行撰写。如果是面向最终用户的参考产品说明书，需要以通俗的语言，描述产品的主要用途、相关功能、操作与使用方法等。

例如，在某语音产品中为给用户提供简洁、易操作的用户体验，在产品的功能取舍中抛弃了大量干扰用户选择的按钮区，同时原有的帮助按钮也将舍去。不过在衡量用户需求时，考虑到用户在使用过程中产品帮助必不可少、操作又得简洁，便在语音vol 关键命令词中选择了 N 个关联词（帮助、使用说明、怎么操作等），通过关键词的输入引导程序以动画索引及语音讲解的方式，来展现原有的产品说明书。

五、用户反馈

用户反馈是产品与运营人员获取产品、运营改进点最常用的方式。产品与运营人员只有更了解自己平台的用户，才能更好地做出产品迭代与运营决策工作。

（一）用户反馈机制

用户反馈机制是为用户服务的互联网、软件等行业获取最终真实用户需求的常用机制之一。用户反馈收集包括用户反馈收集机制的规范、要求、反馈渠道建设等。建立良好的用户反馈收集渠道，并采用合适机制进行管理，是用户需求收集的核心必要条件。

用户一般分为内部用户和外部用户。内部用户又根据角色、运营平台、分工不同分为产品人员、实施人员、售前、市场、运营及客服等。外部用户根据产品平台属性的不同，如双线平台分为上游供应商用户、下游客户等。针对供应商用户一般采用点对点及时调研、访谈的收集方式，而针对下游客户因为受众面较广，会采用调研问卷、设立反馈入口、论坛、关键用户调研、电话回访等一系列手段来收集信息。建立统一的系统或工具，对于采集、收集、整理的反馈进行分类归纳，打上标签供后续处理。

（二）用户反馈处理

用户反馈处理主要是通过用户反馈收集的信息，通过运营人员有序地筛选供给测试缺陷、回归测试与关闭问题，供给产品人员不断迭代与优化完善产品。

用户反馈的问题中存在部分的软件及系统缺陷，一般情形下由熟悉产品的运营人员筛选出缺陷的特性，打上缺陷标记，通过反馈问题处理系统流转到测试团队进行复测。在分析用户反馈的问题是否为缺陷时，一般由测试、研发、运营三方团队出具标准共识性的参照文档，并将无法清晰界定的问题投递到三方共审的快捷通道中处理。

用户反馈的问题中存在部分的软件及系统的应用新需求及优化建议，一般情况下由熟悉产品的运营人员筛选出优化建议与新需求，打上优化建议的标记，通过反馈问题处理系统流转到产品团队进行复核，并跟进回复意见。任何一款产品，在诞生之后，最会使用、最懂它的往往是忠实用户，如魔兽争霸前 10 名里有暴雪的研发与产品人员入围。所以收集用户对于产品的更迭、优化建议，对于一款产品的成长是十分必要的。

六、数据收集与分析

系统在运营和维护期间，要规定数据信息的收集制度，定时抽取与维护品质及改善相关的数据。数据的抽取是品质管理工作的一个环节。对数据进行分析评价，并做出改善方案。

（一）运行稼动分析

运行稼动状况分析，主要工作是对系统"健康"状况及维护情况的把握，并对发现的问题点进行反馈。系统地"监护"信息记录，可以为后期系统运营提供参考，为下次系统升级开发提供建议。

（二）再发防止对策

对同一原因引起的故障（二次出现）及对客户的各种调查应对等，需要制定必要的再发防止对策。故障应对完毕并不是事情的结束，还要认真讨论其是否会再发，是否需要防止再发，再发防止讨论是否彻底。

潜在的不良及容易引起的故障预测，都是再发防止的对象。另外，流程改善就是找出开发团队自身的弱点并实施改善对策，这是流程改善的核心。在实践中，定期举行再发防止检讨会、实施"为什么—为什么"分析，可以比较有效地防止再发事件。

第三节　运维日志和运维文档撰写

考核知识点及能力要求：
- 了解运维日志记录的一般规范；
- 了解运维文档撰写的流程和方法。

随着人工智能技术的不断升温，许多企业的产品类别不断增加，运维工作也变得更加复杂，当前已成为企业产品诸环节中的一大关键点。如果一个企业的产品运维无法顺利开展，那么必将影响整个公司的业务流程和产品未来的发展。在整个产品运维的过程当中，运维日志和运维文档撰写又是人工智能集成产品运维中非常关键的一环。

一、运维日志和运维文档的基础

日志是用于保存系统事件信息和操作信息的管理对象，是了解程序运行轨迹的重要手段。运维日志则是在运营和维护阶段产生的日志信息，它按照使用基本场景划分为操作日志、运行日志、安全日志、调试日志等类别。

操作日志是记录系统管理员、操作维护员、系统监控人员等设备操作维护人员下发或通过设置相关的自动化任务下发的命令，通常是非安全类命令。运行日志记录系统的运行状况或执行流程中的一些关键信息。安全日志记录系统管理员、操作维护员、系统监控员等系统用户的登录、注销和鉴权，增加、删除用户，用户的锁定和解锁，角色权限变更，系统相关安全配置（如安全日志内容配置）变更等活动。调试日志则是记录调试级别的相关信息，一般用于跟踪运行路径，如记录函数的进入和退出等，大部分为代码级的信息输出，调试日志用于产品研发人员定位复杂的问题。日志记录的事件信息用于有效支撑后续的故障定界定位，亚健康检测等维护活动；日志数据还可用于挖掘、聚类等智能分析活动；为方便后续统一处理，对日志内容格式、存储等制定格式规范。

日志对于产品的运维来说至关重要，日常运维在排查问题时首先要从日志着手。例如，当产品遇到外部攻击或发生异常状况时，首先应该想到运维日志的分析。假设日志被删除，那么产品的故障基本上难以有效和快速地解决。对于重要的产品，通常最好要有独立的日志服务器系统，这样当遇到攻击时，能够保证日志记录不被删除，方便运维人员快速地定位问题的原因和及时有效地解决发生的问题。

文档是为了便于了解程序或软件运行流程所需的阐明性资料。产品运维文档是产品在使用和维护过程中的必备资料，它能够提高产品的运维效率，保证产品的质量。产品运维文档在产品使用和维护过程中有指导、帮助和解惑的作用，是不可或缺的资料。

由于在产品的运维管理实践中充满大量的重复性事情，甚至是批量级别的运维任务，因此，需要通过标准化产品运维来改善这一情况。通过标准化运维文档的撰写，可以归纳和总结运维的最佳实践，从而实现统一的规范和保证产品运维管理的顺利进行，解决运维杂乱的问题，提高产品运维团队工作效率。

每名运维人员在写标准化的运维文档时都是从自身的角度出发，在日常的工作协同中，很难让所有人都认同他自身的处理方式，标准化就会形同虚设。因此，运维团队需要从大家的实践经验中整理标准，到每个人手里去寻找最佳实践，汇集整理起来，让每一个人都参与其中，这样做才能让所有人员都容易接受。在运维文档撰写之初，建议把标准化的组织方式写入进去，对全文进行约束，由专人审核评估，这样标准化运维文档就能在团队中协同来编写，使得运维体系修订得更加完善。即便日后团队中的人员更替一新，若有规范的标准化文档保留下来，也能够保障运维工作的继续进行。

二、运维日志和运维文档撰写的案例

（一）运维日志的案例

运维日志有多种类型，下面就运行日志和服务日志的案例来探讨运维日志的记录情况。

运行日志可用于诊断产品运行现场的问题，通常比使用调试器更快，对于分布式计算环境中调试困难的情形，运行日志可以有效地解决。运行日志的规范展示如下。

1. 时间

日志发生时间格式要严格遵守软件本地化规范。例如，华为公司的规范为网元本地时间 + 与 UTC 的时间偏移 + 夏令时标记（可选），如：2021-09-15 19：11：31+05：30 或 2021-09-15 19：11：31.011+05：30。

2. 级别

通常可在配置文件中分配优先级，有 CRITICAL（紧急）、ERROR（错误）、WARN（警告）、INFO（信息）、DEBUG（调试）五个级别。

3. 源

如设备的名称或设备的 IP 地址等唯一标识设备的信息。本字段条件可选，如果在日志名称中未包含此信息，则需要在日志中包含此字段。

4. 服务 / 模

创建该日志记录的服务名称或模块名称。

5. 运行信息

记录系统运行中所发生的相关事件和信息。

6. 附加信息

附加信息是对上述运行信息的补充，如错误码，如果没有可不填。附加信息需按照 key=value 格式记录。

7. 日志点

系统中需要打印输出日志的位置；日志点设计中首先需要明确日志点设置的原则，一般对系统、业务逻辑有重要影响的地方都需要考虑日志点打印。日志点包括但不限于：任务、线程等启动、关闭处；操作入口处和设置预置条件处；状态设置、状态迁移处；消息收发、编解码处；资源创建、存取、释放、大小改变、并发处理（如临界点）等处；业务相关资源统计处等；接口调用、函数调用等所有调用入口或出口处。

服务一般情况下运行在后台，没有界面，很难观察到服务的状态。因此，对于服务运维，日志变成了一个非常重要的工具。通过服务日志，可以了解服务的运行状态，如服务是否正常运行，服务处理了哪些请求，哪些请求被正确地处理，哪些请求处理出现了错误等。尽管通过 Linux 命令，如 top、ps、netstat 获取到服务的状态，如服务进程是否存在，服务端口是否打开，但是，通过 Linux 命令获取到的这些信息都是很表面的，无法达到运维的目的。服务日志不应该仅仅包含服务的启动、停止等信息，还应该包含如下一些信息。

1. 基本信息

基本信息指每条日志都应该包含的内容。首先，时间必不可少；其次，级别也非常重要，一般情况下，级别分为调试、运行、警告、错误、致命错误五个等级，这些信息可以用来快速过滤日志；最后，模块信息也应该包含在内，即这条日志来自哪个源文件或者哪个函数，这些信息有助于快速过滤日志和定位问题。

2. 启动信息

启动信息首先应该包含版本信息，这有助于判断当前运行服务版本是否为目标版本；其次，模块加载信息也是十分必要的，模块加载信息应该包含模块版本、路径、参数等，这对于排查请求处理失败的原因是很重要的。

3. 退出信息

退出信息有助于排查服务是正常退出，还是异常退出，或者是被杀（kill）掉。

4. 请求处理信息

请求处理信息首先应该包含请求处理参数，这对于处理失败原因的排查非常重要；其次应该记录请求的处理时间，如果做得更精细，可以记录每一步的处理时间，这对于服务性能优化很重要；最重要的一点，一定要记录请求处理的失败原因，以便排查错误。请求处理无论失败与否，都应该有一条日志，以方便错误率的计算。请求日志还应该注意不要重复，否则，统计结果是不准确的。

除了包含以上的一些信息外，服务日志还应该注意如下几个问题。

（1）格式化：格式化的日志方便后期处理及问题排查。

（2）敏感信息：用户信息、数据库用户名、密码等信息一定要经过处理，再写入日志。

（3）周期清理：互联网服务的请求量非常大，每秒查询率（QPS）经常上万，日志1个小时就能达到几个吉字节（GB），因此一定要周期性地清理日志，否则磁盘会被写爆，造成服务瘫痪。

（4）监控：为了更好地把日志利用起来，可以周期性地对日志进行统计，如 QPS、错误率、响应时间等信息，以更好地监控服务器的运行状态。

（二）运维文档的案例

对于运维文档而言，需要遵循一定的文档撰写规范。例如，数据尽量准确，配设必要的流程图或拓扑图、表格等辅助性说明。同时，需要专人周期性地增删修改，保证文档的及时可用性。运维文档的格式要规范，条理清晰，描述通俗易懂等。下面给出一个人脸识别系统的运维文档案例。

1. 系统总体概况

在人脸识别系统的运营支撑环境中，服务器均采用 Windows 10 操作系统，数据库版本为 MySQL8。随着业务的开展，MySQL 数据库中存储的数据量不断增大，操作系统和数据库的日常维护变得十分重要。

本文档详细描述了程序模块、Windows 10 操作系统、负载平衡及 MySQL 数据库等日常检查的主要步骤，指导现场工程师对其进行监控和维护。本文档的使用者为人脸识别系统的运营支撑维护工程师。

2. 服务器及数据库概述

服务器 2 台，基本信息应该包括服务器、机器型号、操作系统、安装的模块、主机名、IP 地址。人脸识别系统主程序安装在主服务器上；数据库采用 MySQL 数据库，数据库软件和管理工具安装在主服务器上。

3. 系统服务程序的详细说明

（1）系统服务程序的构成。

DHCP 主程序：所在服务器为主服务器，IP 地址为 192.168.50.110。程序名称为

Dhcpd,所在目录为 /opt/dpcp。

DHCP 从程序:所在服务器为从服务器,IP 地址为 192.168.50.111。程序名称为 Dhcpd,所在目录为 /opt/dpcp。

(2)系统服务程序的启动、关闭及维护管理。

DHCP 主服务说明:DHCP 主程序为 Dhcpd,主程序的配置文件为 /etc/dhcpd.conf,租约数据库为 /var/state/dhcp/dhcpd.leases。

DHCP 主服务的启动方法:先输入 cd/opt/dpcp,再输入 ./dhcpd 即可。首先确认数据库服务正常,数据库监听正常。当 DHCP 启动时,会启动 1 个进程。正常情况下,DHCP 启动的进程数为 1 个。

DHCP 主服务的关闭方法:输入 kill pid。pid 为进程号,可使用进程查看获得进程号,如 |-dhcp(1372),则进程 id 为 1372。通过 kill 1372 就可关闭 dhcp。进程查看方法为输入 pstree –p | grep dhcp,输出结果为 |-dhcp(1372)。

DHCP 从服务的说明、启动、关闭方法与 DHCP 主服务类似。

Web 管理模块中主要目录说明:/opt/apache-2.0.52 为 Apache 模块所在目录,/opt/renlian 为 Web 程序存储目录。

Web 管理模块中各程序说明:命令所在目录为 /opt/apache/bin。主要命令有 Apachectl(Apache HTTP 服务器控制接口)、httpd(Apache 超文本传输协议服务器)、ab(Apache HTTP 服务器性能测试工具)、apxs(Apache 功能扩展工具)、dbmmanage(建立和更新 DBM 形式的基本认证文件)、htdigest(建立和更新摘要认证文件)、htpasswd(建立和更新基本认证文件)、logresolve(将 Apache 日志文件中的 IP 地址解析为主机名)、rotatelogs(滚动 Apache 日志而无须终止服务器)。

Web 站点启动、关闭及进程查看方法:首先进入命令所在目录 /opt/apache/bin,启动 httpd 的命令为 ./apachectl start,启动 httpd 并加载 SSL 服务的命令为 ./apachectl startssl,关闭 Apache 的命令为 ./apachectl stop,查看 apache 的状态命令为 ./apachectl status。

Web 日志说明:/opt/apache/logs 为日志存放的目录;/opt/apache/logs/access_log 为所有访问网站的日志;/opt/apache/logs/error_log 为错误信息日志;/opt/apache/logs/httpd.pid

为主进程的 pid 号；/opt/apache/logs/ssl_engine_log 为 ssl 引擎日志，即 ssl 的运行日志，可以通过查看此日志了解运行状态及错误；/opt/apache/logs/ssl_request_log 为 ssl 请求日志，即是哪个 ip 使用 https ssl 协议登录 Web 站点，请求的时间、内容、访问的页面等。

日常维护分为业务维护和系统维护。业务维护是利用系统管理员的身份，查看操作日志。系统维护则是定期查看系统日志、Apache 日志等，查看是否有运行错误，并定期备份日志。

4. 服务器硬件维护

服务器的硬件维护需要每周进行，查看机器是否有报警灯亮起，适时了解机器的负载情况，定期机器除尘。该部分的文档应记录检查时间、检查人、情况说明等。如遇到软件使用卡顿，CPU、内存、硬盘资源过紧，可以适当考虑在条件允许的情况下增加扩大硬件投入，或另购服务器缓解服务器资源压力。如果需要除尘和维修，应由专业人士操作，同时记录维护的详细情况。

5. 操作系统的日常维护

对于 Windows 操作系统而言，需要定期地检查磁盘空间，可以使用系统提供的"磁盘碎片整理"和"磁盘扫描程序"来对磁盘文件进行优化。另外，使用"磁盘清理工具"对磁盘中的无用文件进行扫描和清理。通过这些工具，可以非常安全地删除系统各路径下存放的临时文件、无用文件、备份文件等，完全释放磁盘的空间。

Windows 还需要维护系统的注册表。Windows 的注册表是控制系统启动、运行的最底层设置，其文件为安装路径下的 system.dat 和 user.dat。这两个文件具有隐含和系统属性，普通用户无法修改。由于在安装和卸载应用程序时，在系统注册表中的设置不能彻底地删除，久而久之会导致注册表变得非常庞大，严重地影响系统的速度。运维人员可以使用专门工具对 Windows 注册表进行除错、压缩和优化等。当然，定期地备份系统注册表也是维护和恢复系统的一种简单和有效的方法。通过对 system.dat 和 user.dat 两个文件进行备份，使用 regedit 的导出功能将这两个文件复制到备份文件路径下。当系统出错时再将备份文件导入到 Windows 对应路径下，覆盖源文件即可恢复系统。

最后，可以清除 system 路径下的无用 dll 文件。安装应用程序时，通常会在 Windows 安装路径下的 system 文件夹中复制一些 dll 文件，而删除程序时会留下一些 dll 文件不被清除。随着这些残留 dll 文件越积越多，将最终影响整个操作系统的运行效率。针对这一问题，运维人员可以下载一些清除 dll 文件的自动化工具，通过工具的使用可以安全和批量地删除这些无用的 dll 文件，而不会导致手动删除时可能带来的一些系统应用错误。

6. 备份策略

为了保证系统数据库的高安全性，运维人员需要采用物理备份和逻辑备份相结合的数据库备份方式，设置数据库归档模式为自动归档模式。这样当数据库出现故障时，可以利用备份文件与归档方法相结合，恢复数据库的状态。

数据库的备份可以采用自动备份脚本来实现，通常每天进行一次热备份及逻辑备份，每周进行一次冷备份，所备份的数据文件存储于磁阵上的硬盘或单独的外接硬盘。

当故障发生时，可以首先使用日志排除故障。例如，如果服务器系统意外发生故障导致关闭，数据库系统还未能把缓存中修改后的数据及时地写入硬盘。这时，如果事务日志正常可用，等到重新启动时，系统会对每个数据库执行恢复操作，前滚到日志中记录的、可能尚未写入数据文件的每个修改。在事务日志中找到的每个未完成的事务都将回滚，以确保数据库中数据的完整性。因此，当数据库服务器发生意外故障时，运维人员最好确认一下事务日志是否可用。如果事务日志已经损坏，就需要先恢复事务日志再重新启动数据库实例，否则数据库实例在重启时将不能正常恢复。

有时候为了保证数据库的安全性，可以在主服务器之外再部署一台数据库服务器，当主服务器出现故障不可用时，可以立即启动备用的服务器。这个过程中需要保证主服务器与备用服务器之间的数据同步，而这个同步可以使用事务日志的复制来实现，一台备用服务器通常可以包含多台不同服务器中数据库的备份副本。此外，也可以通过数据库镜像的方法来解决主服务器和备用服务器之间的数据同步问题。主服务器的每次更新和每个日志记录都立即发送到镜像服务器中，当故障发生时，备用服务器可以马上顶替出现故障的主服务器，从而实现数据库的高可靠性。

7. 数据库的日常维护

数据库的日常维护首先需要检查数据库的基本情况，包括进程、日志和数据库文件。MySQL 数据库主要有错误日志、查询日志、二进制日志、慢查询日志、中继日志五种日志文件。运维人员日常需要定期检查数据库的日志文件，且根据需要查看不同类型的日志。

当数据库运行了一段时间后，由于不断地在表空间上创建和删除对象，会在表空间上产生大量的碎片。运维工作人员应该及时了解表空间的碎片情况和数据库可用空间情况，以决定是否要对碎片进行整理或为表空间增加数据文件。

思考题

1. 简述人工智能产品部署的相关技术。
2. 除了教材中提到的案例外，请列举几个与人工智能产品部署相关的其他案例。
3. 什么是产品运维？基于手册的人工智能产品运维包括哪几个步骤？
4. 请简要说明运维日志记录的规范有哪些。
5. 运维文档的撰写需要包括哪几个方面的内容？

第六章
人工智能应用集成产品认知实操

　　人工智能是研究、开发用于模拟、延伸和扩展人的智能理论、方法、技术及应用系统的一门新的技术科学，其主旨是研究和开发智能实体。相对技术层面其更着重于产品体验或经济效益角度，应用集成是直接面向企业和面向消费者，故实操能力是应用集成的关键，这就要求不仅限于对人工智能技术如模式识别、机器学习、数据挖掘和智能算法的学习，更应能够具有人工智能应用集成产品的实操经验及能力。而目前人工智能技术发展迅猛，理论方法繁多复杂，难以入门学习，并且也很难从中进行针对性的应用操作，因此须寻找一个基础人工智能应用集成实操平台，专注于人员实操经验及操作能力的提升。

　　本章内容基于通用云平台，提供了人工智能应用集成认知实操环境，并且针对教材第一章至第四章所涉及的算法需求、设计及接口开发内容都有相关的线上实操流程，真正实现算法学习和认知实操贯穿的教材架构，这种沉浸式学习环境是人工智能应用集成入门的最快捷方法，也将是本教材的特色。

- **职业功能：** 人工智能应用集成技术运用。
- **工作内容：** 人工智能应用集成需求、开发、设计和交付等认知实操。
- **专业能力要求：** 人工智能应用集成需求、开发、设计和交付等基本技能和专业技能掌握和专业经验获取。

- **相关知识要求：**人工智能应用集成需求、开发、设计和交付等基础知识和专业知识。

第一节 人工智能开源工具

考核知识点及能力要求：

- 能独立搭建人工智能应用环境并调试代码；
- 熟悉人工智能主流框架；
- 熟悉人工智能算法的原理与主要构成部分及其意义；
- 掌握至少一种人工智算法的开发工具并独立调试代码。

一、开发语言，实现平台和实验环境

语言：Python。

深度学习框架：PyTorch。

所需要的包：matplotlib，sklearn。

（一）深度学习框架简介与对比

在深度学习初期，人们往往把深度学习比喻为"炼丹术"，那么深度学习框架可以形象地理解为"炼丹炉"，深度学习的实现，离不开高效的深度学习框架。常用的深度学习框架主要有 PyTorch、TensorFlow 和 PaddlePaddle（百度飞桨）。

1. PyTorch 框架

Torch 是一个经典的对多维矩阵数据进行操作的张量库，支持 GPU 运算，支持 Lua 语言，底层为 C/CUDA。而 PyTorch 可以理解为 Torch 的 Python 版本，由 Facebook 人工智能研究院（FAIR）开发，是一个以 Python 优先的深度学习框架，不仅能够实现强大的 GPU 加速，而且支持动态神经网络。

PyTorch 主要具有以下优点：

（1）简洁易懂，符合 Unix/Python 哲学，保持简单的、傻瓜式的操作。其设计理念是用最少的封装，尽量避免冗余性，源码仅有 TensorFlow 的十分之一。

（2）快速高效，底层的设计语言为 C/CUDA，执行效率非常高，相同的算法速度表现胜过 TensorFlow 和 Keras。

（3）易用，API 设计灵活易用，优先支持 Python 和动态图计算。

（4）活跃的社区，完善的文档，循序渐进的指南，作者亲自维护的论坛，Facebook 人工智能研究的支持，持续开发更新，增长最快的用户和开发者。

2. TensorFlow 框架

TensorFlow 是一个数据流图式的数值计算库，由 Google Brain 开发，适合各种场景。借助 TensorFlow，可以在桌面、移动、网络和云端环境下创建机器学习模型。

TensorFlow 的优势如下：

（1）适应范围广，可以适应多种编程语言（Python/JavaScript/C++/Java/Go/C#/Julia）和各种计算环境（大规模集群计算，移动端计算，如 Android/iOS）。

（2）可视化，自带 Tensorboardk 可视化工具，能够让用户实时监控观察训练过程。

（3）活跃的社区，拥有大量的开发者，有详细的说明文档，可查询资料多，Google Brain 团队的支持，持续的开发更新。

3. 百度飞桨

飞桨以百度多年的深度学习技术研究和业务应用为基础，集深度学习核心训练和推理框架、基础模型库、端到端开发套件以及丰富的工具组件于一体，2016 年正式开源，是中国首个自主研发、功能完备、开源开放的产业级深度学习平台。

飞桨在业内率先实现了动静统一的框架设计，兼顾科研和产业需求，具备开发便捷的深度学习框架、超大规模深度学习模型训练、多端多平台部署的高性能推理引擎、产业级开源模型库四大领先技术。在硬件方面，飞桨与芯片厂商深度优化，适配芯片或 IP 达到 31 种，对国产硬件的支持处于业界领先地位，持续打造软硬一体的 AI 技术底座。

4. 框架对比

对比 PyTorch 和 TensorFlow 可以发现：

（1）从发展的角度来看，两者功能上越来越接近，互相借鉴和竞争。PyTorch 新增了 C++ 和 Java 接口，可以实现部署；TensorFlow 集成了 Kears，增加了动态图功能。

（2）在各自领域，PyTorch 在研究领域占有绝对优势，TensorFlow 在产业界凭借先发优势依然保持较大的占有率。

由此得出以下结论：PyTorch 简洁易用，上手容易，发展速度快，适合于入门和研究；TensorFlow 功能齐全，代码和用户基础量庞大。由于 PyTorch 在研究领域占有绝对优势且增长迅猛，本书的深度学习模型搭建都将采用 PyTorch 实现。

但也必须注意到，当前国际局势复杂，使用国产自主可控的深度学习开源框架正在逐渐成为共识，因此，在此特别推荐百度飞桨平台。

（二）实验平台搭建

本实验的实现平台可选择个人 PC、服务器和研发云平台，其中个人 PC 和服务器的硬件参数推荐见表 6-1。若使用个人 PC，CPU 可使用 AMD 锐龙 2600X 及以上，或同等性能的 Inter CPU 及以上，内存 16 GB，GPU 必须为英伟达显卡，RTX1660 以上，存储 1 TB 以上。若使用服务器，CPU 建议 Inter 至强系列，内存 64 GB 以上，GPU 采用 Tesla 系列，P100 及以上，存储 20 TB 以上。若采用研发云作为实现平台，可采用云桌面或高性能计算服务模式，申请硬件参数推荐表中对应的配置，在云端完成实验。

表 6-1　　　　　　　　　　　硬件参数推荐表

类型	CPU	内存	GPU	存储
个人 PC	AMD/Inter	16 GB	RTX1660 以上	1 TB 以上
服务器	至强系列	64 GB 以上	Tesla 系列	20 TB 以上

框架安装流程如图 6-1 所示。首先，装显卡驱动以及对应的 CUDA、CUDNN；其次，安装 Python 或 Anaconda；最后，通过 pip 命令或者 conda 命令安装深度学习框架。以 CentOS 系统为例，具体的安装步骤如下。

图 6-1　深度学习框架安装流程

1. 显卡驱动安装

确定显卡硬件型号、电脑操作系统；登录英伟达官网（https：//www.nvidia.cn/Download/index.aspx?lang=cn）下载相应的显卡驱动，按照提示安装显卡驱动（见图 6-2）。

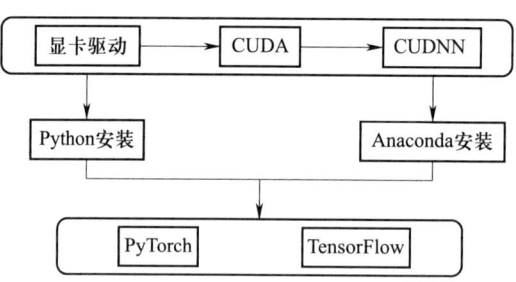

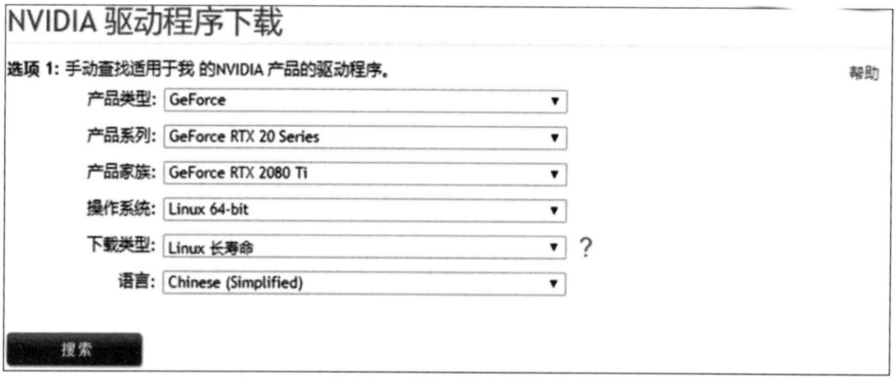

图 6-2　显卡驱动安装

2. CUDA 安装

进入英伟达官网（https：//developer.nvidia.com/cuda-downloads），根据系统版本选择，将给出的命令行复制到 CentOS 系统内执行（见图 6-3）。

3. CUDNN 安装

在英伟达官网（https：//developer.nvidia.com/rdp/cudnn-download）下载 CUDNN（需

要注册账号），需要下载一个压缩包、三个 .rpm 文件共四个文件。压缩包改后缀为 .tgz，解压，解压命令为'tar‑xzvf；拷贝 .h 和 libs 文件到 cuda 安装目录，并给予执行权限，常用命令'cp'、'chmod a+r'；安装剩下的三个包，依次为 Runtine、Developer、Code sample。最后，根据测试图中给出的命令，分别测试 CUDA 和 CUDNN，若显示 RESULT=PASS 和 Test Passed！即为安装完成。如图 6–4 至图 6–6 所示。

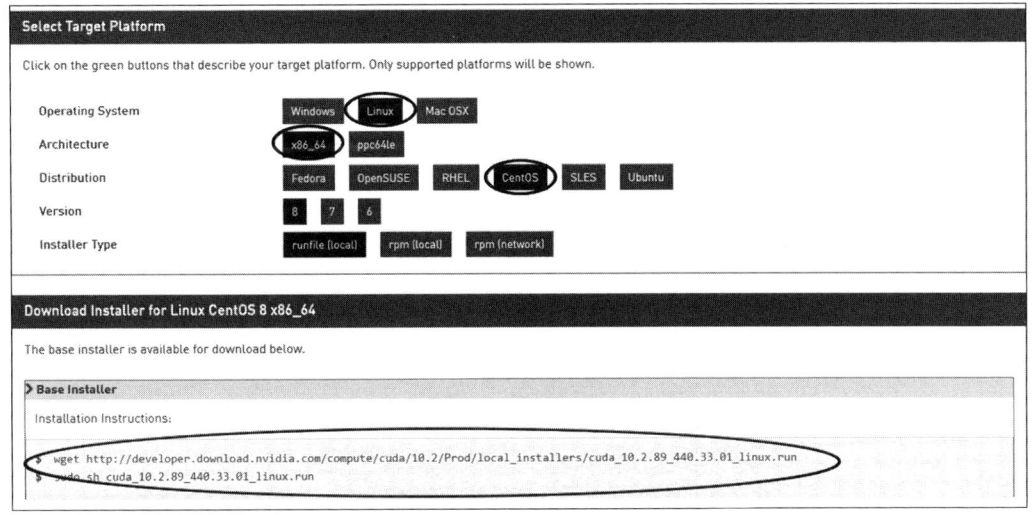

图 6–3　CUDA 安装

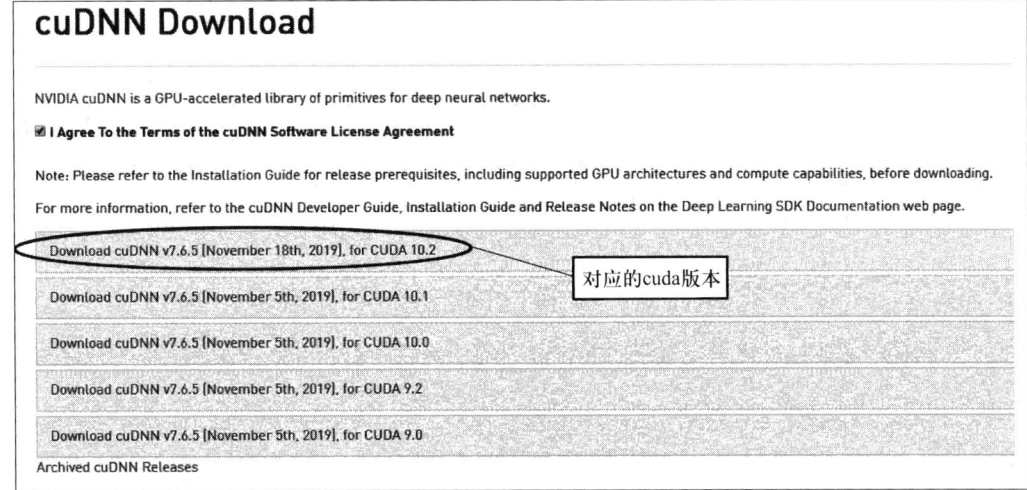

图 6–4　CUDNN 下载 –1

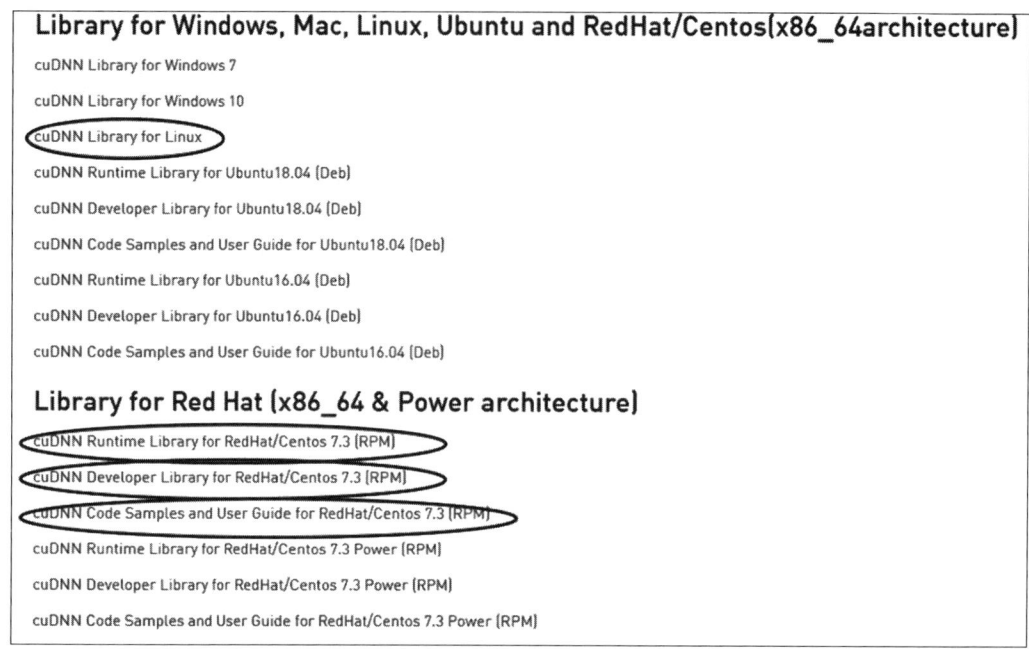

图 6-5　CUDNN 下载 -2

图 6-6　测试图

4. PyTorch 安装

第一种方法可以先安装 Python，然后通过 pip 安装 PyTorch。首先登录 Python 官网（https：//www.python.org/downloads/），下载并运行安装文件，建议安装较低版本，如 3.7；然后登录 PyTorch 官网（https：//pytorch.org/get-started/locally/），根据系统版本和 CUDA 版本进行选择，运行命令行即可安装。如图 6-7 和图 6-8 所示。

第二种方法为通过 Anaconda 安装，首先登录 Anaconda 官网（https：//www.anaconda.com/distribution/），根据系统选择对应的 Python 版本后执行文件；然后登录 PyTorch 官网（https：//pytorch.org/get-started/locally/），根据系统版本和 CUDA 版本进行选择，运

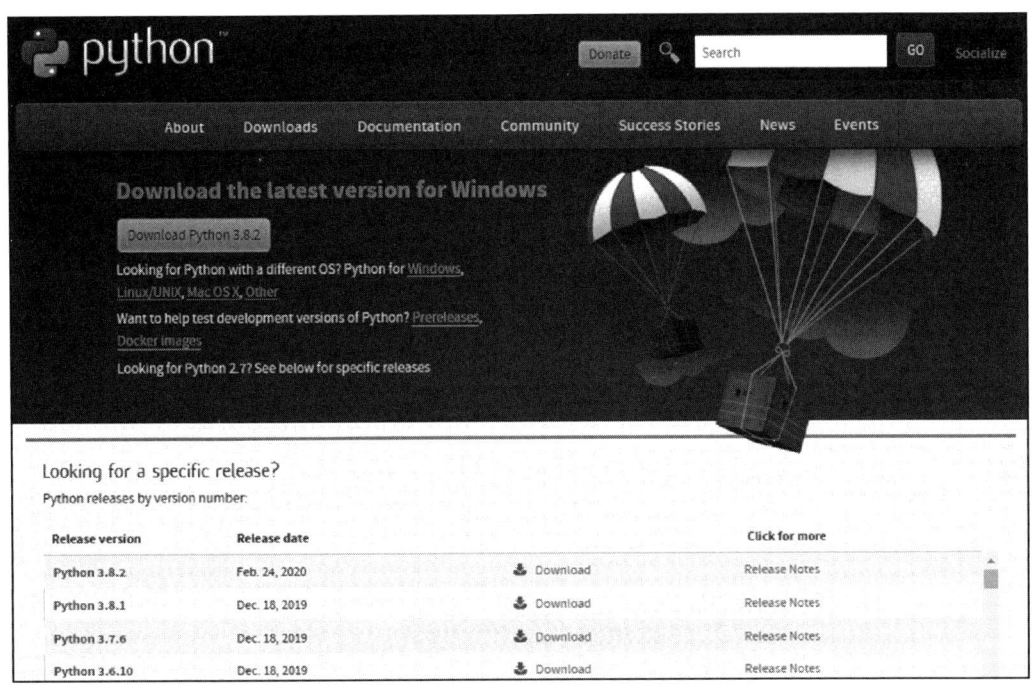

图 6-7　Python 安装

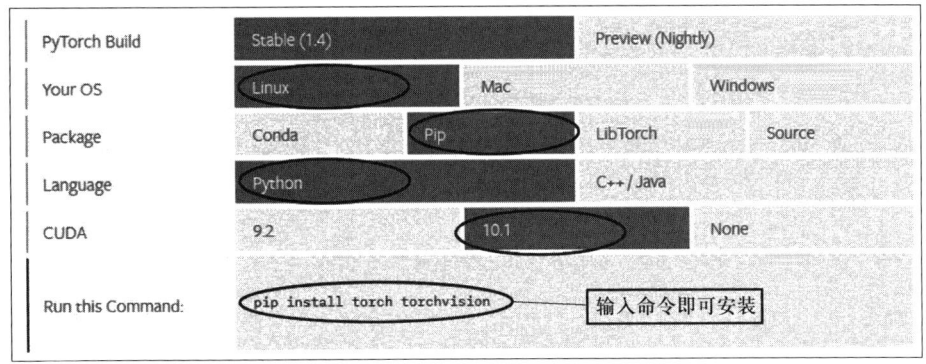

图 6-8　通过 pip 安装 PyTorch

行命令行即可安装。如图 6-9 和图 6-10 所示。

若采用研发云作为实现平台，可直接申请适用于深度学习的云桌面或高性能计算平台资源，直接获得相应的深度学习框架运行环境。

5. 研发云平台

用户通过自服务门户注册、登录申请和使用各种云服务。服务类型包括以下几种。

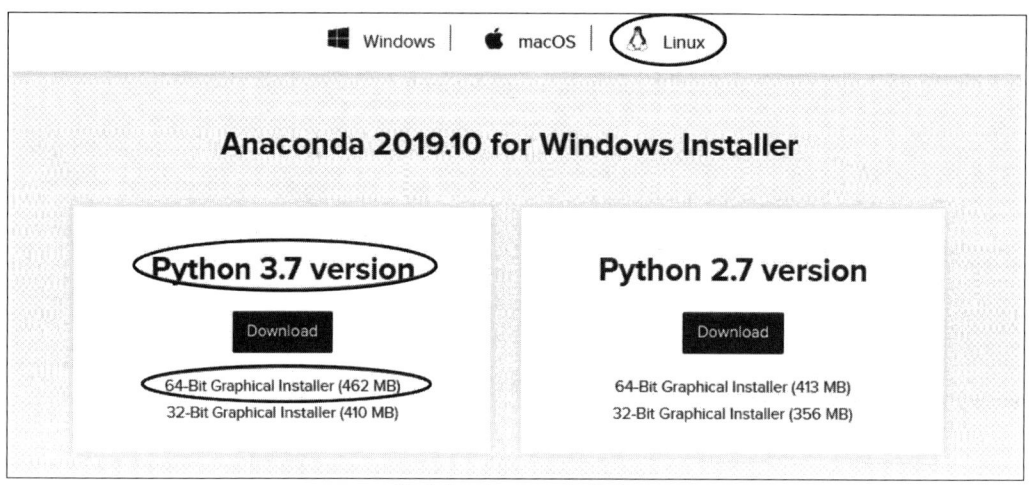

图 6-9 Anaconda 安装

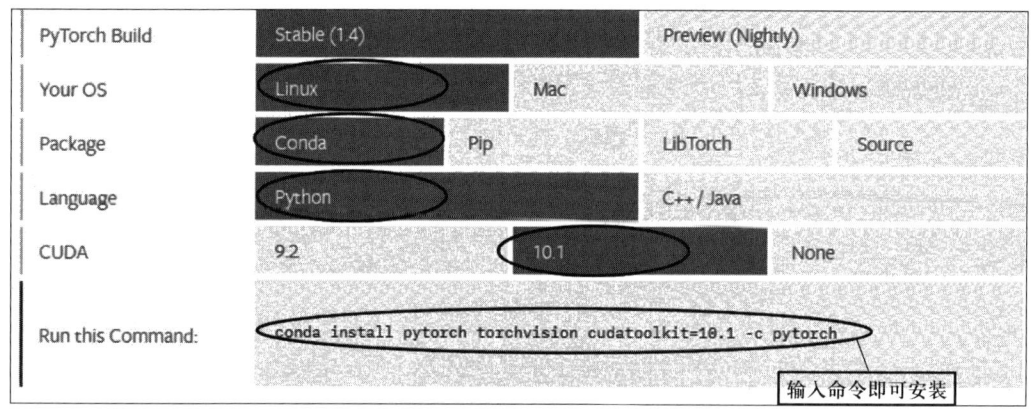

图 6-10 通过 Anaconda 安装 PyTorch

（1）IaaS 服务：云桌面、云主机、云备份、云磁盘；

（2）PaaS 服务：数据库服务、网盘服务；

（3）SaaS 服务：CAD/CAM 设计、CAE 前后处理等工具性软件、HPC 服务、行政办公类软件（包括 OA/ERP/HR、会议系统等）；

（4）DaaS 服务：数据库服务、边缘计算服务。

1）云桌面服务。提供适用于办公、设计、开发等多种场景的云桌面，就像个人计算机一样。

2）文档云服务。文档云盘是以文件为中心，对文件的全生命周期进行管理的文件管理系统，满足企业各类文件的汇总集中存储、统一安全管控，以及对文件的快速查找、高效流转、跨屏管理和移动办公等应用场景需求。

3）HPC 高性能计算服务。提供性能强劲的仿真、设计计算服务软件。

4）数据库服务。提供海量数据存储和处理能力的分布式数据库服务。

5）云主机服务。提供多种 Linux/Windows 操作系统，配置可弹性调整的云主机。

6）云磁盘。提供容量可扩展的云磁盘，可以挂载到云主机作为数据盘。

7）自动备份。提供针对云主机、云磁盘的自动备份服务，可以设置丰富的自动备份策略。

8）共享文件。提供可以在应用虚拟化、云桌面、云主机等不同操作之间共享文件的服务，容量可伸缩。

9）应用虚拟化。提供多种不用安装即可直接使用的高性能工业软件服务。

10）边缘计算。边缘计算数据接口服务支持将生产制造过程中产生的海量数据及相关文件进行存储，并建立数据之间的关联关系，方便用户进行搜索和下载。服务分为以下两大部分。

数据存储：提供安全可靠的设备接入能力，可接入部署在工业现场的计算机（即用于工业设备的传感器信号采集和数据保存的前置机），针对不同的设备进行建模，帮助用户将海量设备时序数据采集至研发云平台进行高效存储和关联，便于用户提取作为机器学习或人工智能模型的数据来源。

文件存储：针对没有开发能力的学校或科研团队，提供安全可靠的大量实验数据文件的存储帮助，用标签的形式对文件进行管理，提供快速查找相关联文件类别的能力。

二、实验目的、要求

（一）实验目的

（1）熟悉并掌握 PyTorch 基本用法，编写 MNIST 图像分类入门算法；

（2）具体了解深度学习原理，编写图像分类进阶算法，实现代码及模型训练流程。

（二）实验要求

（1）编写数据载入、模型搭建、模型训练和测试相关代码；

（2）编写基于 Densnet 的图像分类代码，并成功运行输出结果；

（3）编写实验报告。

三、深度学习算法原理

（一）卷积神经网络简介

卷积神经网络（Convolutional Neural Networks，CNN）是一种深度学习模型或类似于人工神经网络的多层感知器，常用来分析视觉图像。其最大的特点为卷积运算、层次结构。

卷积神经网络具有以下特点。

（1）局部特征：相较于深度神经网络（DNN）参数覆盖全图，CNN 为局部参数，大量减少参数；

（2）多个卷积核：CNN 使用多个卷积核，提取不同特征；

（3）参数共享：图像的不同区域被相同的卷积核进行特征提取，大量减少参数；

（4）下采样提高感受野：通过不断采样，卷积核的感受野（覆盖图像的部分）越来越大，提取特征从局部到全局特征；

（5）层次结构：卷积神经网络为层次结构，提取的特征层次顺序为从低层次特征到高层次抽象特征。

（二）卷积层

1. 卷积核计算过程

卷积层运算本质是先和卷积相乘，再相加得到输出结果，神经网络中的每一个小块进行更加深入地分析，从而得到抽象程度更高的特征。具体的计算过程如公式（6-1）：

$$Y = W \times X + b \qquad (6-1)$$

式中　$X: n_h \times n_w$——输入矩阵；

　　　$W: k_h \times k_w$——核矩阵；

b——偏差标量；

Y：$(n_h-k_h+1)\times(n_w-k_w+1)$——输出矩阵。

W 和 b 是可学习的参数。

计算示例图如图 6-11 所示。

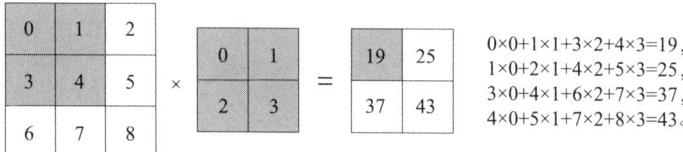

图 6-11　卷积层计算

2. 卷积核运算示例

不同的卷积核提取不同的特征，比如边缘、纹理等。图 6-12 卷积和为人为设定，神经网络中的卷积核是通过反向传播学习得来的。

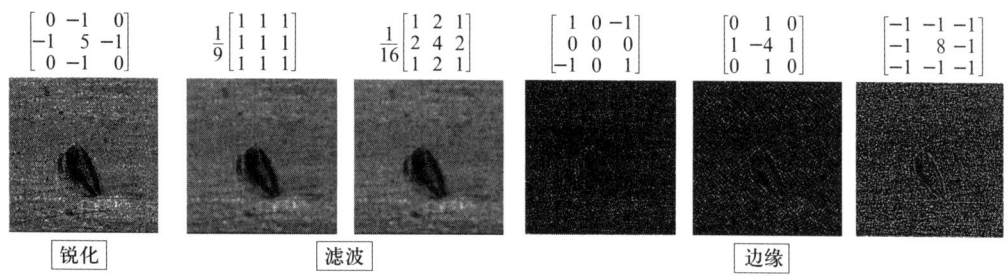

图 6-12　卷积层运算示例

3. 填充

当卷积核扫描输入数据时，通过填充能延伸到边缘以外的伪像素，从而使输出和输入相同。卷积核填充操作如图 6-13 所示。

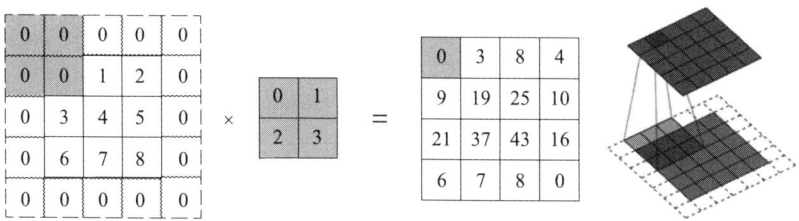

图 6-13　卷积核填充操作

4. 步幅

按照一定的比例成倍缩小尺寸,例如步幅为 2,输出就是输入的 1/2;步幅为 3,输出就是输入的 1/3,如图 6-14 所示。

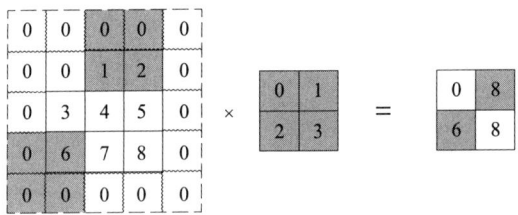

图 6-14 卷积步幅示意

5. 代码编写

```
class torch.nn.Conv2d(in_channels,out_channels,kernel_size,stride=1,padding=0,dilation=1,groups=1,bias=True)
```

二维卷积层,输入尺度是 $(N, C_{in}, H_{in}, W_{in})$,输出尺度是 $(N, C_{out}, H_{out}, W_{out})$。

(1)说明。

bigotimes:表示二维的相关系数计算。

stride:控制相关系数的计算步长。

dilation:用于控制内核点之间的距离。

groups:控制输入和输出之间的连接。group=1,输出是所有输入的卷积;group=2,此时相当于有并排的两个卷积层,每个卷积层计算输入通道的一半,并且产生的输出是输出通道的一半,随后将这两个输出连接起来。

参数 kernel_size、stride、padding、dilation 可以是一个 int 的数据,此时卷积 height 和 width 值相同;也可以是一个 tuple 数组,tuple 的第一维度表示 height 的数值,第二维度表示 width 的数值。

(2)参数。

in_channels(int)——输入信号的通道。

out_channels(int)——卷积产生的通道。

kerner_size（int or tuple）——卷积核的尺寸。

stride（int or tuple，optional）——卷积步长。

padding（int or tuple，optional）——输入的每一条边补充0的层数。

dilation（int or tuple，optional）——卷积核元素之间的距离。

groups（int，optional）——从输入通道到输出通道的阻塞连接数。

bias（bool，optional）——如果bias=True，添加偏置。

（3）形状。

计算公式如下：

$$H_{out} = \text{floor}((H_{in} + 2 \times padding[0] - dilation[0] \times (kernerl\_size[0] - 1) - 1) \div stride[0] + 1) \tag{6-2}$$

$$W_{out} = \text{floor}((W_{in} + 2 \times padding[0] - dilation[0] \times (kernerl\_size[0] - 1) - 1) \div stride[0] + 1) \tag{6-3}$$

其中：输入为$(N, C_{in}, H_{in}, W_{in})$，输出为$(N, C_{out}, H_{out}, W_{out})$。

（4）变量。

weight（tensor）——卷积的权重，大小是（out_channels, in_channels, kernel_size）。

bias（tensor）——卷积的偏置系数，大小是（out_channel）。

（5）例子。

```
>>> # With square kernels and equal stride
>>> m = nn.Conv2d(16,33,3,stride=2)
>>> # non-square kernels and unequal stride and with padding
>>> m = nn.Conv2d(16,33,(3,5),stride=(2,1),padding=(4,2))
>>> # non-square kernels and unequal stride and with padding and dilation
>>> m = nn.Conv2d(16,33,(3,5),stride=(2,1),padding=(4,2),dilation=(3,1))
>>> input = autograd.Variable(torch.randn(20,16,50,100))
>>> output = m(input)
```

6. 激活函数

激活函数的作用是引入非线性，常见激活函数有 Sigmoid、Tanh、ReLU，如图 6-15 所示。

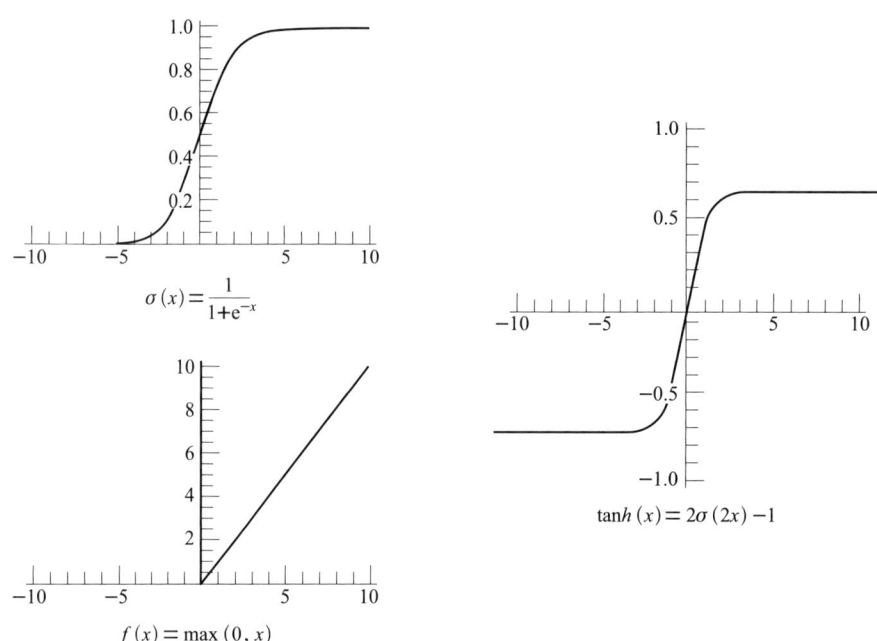

图 6-15　常见的激活函数

---

class torch.nn.ReLU(inplace=False)[source]

参数：inplace——选择是否进行覆盖运算。

（1）形状。

输入：(N, *)，代表任意数目附加维度。

输出：(N, *)，与输入拥有同样的 shape 属性。

（2）例子。

```
>>> m = nn.ReLU()
>>> input = autograd.Variable(torch.randn(2))
>>> print(input)
>>> print(m(input))
```

7. 池化层

池化的目的：降低信息冗余；提升模型的尺度不变性、旋转不变性；防止过拟合；增大卷积感受区域。池化的主要类型有最大值池化和均值池化（见图 6-16）。

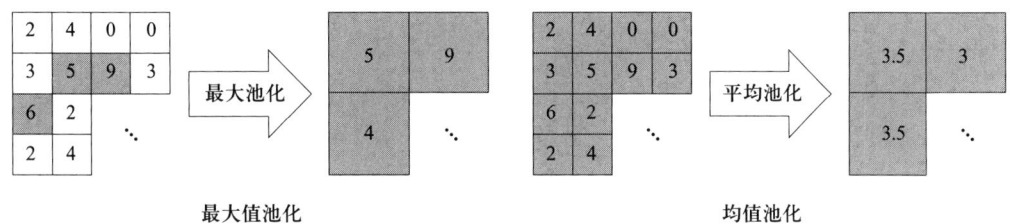

图 6-16 常见的池化层

```
class torch.nn.MaxPool2 d(kernel_size,stride=None,padding=0,dilation=1,return_indices=False,ceil_mode=False)
```

对于输入信号的输入通道，提供 2 维最大池化（Max Pooling）操作；

如果输入的大小是$(N_{in},C_{in},H_{in},W_{in})$，那么输出的大小是$(N_{out},C_{out},H_{out},W_{out})$，池化窗口的大小是$(k_H,k_W)$。

如果 padding 不是 0，会在输入的每一边添加相应数目 0。

dilation 用于控制内核点之间的距离。

参数 kernel_size、stride、padding、dilation 数据类型：可以是一个 int 类型的数据，此时卷积 height 和 width 值相同；也可以是一个 tuple 数组（包含两个 int 类型的数据），第一个 int 数据表示 height 的数值，tuple 的第二个 int 类型的数据表示 width 的数值。

（1）参数。

kernel_size（int or tuple）——max pooling 的窗口大小。

stride（int or tuple，optional）——max pooling 的窗口移动的步长。默认值是 kernel_size。

padding（int or tuple，optional）——输入的每一条边补充 0 的层数。

dilation（int or tuple，optional）——一个控制窗口中元素步幅的参数。

return_indices——如果等于 True，会返回输出最大值的序号，对于上采样操作会有帮助。

ceil_mode——如果等于True，计算输出信号大小的时候，会使用向上取整，代替默认的向下取整的操作。

形状：

$$H_{out} = \text{floor}((H_{in} + 2 \times \text{padding}[0] - \text{dilation}[0](\text{kernel\_size}[0] - 1) - 1) \div \text{stride}[0] + 1 \tag{6-4}$$

$$W_{out} = \text{floor}((W_{in} + 2 \times \text{padding}[0] - \text{dilation}[0](\text{kernel\_size}[0] - 1) - 1) \div \text{stride}[0] + 1 \tag{6-5}$$

其中：输入为$(N, C_{in}, H_{in}, W_{in})$；

输出：$(N, C_{out}, H_{out}, W_{out})$。

例子：

```
>>> # pool of square window of size=3,stride=2
>>> m = nn.MaxPool2d(3,stride=2)
>>> # pool of non-square window
>>> m = nn.MaxPool2d((3,2),stride=(2,1))
>>> input = autograd.Variable(torch.randn(20,16,50,32))
>>> output = m(input)
```

8. 全连接层

全连接层通过矩阵运算可以实现最终的分类，如图6-17所示。

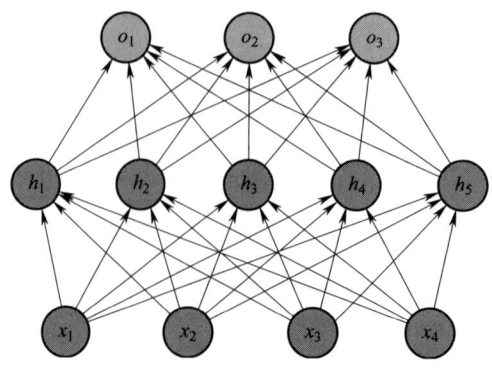

图6-17 全连接层示意

```
class torch.nn.Linear(in_features,out_features,bias=True)
```

对输入数据做线性变换：

$$Y=AX+b \tag{6-6}$$

参数：

in_features – 每个输入样本的大小；

out_features – 每个输出样本的大小；

bias – 若设置为 False，这层不会学习偏置。默认值：True。

（1）形状：

输入：(N，in_features)；

输出：(N，out_features)。

（2）变量：

weight – 形状为（out_features x in_features）的模块中可学习的权值；

bias – 形状为（out_features）的模块中可学习的偏置。

例子：

```
>>> m = nn.Linear(20,30)
>>> input = autograd.Variable(torch.randn(128,20))
>>> output = m(input)
>>> print(output.size())
```

9. 损失函数

损失函数的作用是评价模型预测值与真实值的偏差程度，常见损失函数有平方损失函数和交叉熵损失函数。

```
class torch.nn.CrossEntropyLoss(weight=None,size_average=True)[source]
```

此标准将 LogSoftMax 和 NLLLoss 集成到一个类中。当训练一个多类分类器的时候，这个方法是十分有用的。

weight（tensor）：1-D tensor，n 个元素分别代表 n 类的权重，对于训练样本很不均衡的情况是非常有效的。默认值为 None。

（1）调用时参数：

input：包含每个类的得分，2-D tensor，shape 为 batch*n；

target：大小为 n 的 1-D tensor，包含类别的索引（0 到 $n-1$）。

Loss 可以表述为以下形式：

$$loss(x, class) = -\log\exp(x[class])\sum_j\exp(x[j]))) = -x[class] + \log(\sum_j\exp(x[j])) \tag{6-7}$$

当 weight 参数被指定的时候，loss 的计算公式变为：

$$loss(x, class) = weights[class] \times (-x[class] + \log(\sum_j\exp(x[j]))) \tag{6-8}$$

计算出的 loss 对 mini-batch 的大小取了平均。

（2）形状：

Input：（N，C）C 是类别的数量；

Target：（N）N 是 mini-batch 的大小，0 ≤ targets[i] ≤ C-1。

10. Densenet

随着 CNNs 变得越来越深，一个新的问题出现了：当输入或梯度信息经过很多层的传递之后，在到达网络的最后（或开始）可能会消失或者"被冲刷掉"（wash out）。很多最新的研究都说明了这个或者与这个相关的问题。ResNets 网络和 Highway 网络将旁路信息（bypass signal）进行连接。随机深度（stochastic depth）在训练过程中随机丢掉一些层，进而缩短了 ResNets 网络，获得了更好的信息和梯度流。它们都有一个关键点：都在前几层和后几层之间产生了短路径（short paths）。

Densenet 结构是提炼上述观点而形成的一种简单的连接模式：为了保证能够获得网络层之间的最大信息，将所有层（使用合适的特征图尺寸）都进行互相连接。为了能够保证前馈的特性，每一层将之前所有层的输入进行拼接，之后将输出的特征图传递给之后的所有层。

为了学习到生成器在数据 x 上的分布 P_g，先定义一个先验的输入噪声变量 P_z(z)，然后根据 G（z；θ_g）将其映射到数据空间中，其中 G 为多层感知机所表征的可微函数。同样需要定义第二个多层感知机 D（s；θ_d），它的输出为单个标量。D（x）表示 x 来源于真实数据而不是 P_g 的概率。训练 D 以最大化正确分配真实样本和生成样本的概率，因此我们就可以通过最小化 log（1–D（G（z）））而同时训练 G。也就是说判别器 D 和生成器对价值函数 V（G，D）进行了极小极大化博弈。

　　Densenet 网络的一个优点是它比传统的卷积网络的参数少，因为它不需要再重新学习多余的特征图，如图 6-18 所示。传统的前馈结构可以被看成一种层与层之间状态传递的算法。每一层接收前一层的状态，然后将新的状态传递给下一层。它改变了状态，但也传递了需要保留的信息。除了具有更好的参数利用率，DenseNets 还有一个优点是它改善了网络中信息和梯度的传递，这就让网络更容易训练。每一层都可以直接利用损失函数的梯度以及最开始的输入信息，相当于是一种隐形的深度监督（implicit deep supervision）。这有助于训练更深的网络。此外，稠密连接有正则化的作用，在更少训练集的任务中可以降低过拟合。

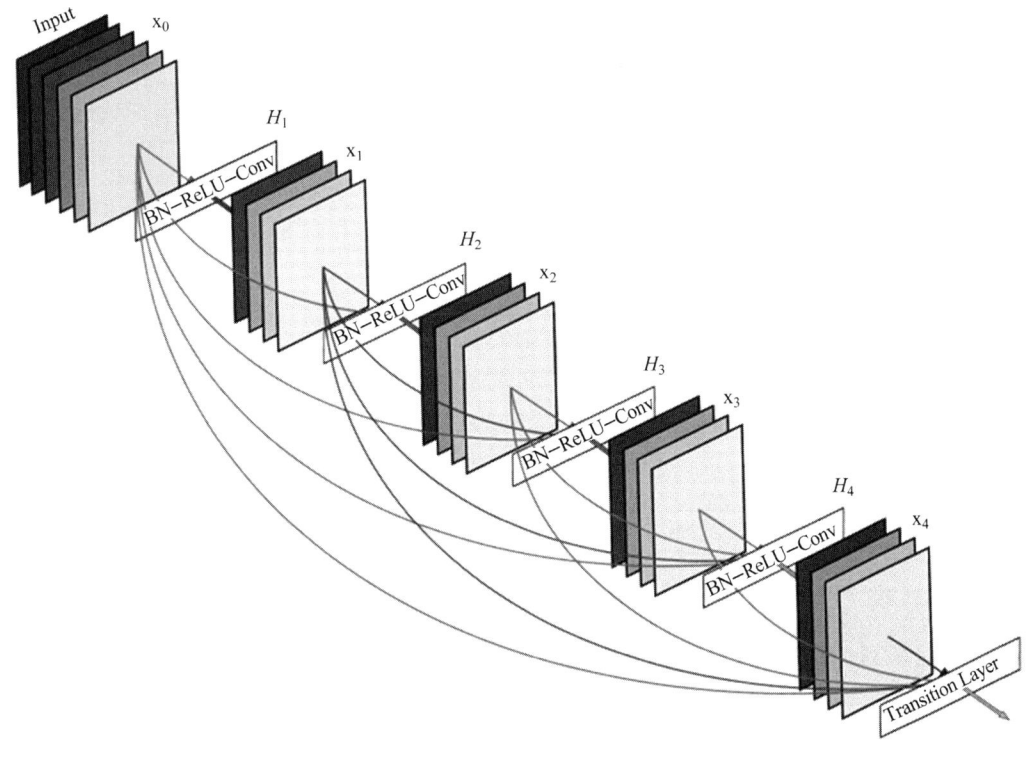

图 6-18　Densenet 网络结构

四、平台认知实操流程

（一）MNIST 图像分类

MNIST 数据集由美国国家标准与技术研究所创建，训练集（training set）来自 250 个不同人手写的数字，其中 50% 是高中学生，50% 来自人口普查局（the Census Bureau）的工作人员。测试集（test set）也是同样比例的手写数字数据。数据规模为 55 000 张训练图片，5 000 张验证图片，10 000 张测试图片。层次结构为数字矩阵形式，单张图片为 $1 \times 28 \times 28$，训练集为［60 000，784］的矩阵，测试集为［10 000，784］的矩阵；标签采用 one-hot 向量形式，训练集标签为［60 000，10］的矩阵，测试集为［10 000，10］的矩阵。

1. 数据载入——训练集

```
import torch
import torch.nn as nn
import torch.utils.data as Data
import torchvision       # 数据库模块
import matplotlib.pyplot as plt


torch.manual_seed(1)    # reproducible


# Hyper Parameters
EPOCH = 1           # 训练整批数据多少次，为了节约时间，我们只训练一次
BATCH_SIZE = 50
LR = 0.001          # 学习率
DOWNLOAD_MNIST = True  # 如果你已经下载好了 mnist 数据就写上 False


# Mnist 手写数字
```

```
train_data = torchvision.datasets.MNIST(
    root='./mnist/',   # 保存或者提取位置
    train=True, # this is training data
    transform=torchvision.transforms.ToTensor(),  # 转换 PIL.Image or numpy.ndarray 成
                    # torch.FloatTensor (C x H x W), 训练的时候 normalize 成 [0.0,1.0] 区间
    download=DOWNLOAD_MNIST,           # 没下载就下载，下载了就不用再下了
```

2. 数据载入——测试集

```
test_data = torchvision.datasets.MNIST(root='./mnist/',train=False)

# 批训练 50 samples,1 channel,28 x28 (50,1,28,28)
train_loader = Data.DataLoader(dataset=train_data,batch_size=BATCH_SIZE,shuffle=True)

# 为了节约时间，我们测试时只测试前 2 000 个
test_x = torch.unsqueeze(test_data.test_data,dim=1).type(torch.FloatTensor)[:2 000]/255.  # shape from (2 000,28,28)to (2 000,1,28,28),value in range(0,1)
test_y = test_data.test_labels[:2 000])
```

3. CNN 模型搭建

```
class CNN(nn.Module):
    def __init__(self):
        super(CNN,self).__init__()
        self.conv1 = nn.Sequential(  # input shape (1,28,28)
```

```
            nn.Conv2d(
                in_channels=1,     # input height
                out_channels=16,   # n_filters
                kernel_size=5,     # filter size
                stride=1,          # filter movement/step
                padding=2,         #如果想要con2d出来的图片长宽没有变化,padding=(kernel_
                    size-1)/2 当 stride=1
            ),  # output shape (16,28,28)
            nn.ReLU(),    # activation
            nn.MaxPool2d(kernel_size=2),   # 在 2x2 空间里向下采样,output shape
                    (16,14,14)
        )
        self.conv2 = nn.Sequential(  # input shape (16,14,14)
            nn.Conv2d(16,32,5,1,2), # output shape (32,14,14)
            nn.ReLU(), # activation
            nn.MaxPool2d(2), # output shape (32,7,7)
        )
        self.out = nn.Linear(32 * 7 * 7,10)    # fully connected layer,output 10 classes

    def forward(self,x):
        x = self.conv1(x)
        x = self.conv2(x)
        x = x.view(x.size(0),-1)   #展平多维的卷积图成 (batch_size,32 * 7 * 7)
        output = self.out(x)
        return output
```

4. 模型训练

```
optimizer = torch.optim.Adam(cnn.parameters(),lr=LR)    # optimize all cnn parameters
loss_func = nn.CrossEntropyLoss()    # the target label is not one-hotted

# training and testing
for epoch in range(EPOCH):
    for step,(b_x,b_y)in enumerate(train_loader):# 分配 batch data,normalize x when iterate train_loader
        output = cnn(b_x)                # cnn output
        loss = loss_func(output,b_y)     # cross entropy loss
        optimizer.zero_grad()            # clear gradients for this training step
        loss.backward()                  # backpropagation,compute gradients
        optimizer.step()                 # apply gradients
```

打印输出结果，如图 6-19 所示。

```
Epoch:  0 | train loss: 0.0306 | test accuracy: 0.97
Epoch:  0 | train loss: 0.0147 | test accuracy: 0.98
Epoch:  0 | train loss: 0.0427 | test accuracy: 0.98
Epoch:  0 | train loss: 0.0078 | test accuracy: 0.98
```

图 6-19　模型训练输出结果

5. 测试

```
test_output = cnn(test_x[:10])
pred_y = torch.max(test_output,1)[1].data.numpy().squeeze()
print(pred_y,'prediction number')
print(test_y[:10].numpy(),'real number')
```

打印测试结果,如图 6-20 所示。

```
[7 2 1 0 4 1 4 9 5 9] prediction number
[7 2 1 0 4 1 4 9 5 9] real number
```

图 6-20 测试结果

6. 可视化结果

为了更好地观察模型分类性能和展示所需,使用 Sklearn 和 matplotlib 进行可视化。但由于高维数据难以直接呈现,因此用到了 T-SNE 的降维手段,将高维的 CNN 最后一层输出结果可视化,也就是 CNN forward 代码中的 x = x.view(x.size(0),-1)这一个结果,如图 6-21 所示。

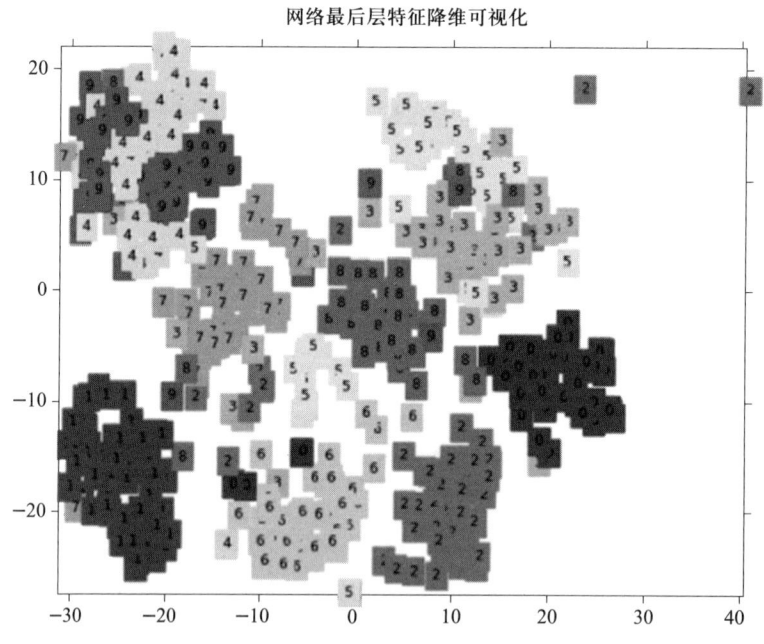

图 6-21 MNIST 数据集分类结果可视化

(二)基于 Densnet 的图像分类

1. 构建数据集

在本实验中是分类波导损伤、气泡、脏污和正常,因此需要构建四种类别图像训练的文件夹,同时需要构建测试集,与训练集类似,包括波导损伤、气泡、脏污和正常四类图像,其中训练集与测试集的比例一般为 7∶3。数据存放格式如图 6-22 所示。

图 6-22 数据存放格式

2. 代码基本信息及其流程图（见表 6-2）

表 6-2 　　　　　　　　　　　　关键代码说明

文件名称	说明
data/***	分类图像数据
models/densenet.py	网络结构搭建
demo.py	训练主程序，同时每一次训练后对测试集进行测试

（注：代码注释见具体的代码文档）

3. 数据载入模块

数据载入函数：

```
train_set = datasets.ImageFolder(root=data_train,transform=train_transforms)

test_set = datasets.ImageFolder(root=data_test,transform=test_transforms)
```

4. 构建网络与损失

在 models/densenet.py 定义模型的基础块 DenseBlock：

```
class _DenseBlock(nn.Module):
    def __init__(self,num_layers,num_input_features,bn_size,growth_rate,drop_rate,efficient=False):
        super(_DenseBlock,self).__init__()
```

```
        for i in range(num_layers):
            layer = _DenseLayer(
                num_input_features + i * growth_rate,
                growth_rate=growth_rate,
                bn_size=bn_size,
                drop_rate=drop_rate,
                efficient=efficient,
            )
            self.add_module('denselayer%d' % (i + 1),layer)

    def forward(self,init_features):
        features = [init_features]
        for name,layer in self.named_children():
            new_features = layer(*features)
            features.append(new_features)
        return torch.cat(features,1)
```

过渡层：

```
class _Transition(nn.Sequential):
    def __init__(self,num_input_features,num_output_features):
        super(_Transition,self).__init__()
        self.add_module('norm',nn.BatchNorm2d(num_input_features))
        self.add_module('relu',nn.ReLU(inplace=True))
        self.add_module('conv',nn.Conv2d(num_input_features,num_output_features,
                        kernel_size=1,stride=1,bias=False))
        self.add_module('pool',nn.AvgPool2d(kernel_size=2,stride=2))
```

5. 模型迭代

在 models/demo.py 构建模型迭代。

单个训练 epoch：

```
def train_epoch(model,loader,optimizer,epoch,n_epochs,print_freq=1):
    batch_time = AverageMeter()
    losses = AverageMeter()
    error = AverageMeter()
    # Model on train mode
    model.train()
    end = time.time()
    for batch_idx,(input,target)in enumerate(loader):
        # Create vaiables
        if torch.cuda.is_available():
            input = input.cuda()
            target = target.cuda()
        # compute output
        output = model(input)
        loss = torch.nn.functional.cross_entropy(output,target)
        # measure accuracy and record loss
        batch_size = target.size(0)
        _,pred = output.data.cpu().topk(1,dim=1)
        error.update(torch.ne(pred.squeeze(),target.cpu()).float().sum().item()/batch_size,batch_size)
        losses.update(loss.item(),batch_size)
        # compute gradient and do SGD step
        optimizer.zero_grad()
```

```
        loss.backward()
        optimizer.step()
        # measure elapsed time
        batch_time.update(time.time()- end)
        end = time.time()
        # print stats
        if batch_idx % print_freq == 0:
            res = '\t'.join([
                'Epoch:[%d/%d]' % (epoch + 1,n_epochs),
                'Iter:[%d/%d]' % (batch_idx + 1,len(loader)),
                'Time %.3 f (%.3 f)' % (batch_time.val,batch_time.avg),
                'Loss %.4 f (%.4 f)' % (losses.val,losses.avg),
                'Error %.4 f (%.4 f)' % (error.val,error.avg),
            ])
            print(res)
    # Return summary statistics
    return batch_time.avg,losses.avg,error.avg
```

单个测试 epoch：

```
def test_epoch(model,loader, print_freq=1,is_test=True):
    batch_time = AverageMeter()
    losses_test = AverageMeter()
    error = AverageMeter()

    # Model on eval mode
    model.eval()
```

```
end = time.time()
with torch.no_grad():
    for batch_idx,(input,target)in enumerate(loader):
        # Create vaiables
        if torch.cuda.is_available():
            input = input.cuda()
            target = target.cuda()

        # compute output
        output = model(input)
        loss_test = torch.nn.functional.cross_entropy(output,target)


        # measure accuracy and record loss
        batch_size = target.size(0)
        _,pred = output.data.cpu().topk(1,dim=1)
        error.update(torch.ne(pred.squeeze(),target.cpu()).float().sum().item()/batch_size,batch_size)
        losses_test.update(loss_test.item(),batch_size)


        # measure elapsed time
        batch_time.update(time.time()- end)
        end = time.time()
```

```
        # print stats
        if batch_idx % print_freq == 0:
            res = '\t'.join([
                'Test' if is_test else 'Valid',
                'Iter:[%d/%d]' % (batch_idx + 1,len(loader)),
                'Time %.3 f (%.3 f)' % (batch_time.val,batch_time.avg),
                'Loss %.4 f (%.4 f)' % (losses_test.val,losses_test.avg),
                'Error %.4 f (%.4 f)' % (error.val,error.avg),
            ])
            print(res)

    # Return summary statistics
    return batch_time.avg, losses_test.avg, error.avg
```

6. 训练模型

训练及测试模型，运行 python demo.py。

打印网络结构，如图 6-23 所示。

图 6-23　打印网络结构

实时显示训练进程，如图6-24所示。

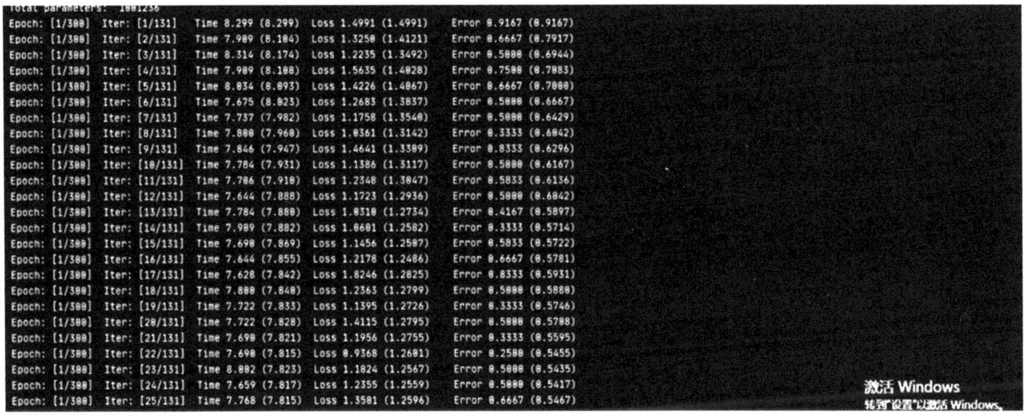

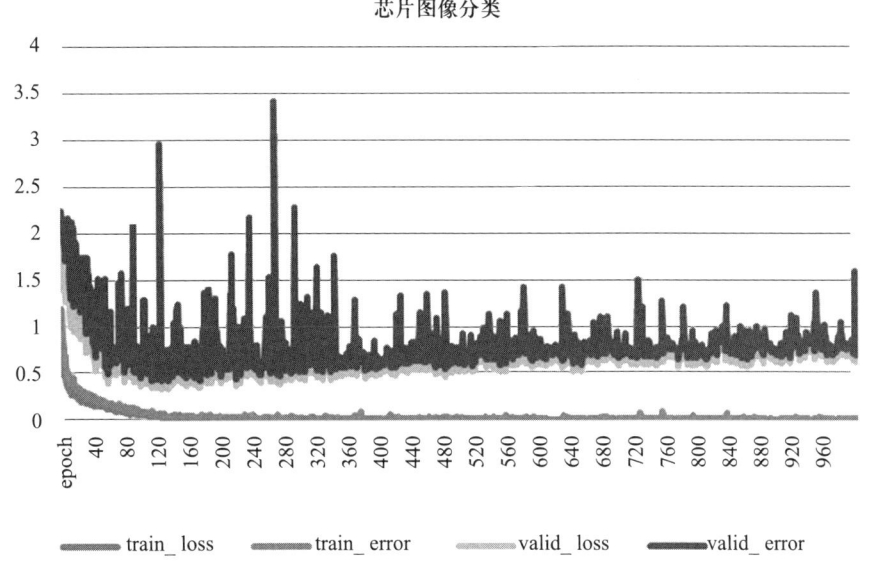

图6-24　实时显示训练进程

7. 实验结果与分析

芯片图像分类的实验结果如图6-25所示，训练1 000个epoch，分别得到训练损失（train_loss）、训练错误率（train_error）、验证损失（valid_loss）、验证错误率（valid_error）。

可以观察到，训练损失和验证损失在波动中逐渐下降，并最终趋于平稳。而训练错误率和训练验证率快速下降后，趋于平稳。训练错误率与验证错误率同时下降代表模型没有过拟合，训练效果良好。

图6-25　实验结果

第二节　工业 AI 图学习算法开源工具

考核知识点及能力要求：

- 熟悉并掌握图数据、图算法原理，代码实现及模型训练流程；
- 了解 GCN 图分类算法的设计方法；
- 编写 GCN 基本训练流程代码；
- 掌握并可以面向应用场景独立部署一种图学习算法。

一、工业 AI 图学习算法概要

（一）开发语言，实现平台和实验环境

1. 语言：Python

2. 图学习框架：Graph-learn、飞桨 PGL

3. 所需的包：Numpy

4. 实验平台：研发云 – 云桌面

5. 运行软件 –Pycharm

6. 研发云平台操作步骤

（1）连接 Inode-VPN，如图 6-26 中 a）所示。

（2）进入研发云网址 https://172.10.101.1/client2.0/accounts/login/?next=/client2.0/，登录研发云账户，如图 6-26 中 b）所示。

（3）进入图 6-27 中 a）所示云桌面选项，点击如图 6-27 中 b）所示图标下载并安

装可视化客户端 NIIDDM-View。

（4）打开安装好的 NIIDDM-View 客户端如图 6-27 中 c）所示，并在客户端中登录研发云账户，如图 6-28 所示。

a）Inode-VPN登录界面　　　　　　b）研发云登录界面

图 6-26　VPN 和研发云登录界面

 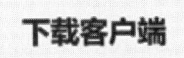 

a）云桌面图标　　b）View下载图标　　c）NIIDDM-View客户端

图 6-27　登录图标选项

图 6-28　NIIDDM-View 客户端研发云账户登录界面

(5）配置并运行云桌面如图6-29中a)所示，然后连接桌面。

(6）在云桌面中运行Pycharm软件，如图6-29中b）所示。

a）云桌面配置启动界面

b）Pycharm启动图标

图 6-29　配置启动云桌面和 **Pycharm**

(7）在算法包文件夹所在位置新建工程。

(8）在如图6-30所示的Pycharm软件界面中双击打开左边目录中的算法，并点击"Run"按钮，即可运行，在右下角观察计算结果。

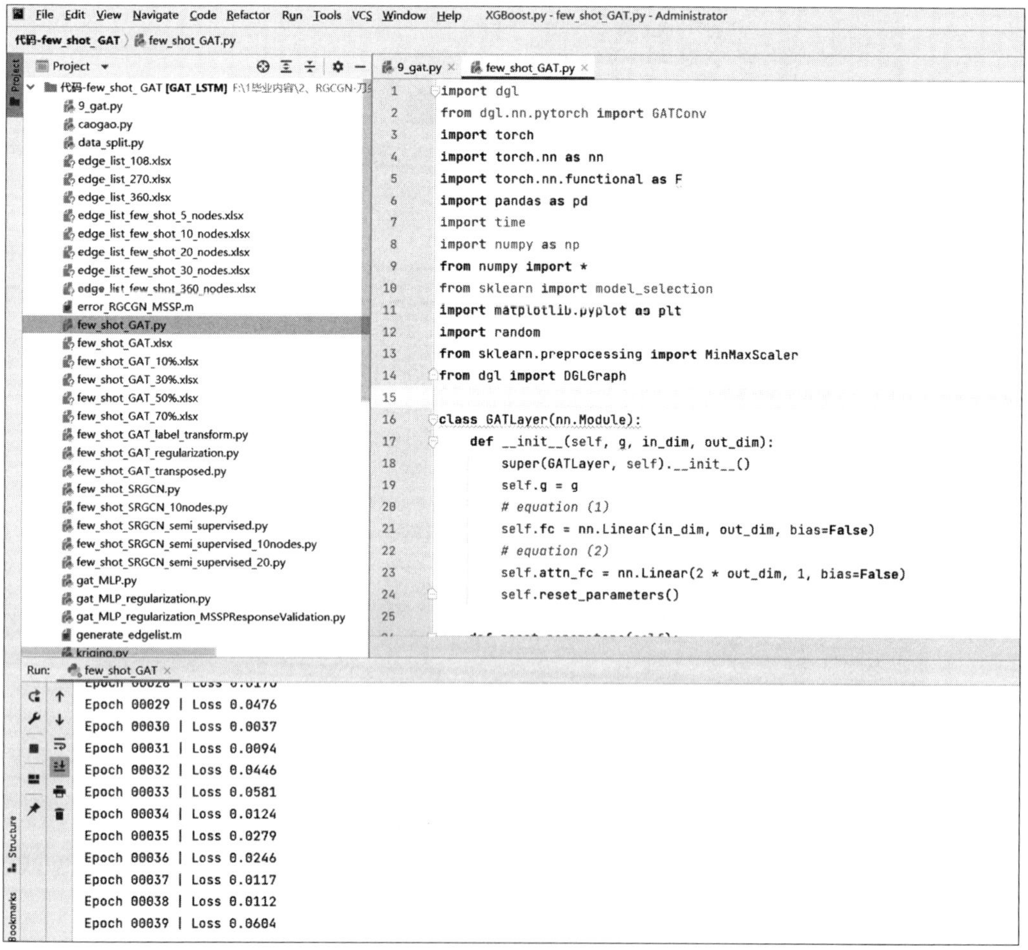

图 6-30　**Pycharm** 软件界面

（二）图学习库介绍

1. Graph-Learn

Graph-Learn（GL，原 AliGraph）是面向大规模图神经网络的研发和应用而设计的一款分布式框架，它从实际问题出发，提炼和抽象了一套适合于当下图神经网络模型的编程范式，并已经成功应用在阿里巴巴内部的诸如搜索推荐、网络安全、知识图谱等众多场景中。

GL 注重可移植和可扩展，对于开发者友好，可以应对 GNN 在工业场景中的多样性和快速发展的需求。如图 6-31 所示，基于 GL，开发者可以实现一种 GNN 算法，或者面向实际场景定制化一种图算子，如图采样。GL 的接口以 Python 和 NumPy 的形式提供，可与 TensorFlow 或 PyTorch 兼容但不耦合。目前 GL 内置了一些结合 TensorFlow 开发的经典模型，供用户参考。GL 可运行于 Docker 内或物理机上，支持单机和分布式两种部署模式。

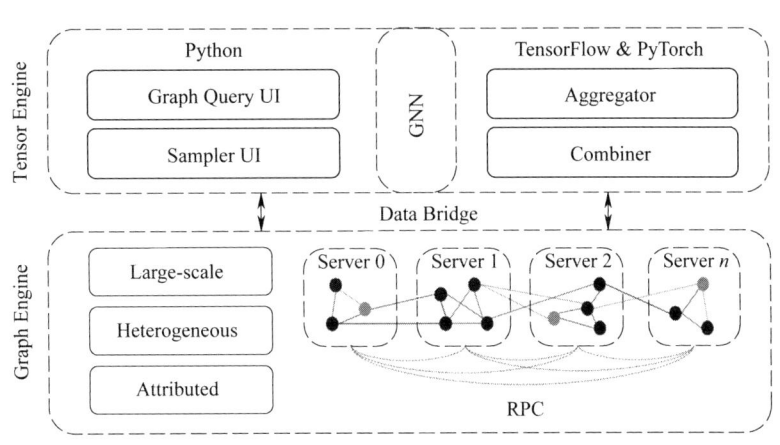

图 6-31　各类主流的 Python 框架

GL 提供 python 形式的用户接口，结果以 NumPy 形式呈现，易于上手。此外，GL 可与当下主流的深度学习框架，如 TensorFlow、PyTorch 等配套使用，丰富上层 NN 的表达能力。在一个 e2e 的 GNN 应用场景中，GL 和深度学习框架之间有良好的互补关系，把计算交给擅长的框架，如 Graph->GL、Numeric->TensorFlow、PyTorch。

2. 飞桨 PGL

飞桨图学习框架 PGL，业界首个提出通用消息并行传递机制，支持万亿级巨图的工业级图学习框架。PGL 原生支持异构图，支持分布式图存储及分布式学习算法，支持 GNNAutoScale 实现单卡深度图卷积，覆盖 30+ 图学习模型，并内置 KDDCup 2021 PGL 冠军算法。内置图推荐算法套件 Graph4 Rec 以及高效知识表示套件 Graph4 KG。历经大量真实工业应用验证，能够灵活、高效地搭建前沿的大规模图学习算法。

二、实验目的、要求

（一）实验目的

（1）熟悉并掌握图数据、图算法原理，代码实现及模型训练流程；

（2）具体了解 GCN 图分类算法的设计方法，尝试构建其他网络如 GAT。

（二）实验要求

（1）编写简单图创建代码；

（2）编写 GCN 基本训练流程代码；

（3）成功运行 GCN，并获取分类输出结果；

（4）编写实验报告。

三、图数据及图算法原理

（一）图数据

图是用以表示实体及其关系的结构，记为 $G=(V,E)$。图由两个集合组成，一是节点的集合 V，一是边的集合 E。在边集 E 中，一条边 (u,v) 连接一对节点 u 和 v，表明两节点间存在关系。关系可以是无向的，如描述节点之间的对称关系；也可以是有向的，如描述非对称关系。例如，若用图对社交网络中人们的友谊关系进行建模，因为友谊是相互的，则边是无向的；若用图对推特（Twitter）用户的关注行为进行建模，则边是有向的。图可以是有向的或无向的，这取决于图中边的方向性。

图可以是加权的或未加权的。在加权图中，每条边都与一个标量权重值相关联。例如，该权重可以表示长度或连接强度。

图可以是同构的或是异构的。在同构图中，所有节点表示同一类型的实体，所有边表示同一类型的关系。例如，社交网络的图由表示同一实体类型的人及其相互之间的社交关系组成。

相对地，在异构图中，节点和边的类型可以是不同的。例如，编码市场的图可以有表示"顾客""商家"和"商品"的节点，它们通过"想购买""已经购买""是顾客"和"正在销售"的边互相连接。二分图是一类特殊的、常用的异构图，其中的边连接两类不同类型的节点。例如，在推荐系统中，可以使用二分图表示"用户"和"物品"之间的关系。

（二）图卷积网络（GCN）

图卷积的核心思想是利用"边的信息"对"节点信息"进行"聚合"从而生成新的"节点表示"，有的研究在此基础上利用"节点表示"生成"边表示"或是"图表示"完成自己的任务。

卷积网络的卷积，本质上是通过滤波器来对某个空间区域的像素点进行加权求和，得到新的特征表示的过程。加权系数就是卷积核的参数。

CNN适用于规则二维矩阵数据（如图6-32所示，每个像素点有上下左右相连），或一维序列数据（如语音，每个点左右相连）来提取特征。然而很多数据类型不具备规则的结构（称为非欧几里得数据，如图6-33所示），如社交网络和推荐系统上抽取的图谱，每个节点可能有不一样的连接方式。图卷积中的graph指的也就是图论中用顶点和边建立相关关系的拓扑图。

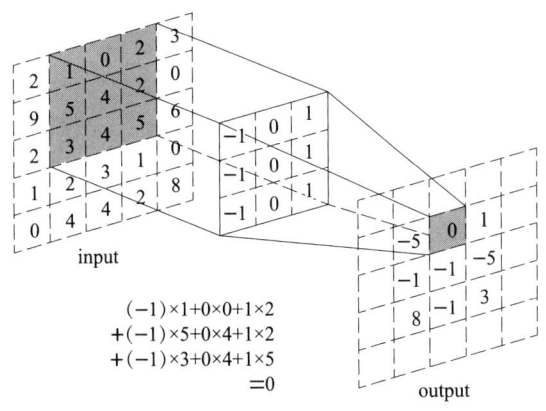

图6-32 卷积示例

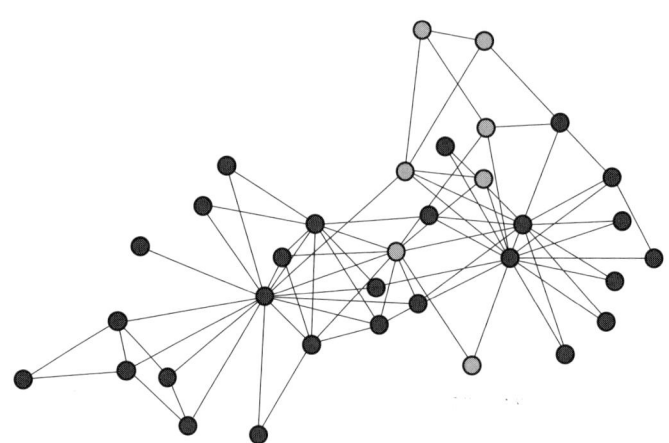

图 6-33 非欧几里得结构的数据示例

CNN 无法处理非欧几里得结构的数据,因为传统的卷积没法处理节点关系多变的信息(无法固定尺寸进行设置卷积核及其他问题),为了从这样的数据结构有效地提取特征,GCN 成为研究热点。

广义上来说,任何数据在赋范空间内都可以建立拓扑关联。简单地说,二维图像也可以构成拓扑图。如图 6-34 所示。

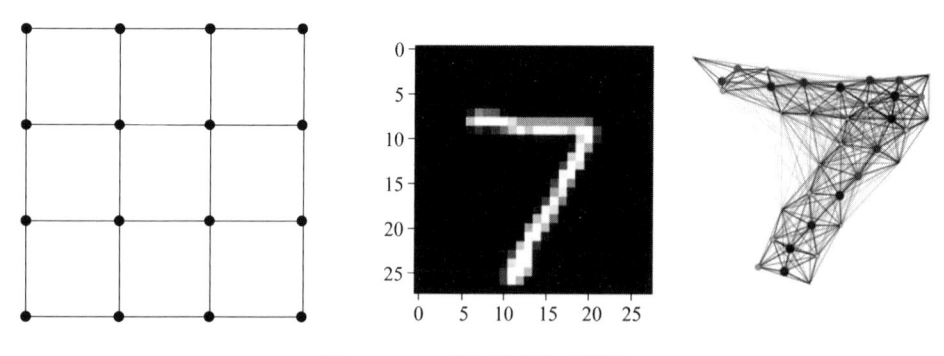

图 6-34 二维图的拓扑图例子

图数据的特点是:

(1)节点特征:每个节点都具有自己的向量表示;

(2)结构特征:节点与节点间具有一定的联系,即携带信息的边。

GCN 的目的就是用来提取拓扑图的空间特征。GCN 主要有两类解释方法,一类是基于顶点域或空间域(vertex domain,spatial domain),另一类则是基于频域或谱域

(spectral domain)。即顶点域可以类比到直接在图片的像素点上进行卷积，而频域可以类比到对图片进行傅里叶变换后，再进行卷积。两类其实就是从两个不同的角度理解，空间的角度理解会简单些，而谱方法的推导和思路是比较严谨和理论的方法。本教材从顶点域来解释 GCN。

先从简单的顶点域角度说起，定义几个符号。

（1）$N=1,2,3,\cdots,n$ 表示所有节点的编号；

（2）$X \in R^d$ 表示所有节点的特征，X_i 表示 i 节点的特征；

（3）$A \in R^{N \times N}$ 表示邻接矩阵，A_{ij} 表示节点 i 和节点 j 之间边的权重（目前没有自环，即 $A_{ij}=0$）。

每个节点，收集来自邻居节点传递的信息，然后汇总后更新自己。

1. 节点特征聚合

平均法：最简单的是平均法，物以类聚，每个节点和它邻居都是相似的，那么每个节点就等于邻居节点的平均值。

$$X_i^* = \sum_{j \in \text{neighbor}(i)} A_{ij}X_j = \sum_{j=1}^{N} A_{ij}X_j$$，无权图中 $A_{ij}=0$ 或者 1

所以对于所有节点，其平均法的更新过程为（写成矩阵运算）：

$$X^* = AX \tag{6-9}$$

加权平均法：每个节点和邻居的关系强度是不同的，考虑到边的权重关系，只需要将邻接矩阵 A_{ij} 变为有权图，即让 A_{ij} 的取值不局限于 $\{0, 1\}$，而是任何合适的权值（有些工作研究如何构建有权图，简单的如利用高斯分布赋权值）。

2. 图卷积层

对汇聚节点，加入线性变换矩阵 $W \in R^{d \times h}$，将该节点的汇聚特征 $X^* \in R^d$ 变换到 h 维度空间（σ 为激活函数）：

$$\sigma(X^*W) = \sigma(AXW) \tag{6-10}$$

故节点特征在 GCN 的前后变化为：

$$X^{l+1} = \sigma(AX^lW^l) \tag{6-11}$$

上式是最基础的表达方式，通过叠加 GCN 就可以得到节点的 h^l 维的特征，其中

维度 h 是自定义的超参，一般 GCN 最后一层的特征维度 h 和某固定维度对齐（如属性或视觉特征的维度数）。

例如，我们叠加两层 GCN，每个节点可以把 2-hops 邻居的特征加以聚合，得到自身特征：

$$X^{l+2} = \sigma(A\sigma(AX^lW^l)W^{l+1}) \in R^{N\times h^{l+2}} \quad (6-12)$$

如图 6-35 所示，多层 GCN 中，邻接矩阵 A 是固定不变的，它依赖于拓扑图的构建。我们要学习的只有转换矩阵的参数 $W^1, W^2, \cdots, W^l$，通过反向传播即可学习更新。

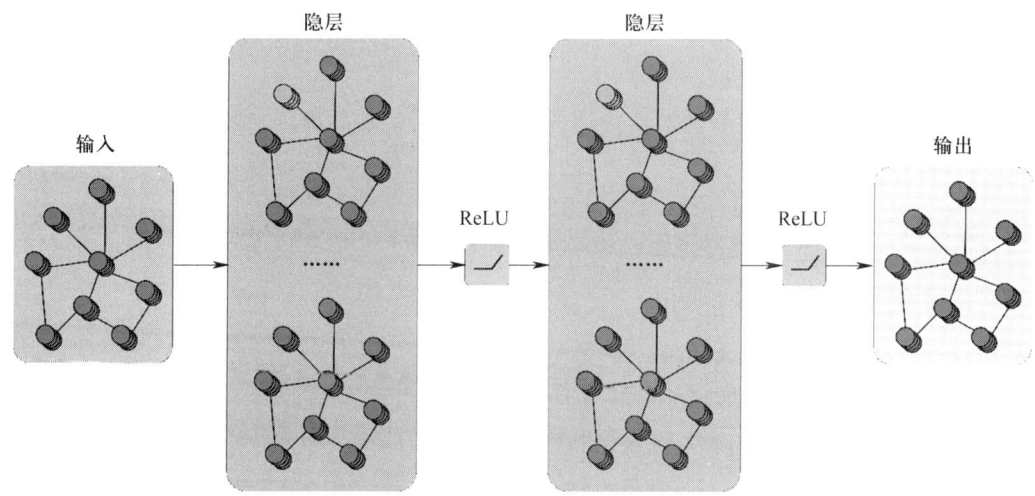

图 6-35 GCN 网络结构

3. 添加自回环

返回刚刚的汇集邻居信息的地方。前面提到的平均法、加权平均法都忽略了自身节点的特征，故在更新自身节点时，一般会添加一个自回环，把自身特征和邻居特征结合起来更新节点。

$$X_i^* = \sum_{j \in N} A_{ij}X_j + X_i \quad (6-13)$$

$$X^* = (A+I)X \quad (6-14)$$

那么邻接矩阵和对应的度矩阵就变为：

$$\tilde{A} = A + I \quad (6-15)$$

$$\tilde{D} = \sum_j \tilde{A}_{ij} \quad (6-16)$$

其中度矩阵 D 是一个对角矩阵,其中包含的信息为每一个顶点的度数,节点的度数定义为其边的权重的总和。

4. 归一化

不同节点,其边的数量和权重幅值都不一样,例如有的节点特别多边,这导致多边(或边权重很大)的节点在聚合后的特征值远远大于少边(边权重小)的节点。所以需要在节点更新自身前,对邻居传来的信息(包括自环信息)进行归一化来消除这一问题,即为 $\tilde{D}^{-1}\tilde{A}$,所以聚合前后为:

$$X^* = \tilde{D}^{-1}\tilde{A}X \tag{6-17}$$

$$X_i^* = \sum_{j=1}^{N}\frac{\tilde{A}_{ij}}{\tilde{D}_{ii}}X_j = \sum_{j=1}^{N}\frac{\tilde{A}_{ij}}{\sum_{j=1}^{N}\tilde{A}_{ik}}X_j \tag{6-18}$$

5. 对称归一化

上述的归一化只考虑了聚合节点 i 的度的情况,但没有考虑到邻居 j 的节点的情况,即未对邻居 j 所传播的信息进行归一化(此处默认每个节点通过边对外发送相同量的信息,边越多的节点,每条边发送出去的信息量就越小,类似均摊)。

采用几何平均数 $\sqrt{ab}$ 来归一化,即归一化为 $\tilde{D}^{-1/2}\tilde{A}\tilde{D}^{-1/2}$,所以聚合前后为:

$$X^* = \tilde{D}^{-1/2}\tilde{A}\tilde{D}^{-1/2}X \tag{6-19}$$

归一化 $\tilde{D}^{-1}\tilde{A}$ 是对 $\tilde{A}$ 的行进行归一化,对称归一化是对 $\tilde{A}$ 的行和列分别进行归一化。那么一层 GCN 的输入输出为:

$$X^{l+1} = \sigma(\tilde{D}^{-1/2}\tilde{A}\tilde{D}^{-1/2}X^lW^l) \tag{6-20}$$

(三)GraphSAGE 网络

GraphSAGE 是 2017 年提出的一种图神经网络算法,解决了 GCN 网络的局限性:GCN 训练时需要用到整个图的邻接矩阵,依赖于具体的图结构,一般只能用在直推式学习。GraphSAGE 使用多层聚合函数,每一层聚合函数会将节点及其邻居的信息聚合在一起得到下一层的特征向量,GraphSAGE 采用了节点的邻域信息,不依赖于全局的图结构。

图神经网络的任务一般有直推式和归纳式。直推式通常指要预测的节点在训练时已经出现过,例如,有一个作者关系网络,知道部分作者的类别,用整个网络训练

GCN，最后预测未知类别的作者。归纳式指要预测的节点在训练时没有出现，例如，用今天的图结构训练，预测明天的图。

GCN 利用了图的整个邻接矩阵和图卷积操作融合相邻节点的信息，因此一般用于直推式任务而不能用于处理归纳式任务。因此 2017 年 GraphSAGE 算法被提出，用于解决 GCN 存在的问题。

GraphSAGE 包含采样和聚合（Sample and aggregate），首先使用节点之间连接信息，对邻居进行采样，然后通过多层聚合函数不断地将相邻节点的信息融合在一起。用融合后的信息预测节点标签。图 6-36 展示了 GraphSAGE 的聚合过程，采用了两层聚合层。

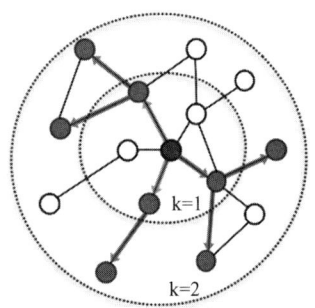
1. Sample neighborhood

2. Aggregate feature information from neighbors

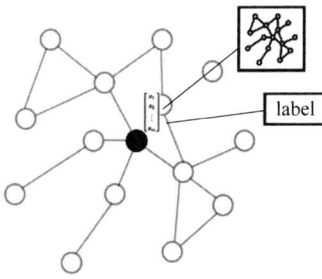
3. Predict graph context and label using aggregated information

图 6-36　GraphSAGE 原理图

图 6-36 包括两层聚合，对应的聚合函数为 aggregator1 和 aggregator2。通过 k 层聚合之后，可以得到节点最终的表示向量，GraphSAGE 的伪代码如下：

Algorithm 1: GraphSAGE embedding generation (i.e., forward propagation) algorithm

Input : Graph $\mathcal{G}(\mathcal{V}, \mathcal{E})$; input features $\{\mathbf{x}_v, \forall v \in \mathcal{V}\}$; depth K; weight matrices $\mathbf{W}^k, \forall k \in \{1, ..., K\}$; non-linearity σ; differentiable aggregator functions $\text{AGGREGATE}_k, \forall k \in \{1, ..., K\}$; neighborhood function $\mathcal{N} : v \to 2^{\mathcal{V}}$

Output: Vector representations $\mathbf{z}_v$ for all $v \in \mathcal{V}$

1　$\mathbf{h}_v^0 \leftarrow \mathbf{x}_v, \forall v \in \mathcal{V}$;
2　**for** $k = 1...K$ **do**
3　　**for** $v \in \mathcal{V}$ **do**
4　　　$\mathbf{h}_{\mathcal{N}(v)}^k \leftarrow \text{AGGREGATE}_k(\{\mathbf{h}_u^{k-1}, \forall u \in \mathcal{N}(v)\})$;
5　　　$\mathbf{h}_v^k \leftarrow \sigma\left(\mathbf{W}^k \cdot \text{CONCAT}(\mathbf{h}_v^{k-1}, \mathbf{h}_{\mathcal{N}(v)}^k)\right)$
6　　**end**
7　　$\mathbf{h}_v^k \leftarrow \mathbf{h}_v^k / \|\mathbf{h}_v^k\|_2, \forall v \in \mathcal{V}$
8　**end**
9　$\mathbf{z}_v \leftarrow \mathbf{h}_v^K, \forall v \in \mathcal{V}$

伪代码中的 h_0 表示节点 v 的初始特征向量，包含 k 层聚合操作。在第 k 次聚合生成 v 节点特征向量时，会采用聚合函数把 v 节点的邻居信息融合在一起。这一操作也可改成 minibatch 的，伪代码如下：

```
Algorithm 2: GraphSAGE minibatch forward propagation algorithm
Input  : Graph G(V, E);
         input features {x_v, ∀v ∈ B};
         depth K; weight matrices W^k, ∀k ∈ {1, ..., K};
         non-linearity σ;
         differentiable aggregator functions AGGREGATE_k, ∀k ∈ {1, ..., K};
         neighborhood sampling functions, N_k : v → 2^V, ∀k ∈ {1, ..., K}
Output : Vector representations z_v for all v ∈ B
1  B^K ← B;
2  for k = K...1 do
3      B^{k-1} ← B^k;
4      for u ∈ B^k do
5          B^{k-1} ← B^{k-1} ∪ N_k(u);
6      end
7  end
8  h_u^0 ← x_v, ∀v ∈ B^0;
9  for k = 1...K do
10     for u ∈ B^k do
11         h_{N(u)}^k ← AGGREGATE_k({h_{u'}^{k-1}, ∀u' ∈ N_k(u)});
12         h_u^k ← σ(W^k · CONCAT(h_u^{k-1}, h_{N(u)}^k));
13         h_u^k ← h_u^k / ||h_u^k||_2;
14     end
15 end
16 z_u ← h_u^K, ∀u ∈ B
```

上面的伪代码中，$B=B^k$ 为要生成向量的节点集合，B^{k-1} 是深度为 1 的邻域，B^0 为深度为 K 的邻域，B^0 包含的节点最多。$N^{k(v)}$ 表示 v 节点在第 k 次聚合时的邻域，节点在每一层的邻域数量都不同，通过采样得到：

1. GraphSAGE 聚合函数

GraphSAGE 提供了四种聚合节点的函数：

Mean aggregator：对节点 v 进行聚合时，对节点 v 和邻域的特征向量求均值。

$$h_v^k \leftarrow Mean(\{h_u^{k-1}, \forall u \in N(v)\}) \tag{6-21}$$

GCN aggregator：采用了类似 GCN 卷积的方式进行聚合，公式和 Mean aggregator 类似。

$$h_v^k \leftarrow \sigma(W \cdot Mean(\{h_v^{k-1}\} \cup \{h_u^{k-1}, \forall u \in N(v)\})) \tag{6-22}$$

LSTM aggregator：LSTM 有比较好的抽取特征能力，因此也使用了 LSTM 进行聚合，但是因为节点之间没有明显的顺序关系,因此会打乱之后放入 LSTM。

Pooling aggregator:先把所有邻居节点的特征向量传入一个全连接层,然后使用 max-pooling 聚合。

$$h_v^k \leftarrow \max(\{\sigma(W_{pool}h_u^{k-1}+b), \forall u \in N(v)\}) \tag{6-23}$$

2. GraphSAGE 训练

GraphSAGE 可以采用无监督训练或者有监督训练。无监督训练采用负采样算法,公式如下:

$$J_G(z_u) = -\log(\sigma(z_u^T z_v)) - Q \cdot E_{v_n \sim P_n(v)}\log(\sigma(-z_u^T z_{v_n})) \tag{6-24}$$

公式中的 z_u 是经过 GraphSAGE 聚合之后的特征向量,节点 v 是节点 u 邻域内的节点,而 Q 表示负采样次数。

对于有监督训练可以使用任务相关的目标函数,例如节点分类时采用交叉熵损失函数。

四、平台认知实操流程

(一)环境搭建/调用

1. pip 安装

我们在 Ubuntu 16.04 下基于 g++ 5.4.0 编译好了一个安装包,如果和环境匹配,可以直接下载安装。否则参考"源码编译安装"。目前,GL 提供的模型示例基于 TensorFlow 1.12 开发,需要安装对应的版本。只依赖系统接口做模型开发的用户,可以对源码稍作修改,去掉 _init_.py 文件中 import *tf* 相关的部分。

```
wget    http://graph-learn-whl.oss-cn-zhangjiakou.aliyuncs.com/
graphlearn-0.1-cp27-cp27 mu-linux_x86_64.whl
    sudo pip install graphlearn-0.1-cp27-cp27 mu-linux_x86_64.whl
    sudo pip install tensorflow==1.12.0
```

2. 源码编译安装

(1)安装 git。

```
sudo apt-get install git-all
```

（2）安装依赖的三方库。

```
sudo apt-get install autoconf automake libtool cmake python-numpy
```

（3）编译。

1）下载源代码。

```
git clone https://github.com/alibaba/graph-learn.git
cd graph-learn
git submodule update--init
```

2）可以使用如下两种方式编译整个项目及测试用例。

Ⅰ. 使用 Makefile：

```
make test
```

Ⅱ. 使用 CMakeLists.txt：

```
mkdir cmake-build && cd cmake-build
cmake -DTESTING=ON ..&& make
```

3）编译 python 包。

```
make python
```

4）安装。

```
sudo pip install dist/your_wheel_name.whl
```

（4）运行测试用例。

```
source env.sh
./test_cpp_ut.sh
./test_python_ut.sh
```

3. Docker 镜像

若使用 Docker 运行，可以下载准备好的镜像，也可以基于此镜像开发。

CPU 版本：

```
docker pull registry.cn-zhangjiakou.aliyuncs.com/pai-image/graph-learn:v0.1-cpu
```

GPU 版本：

```
docker pull registry.cn-zhangjiakou.aliyuncs.com/pai-image/graph-learn:v0.1-gpu
```

4. 简单图创建

Graph 对象是将原始数据组织起来，供上层算子进行操作的本体。Graph 对象支持同构图、异构图、属性图，图中的详细信息通过相关 API 来表达。

（1）声明 Graph 对象。

声明 Graph 对象的代码如下，后续所有相关操作都是基于 g 来进行的。

```
import graphlearn as gl
g = gl.Graph()
```

（2）创建节点。

Graph 对象提供 node（）接口，用于添加一种顶点数据源。node（）返回 Graph 对象本身，也就意味着可以连续多次调用 node（）。具体接口形式和参数如下：

```
def node(source,node_type,decoder)
```

描述顶点类型与其数据 schema 的对应关系。

source：string 类型，顶点的数据源，详见"数据源"一章。

node_type：string 类型，顶点类型。

decoder：Decoder 对象，用于描述数据源的 schema。

例如：

```
g.node(source="table_1",node_type="user",decoder=Decoder(attr_types=["int","float","int"]))\
  .node(source="table_2",node_type="movie",decoder=Decoder(weighted=True)
```

(3)创建边。

Graph 对象提供 edge( ) 接口,用于添加一种边数据源,支持将同构或异构的边指定为无向边。edge( ) 返回 Graph 对象本身,也就意味着可以连续多次调用 edge( )。通过添加边数据源,确定了图中边类型与其源点、目的点类型的对应关系,再结合对应的顶点类型数据源,共同构成一张打通连接关系的大图。具体接口形式和参数如下:

```
def edge(source,edge_type,decoder,directed=True)
```

''' 描述边类型和其源顶点、目的顶点类型的对应关系,以及边类型与数据 schema 的对应关系。

source:string 类型,边的数据源,详见"数据源"一章。

edge_type:tuple,内容为(源点类型、目的点类型、边类型)3 元组。

decoder:Decoder 对象,用于描述数据源的 schema。

directed:boolean,边是否为无向边。默认 True,为有向边。当为无向边时,采样必须通过 GSL 接口。

'''

例如:

```
ui_decoder = Decoder(weighted=True)
uv_decoder = Decoder(weighted=True,attr_types=["float"]* 10,attr_delimiter=',')

g.edge(source="table_3",edge_type=("user","item","click"),decoder=ui_decoder)
 .edge(source="table_4",edge_type=("user","movie","click_v"),decoder=uv_decoder)
```

5. 图学习算法实例

下面将基于 GL 和 TensorFlow 开发一个有监督的 GraphSAGE 模型,并在 Cora 数据上训练。

(1)构建数据集。

使用开源数据集 Cora,它包含了机器学习的一些论文,以及论文之间的引用关系，每篇论文包含 1 433 个属性。这些论文可以划分为 7 种类别：Case_Based、Genetic_Algorithms、Neural_Networks、Probabilistic_Methods、Reinforcement_Learning、Rule_Learning、Theory。该 GNN 任务的目的是预测论文的分类。将开源的 Cora 数据进行处理，得到构图所需的数据格式。

```
cd ../examples/data
python cora.py
```

产出边数据和顶点数据。其中，边数据即论文之间的引用关系，一篇论文由其他至少一篇论文引用；顶点数据，即论文的词汇表示，包括论文的属性和标签，属性总共 1 433 个维度，论文类别有 7 类，因此 label 值域设置为 0 ~ 6。

```
src_id:int64    dst_id:int64
35   1033
35   103482
35   103515


id:int64   label:int32    feature:string
31336      4              0.0:0.0:...
1061127    1              0.0:0.05882353:...
1106406    2              0.0:0.0:...
```

顶点数据除了 id 以外，包含 label 和 attributes，其中 attributes 为 1 433 个 float。边数据除了两个端点 id 以外，还包含边的权重。数据格式通过 gl.Decoder 类描述。

```
import graphlearn as gl
N_FEATURE = 1433
# 描述顶点表的数据格式，包含 label 和 attributes
node_decoder = gl.Decoder(labeled=True,attr_types=["float"]* N_FEATURE)
# 表示边表的数据格式，除了端点 id 以外，还有边的权重
edge_decoder = gl.Decoder(weighted=True)
```

（2）图构建。

图构建的过程是将顶点数据和边数据加载到内存中，转换为逻辑上的图格式。构建完成后，可供查询和采样。

```
import graphlearn as gl
# 配置参数
N_CLASS = 7
N_FEATURE = 1433
BATCH_SIZE = 140
HIDDEN_DIM = 128
N_HOP = 2
HOPS = [10,5]
N_EPOCHES = 2
DEPTH = 2
# 定义一个 Graph 对象
g = gl.Graph()
# 通过 '.node()' 将顶点表加入到图中，并指定顶点的类型；这里只有一种类型的顶点，我们命名为 "item"。
# 通过 '.edge()' 将边表加入到图中，并通过一个三元组描述类型，分别为源顶点类型、目的顶点类型和边类型。
  g.node("examples/data/cora/node_table",
         node_type="item",
         decoder=gl.Decoder(labeled=True,attr_types=["float"]* N_FEATURE))\
    .edge("examples/data/cora/edge_table",
         edge_type=("item","item","relation"),decoder=gl.Decoder(weighted=True),directed=False)\
# 调用 .init() 进行初始化。这里以单机运行为例,分布式详见 [图对象-初始化数据]
```

(graph_object_cn.md)。

g.init()

（3）图采样。

为了实现 GraphSAGE，需要进行图采样以作为上层网络的输入。在这里，采样顺序为：

1）按 batch 采样种子"item"顶点；

2）采样上述顶点沿着"relation"边的 1-hop 邻居和 2-hop 邻居；

3）获取路径上的所有顶点的属性和种子顶点的 labels。

这里定义了一个生成器，通过遍历图，得到每一次迭代的 batch 的样本数据。

```
def sample_gen():
  query = g.V('item').batch(BATCH_SIZE)\
          .outV("relation").sample(10).by("random")\
          .outV("relation").sample(5).by("random")\
          .values(lambda x:(x[0].float_attrs,x[1].float_attrs,x[2].float_attrs,x[0].labels))
  while True:
    try:
      res = g.run(query)
      if res[0].shape[0]< BATCH_SIZE:
       break
      yield tuple([res[0].reshape(-1,N_FEATURE)])+ tuple([res[1].reshape(-1,N_FEATURE)])\
          + tuple([res[2].reshape(-1,N_FEATURE)])+ tuple([res[3]])
    except gl.OutOfRangeError:
      break
```

（4）模型代码。

以 TensorFlow Estimator 为例，说明在 GL 上自行开发 GNN 的方式。

1）将图采样的样本生成器作为 input_fn。

```
import tensorflow as tf
def sample_input_fn():
  ds = tf.data.Dataset.from_generator(
    sample_gen,
    tuple([tf.float64]* 3)+ tuple([tf.int32]),
    tuple([tf.TensorShape([BATCH_SIZE,N_FEATURE])])+ \
    tuple([tf.TensorShape([BATCH_SIZE * HOPS[0],N_FEATURE])])+ \
    tuple([tf.TensorShape([BATCH_SIZE * HOPS[0]* HOPS[1],N_FEATURE])])+ \
    tuple([tf.TensorShape([BATCH_SIZE])])
  )
  value = ds.repeat(N_EPOCHES).make_one_shot_iterator().get_next()
  layer_features = value[:3]
  features,labels = encode_fn(layer_features,0,DEPTH),value[3]
  return {"logits":features},labels
```

2）定义 GNN 模型的 Aggregator 和 Encoder。

```
vars = {}
def aggregate_fn(self_vecs,neigh_vecs,raw_feat_layer_index,layer_index):
  with tf.variable_scope(str(layer_index)+ '_layer',reuse=tf.AUTO_REUSE):
    vars['neigh_weights']= tf.get_variable(shape=[N_CLASS,N_CLASS],name='neigh_weights')
    vars['self_weights']= tf.get_variable(shape=[N_CLASS,N_CLASS],name='self_weights')
```

```
            output_shape = self_vecs.get_shape()
            dropout = 0.5
            neigh_vecs = tf.nn.dropout(neigh_vecs,1 - dropout)
            self_vecs = tf.nn.dropout(self_vecs,1 - dropout)
            neigh_vecs = tf.reshape(neigh_vecs,
                            [-1,HOPS[raw_feat_layer_index],N_CLASS])
            neigh_means = tf.reduce_mean(neigh_vecs,axis=-2)


            from_neighs = tf.matmul(neigh_means,vars['neigh_weights'])
            from_self = tf.matmul(self_vecs,vars["self_weights"])


            output = tf.add_n([from_self,from_neighs])
            output = tf.reshape(output,shape=[-1,output_shape[-1]])
            return tf.nn.leaky_relu(output)
        def encode_fn(layer_features,raw_feat_layer_index,depth_to_encode):
            if depth_to_encode > 0:
                h_self_vec = encode_fn(layer_features,raw_feat_layer_index,depth_to_encode - 1)
                h_neighbor_vecs = encode_fn(layer_features,raw_feat_layer_index + 1,depth_to_encode - 1)
                return aggregate_fn(h_self_vec,h_neighbor_vecs,raw_feat_layer_index,depth_to_encode)
            else:
                h_self_vec = tf.cast(layer_features[raw_feat_layer_index],tf.float32)
                h_self_vec = tf.layers.dense(h_self_vec,N_CLASS,activation=tf.nn.leaky_relu)
            return h_self_vec
```

3）定义 features_column。

```
features,labels = sample_input_fn()
feature_columns = []
for key in features.keys():
 feature_columns.append(tf.feature_column.numeric_column(key=key))
```

4）定义 Loss 和 Model。

```
def loss_fn(logits,labels):
    return tf.reduce_mean(
    tf.nn.sparse_softmax_cross_entropy_with_logits(labels=labels,logits=logits))


def model_fn(features,labels,mode,params):
    logits = features['logits']
    loss = loss_fn(logits,labels)
    optimizer = tf.train.AdamOptimizer(learning_rate=params["learning_rate"])
    train_op = optimizer.minimize(
        loss=loss,global_step=tf.train.get_global_step())


  spec = tf.estimator.EstimatorSpec(
      mode=tf.estimator.ModeKeys.TRAIN,
      loss=loss,
      train_op=train_op)
return spec
```

5）实例化 Estimator，并训练。

```
params = {"learning_rate":1 e-4,
          'feature_columns':feature_columns}


model = tf.estimator.Estimator(model_fn=model_fn,
                               params=params)
model.train(input_fn=sample_input_fn)
```

6. GCN 网络

下面将基于 GL 和 PyTorch 开发一个有监督的 GCN 网络模型，并在 Cora 数据上训练。

（1）代码基本信息及其流程图。关键代码说明见表 6-3。

表 6-3　　　　　　　　　关键代码说明

文件名称	说明
data/cora.py	分类图数据
GCN.py	GCN 网络结构搭建
train.py	训练主程序

（2）数据载入模块。

```
train_query = query(g,args,mask=gl.Mask.TRAIN)
if args.use_mp:
    train_dataset = thg.Dataset(train_query,window=5,induce_func=induce_func,graph=g)
else:
    train_dataset = thg.Dataset(train_query,window=5,induce_func=induce_func)
train_loader = thg.PyGDataLoader(train_dataset,multi_process=args.use_mp,length=length_per_worker)
test_query = query(g,args,mask=gl.Mask.TEST)
if args.use_mp:
```

```
    test_dataset = thg.Dataset(test_query,window=5,induce_func=induce_func,graph=g)
  else:
    test_dataset = thg.Dataset(test_query,window=5,induce_func=induce_func)
  test_loader = thg.PyGDataLoader(test_dataset,multi_process=args.use_mp)
```

（3）构建图。

```
def load_graph(args):
    dataset_folder = args.dataset_folder
    node_type = 'item'
    edge_type = 'relation'
    node_path = dataset_folder + "node_table"
    edge_path = dataset_folder + "edge_table"
    train_path = dataset_folder + "train_table"
    val_path = dataset_folder + "val_table"
    test_path = dataset_folder + "test_table"


    g = gl.Graph()                                               \
        .node(node_path,node_type=node_type,
              decoder=gl.Decoder(labeled=True,
                                 attr_types=["float"]* args.features_num,
                                 attr_delimiter=":"))            \
        .edge(edge_path,
              edge_type=(node_type,node_type,edge_type),
              decoder=gl.Decoder(weighted=True),directed=False)  \
```

```
        .node(train_path,node_type=node_type,
            decoder=gl.Decoder(weighted=True),mask=gl.Mask.TRAIN)   \
        .node(val_path,node_type=node_type,
            decoder=gl.Decoder(weighted=True),mask=gl.Mask.VAL)     \
        .node(test_path,node_type=node_type,
            decoder=gl.Decoder(weighted=True),mask=gl.Mask.TEST)
    return g
```

(4)构建模型网络结构。

```
class GCN(torch.nn.Module):
    def __init__(self,
                 input_dim,
                 hidden_dim,
                 output_dim,
                 depth=2,
                 drop_rate=0.0,
                 **kwargs):
        super(GCN,self).__init__()
        self.depth = depth
        self.drop_rate = drop_rate
        self.layers = torch.nn.ModuleList()
        for i in range(depth):
            input_dim = input_dim if i == 0 else hidden_dim
            output_dim = output_dim if i == depth - 1 else hidden_dim
            self.layers.append(GCNConv(input_dim,output_dim))
```

```
def forward(self,data):
    """
    Args:
        data:PyG 'Batch' object.
    Returns:
        output embedding.
    """
    h = data.x
    for l,layer in enumerate(self.layers):
        h = layer(h,data.edge_index)
        if l != self.depth - 1:
            h = F.relu(h)
            if self.drop_rate:
                h = F.dropout(h,p=self.drop_rate,training=self.training)
    return h

def reset_parameters(self):
    for conv in self.layers:
        conv.reset_parameters()
```

(5)定义损失函数。

```
def train(model,loader,optimizer,args):
    model.train()
    for i,data in tqdm(enumerate(loader)):
        optimizer.zero_grad()
        data = data.to(device)
```

```
x = model(data)

x = F.log_softmax(x,dim=1)

loss = F.nll_loss(x,data.y)

print('loss:',loss.item())

loss.backward()

optimizer.step()
```

(6)训练模型。

```
python train.py
```

(7)训练过程及结果。

实时显示训练过程如图 6-37 所示。

(8)获取实验结果,并分析分类结果。

获取不同批次的分类结果,获取不同批次的损失,分析损失与不同批次分类准确率的关系。

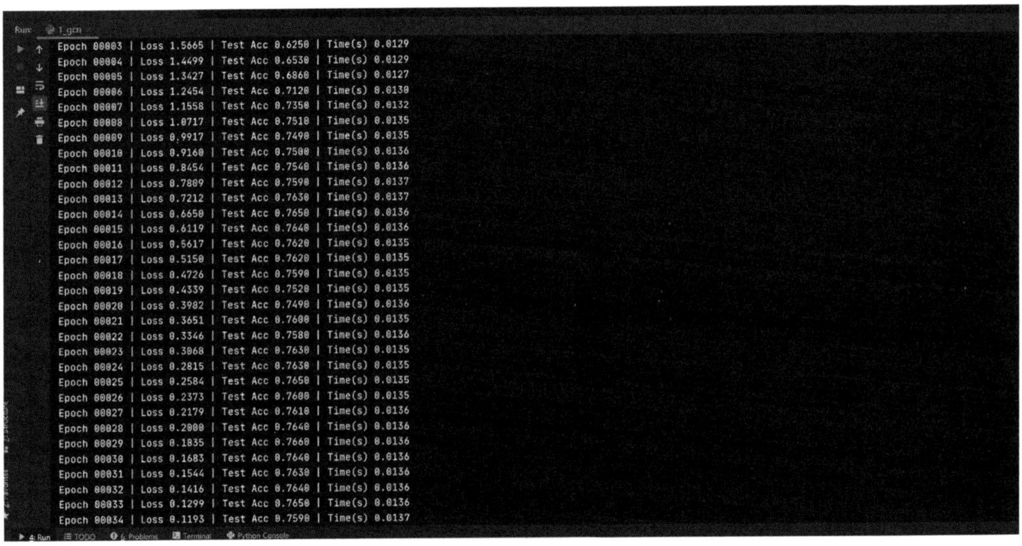

图 6-37 训练过程及结果截图

第三节 有监督学习性能劣化场景构建认知实验

考核知识点及能力要求：

- 熟悉有监督学习性能劣化场景的实现流程与主要组成部分原理；
- 了解常见的有监督学习模型及其实现思路；
- 编写面向轴承故障诊断的 CNN 基本训练流程代码；
- 具备有监督性能劣化场景的算法部署能力。

一、开发语言，实现平台和实验环境

（一）在线开发环境

（1）编程语言：Python。

（2）所需的拓展包：numpy、scipy、random、os、logging、torch、pandas、tqdm。

（3）实验平台：飞桨 AI Studio。

（4）飞桨 AI Studio 平台操作步骤：

1）如图 6-38 所示，打开飞桨 AI Studio 平台。

2）如图 6-39 所示，创建项目，连接计算资源并激活环境。

3）使用方式类似于 jupyter noebook。

（二）离线开发环境

（1）语言：Python。

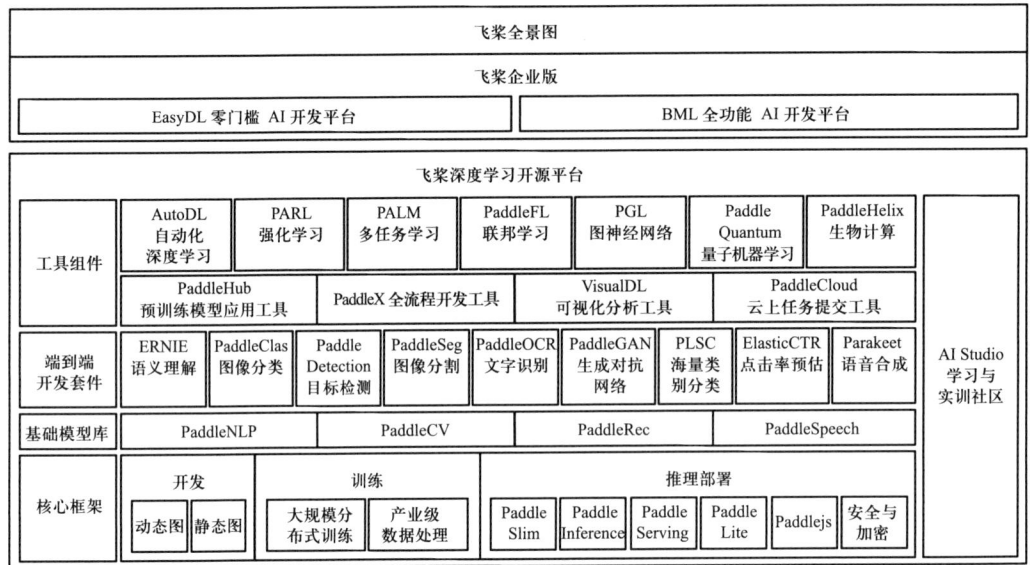

图 6-38 飞桨 AI Studio 架构图

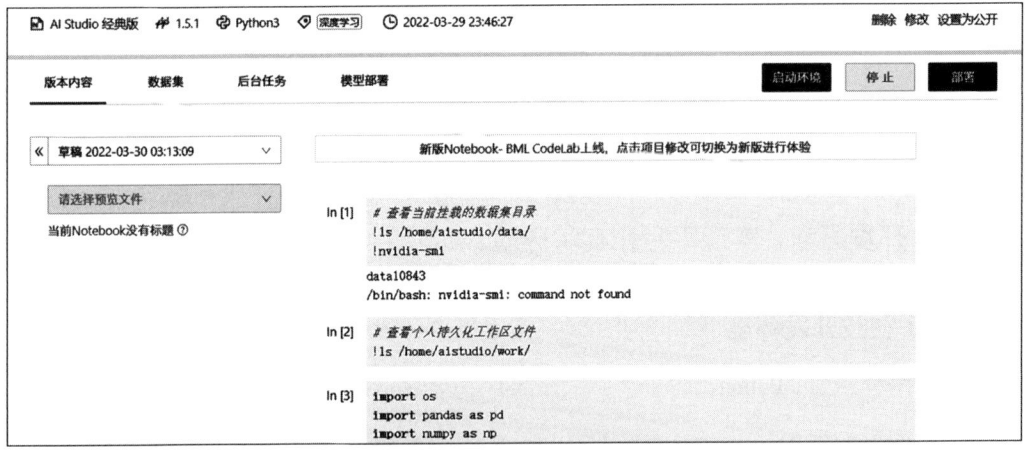

图 6-39 飞桨运行界面图

（2）所需的包：numpy、scipy、random、os、logging、torch、pandas、tqdm。

（3）实验平台：研发云 – 云桌面。

（4）运行软件：Pycharm。

（5）研发云平台操作步骤：

1）连接 Inode-VPN，如图 6-40a）所示。

2）进入研发云网址 https：//172.10.101.1/client2.0/accounts/login/?next=/client2.0/，登录

研发云账户，如图 6-40b）所示。

3）进入如图 6-41a）所示云桌面选项，点击如图 6-41b）所示图标下载并安装可视化客户端 NIIDDM-View。

a）Inode-VPN登录界面　　　　　　b）研发云登录界面

图 6-40　VPN 和研发云登录界面

a）云桌面图标　　　b）View 下载图标　　　c）NIIDDM-View 客户端

图 6-41　登录图标选项

4）打开安装好的 NIIDDM-View 客户端如图 6-41c）所示，并在客户端中登录研发云账户，如图 6-42 所示。

5）配置并运行云桌面如图 6-43a）所示，然后连接桌面。

6）在云桌面中运行 Pycharm 软件，如图 6-43b）所示。

7）如图 6-44 所示，在算法包文件夹所在位置新建工程。

8）在如图 6-45 所示的 Pycharm 软件界面中双击打开左边目录中的算法，并点击"Run"按钮，即可运行，在右下角观察计算结果。

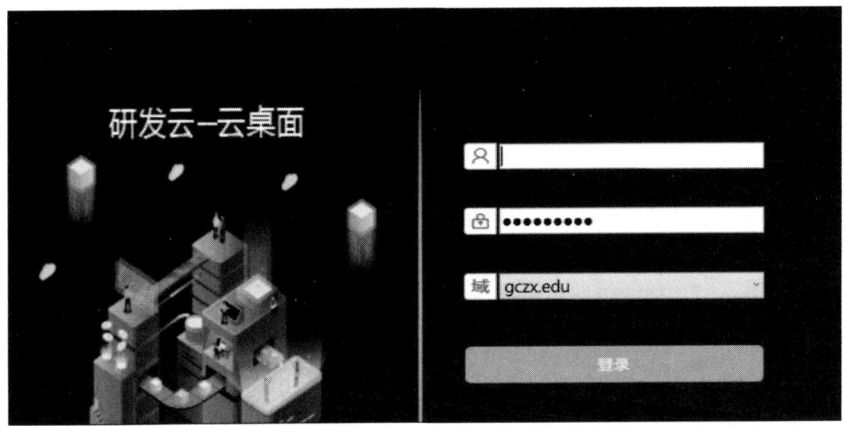

图 6-42 NIIDDM-View 客户端研发云账户登录界面

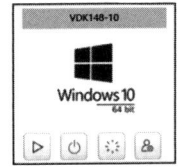

a)云桌面配置启动界面

b)Pycharm 启动图标

图 6-43 配置启动云桌面和 Pycharm

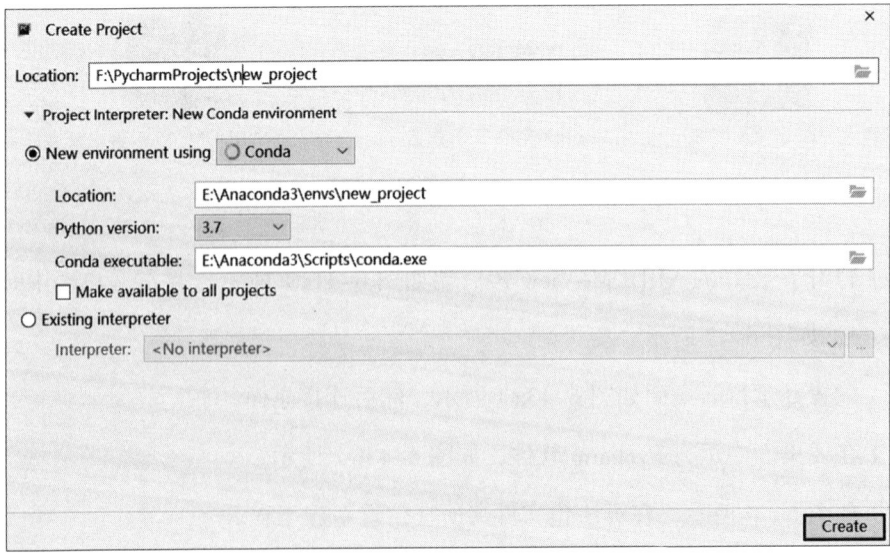

图 6-44 新建工程

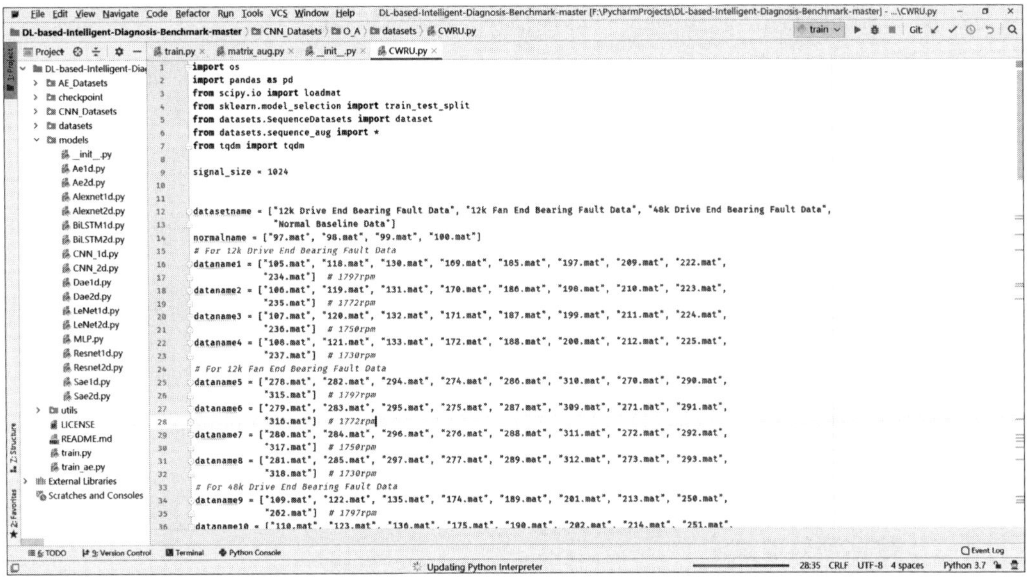

图 6-45 Pycharm 工程界面

二、实验目的与实验要求

（一）实验目的

（1）掌握有监督学习在轴承故障诊断领域的应用场景；

（2）掌握常见的工业数据预处理方法；

（3）理解有监督学习数据与标签的构建过程；

（4）熟悉并掌握有监督常见网络模型及其结构，代码实现及模型训练流程；

（5）了解分类网络结构的设计方法，尝试构建不同的卷积神经网络结构。

（二）实验要求

（1）认识数据集并编写轴承数据预处理方法代码；

（2）加载数据并编写一维卷积神经网络并获取故障分类结果；

（3）编写实验报告。

三、算法原理

（一）有监督学习简介

有监督学习是机器学习任务的一种。它从有标记的训练数据中推导出预测函数。

有标记的训练数据是指每个训练样本都包括输入和期望的输出。

有监督学习从训练数据集合中训练模型,再对测试数据进行预测,训练数据由输入和输出对组成,通常表示为:

$$T=\{(x_1,y_1),(x_2,y_2),\cdots,(x_i,y_i)\} \quad (6-25)$$

测试数据也由相应的输入输出对组成。

有监督学习中,比较典型的问题可以分为:输入变量与输出变量均为连续的变量的预测问题称为回归问题(Regression);输出变量为有限个离散变量的预测问题称为分类问题(Classfication);输入变量与输出变量均为变量序列的预测问题称为标注问题。

(二)数据预处理算法

输入数据的类型和规范化的方式对有监督深度学习模型的性能有很大的影响。输入数据的类型决定了特征提取的难度,归一化方法决定了计算的难度。因此,本实验提供了5种输入类型和3种归一化方法对深度学习模型性能的影响。

1. 时域信号

对长时间时序信号进行截断,可视化不同故障类型的振动加速度信号,并进行可视化直观分析。

$$N=\text{floor}\left(\frac{L}{1\,024}\right) \quad (6-26)$$

式中 L——输入信号长度,采样点数。

2. 频域信号

对离散时间信号进行FFT(Fast Fourier Transformation):快速傅里叶变换。观察信号的频域成分,观察信号的频域峰值。

$$x_i^{\text{FFT}}=\text{FFT}(x_i) \quad (6-27)$$

式中 x_i——输入分割后的振动加速度信号,mm/s²。

3. 时频域信号

对时域信号进行短时傅里叶变化(STFT),将信号转化到时频域。

$$x_i^{\text{STFT}}=\text{STFT}(x_i) \quad i=1,2,\cdots,N \quad (6-28)$$

式中　x_i——输入分割后的振动加速度信号，mm/s²。

4. 小波域信号

对于小波域输入，将连续小波变换（CWT）应用于每个样本 x_i，以获得信号在小波域的表示。由于连续小波变换计算耗时，因此每个样本 x_i 的长度被设置为 100。在该操作之后，将获得小波系数（100×100 图像），变换方式如下所示：

$$x_i^{\mathrm{CWT}} = \mathrm{CWT}(x_i) \quad i=1,2,\cdots,N \qquad (6-29)$$

式中　x_i——输入分割后的振动加速度信号，mm/s²。

其中，运算符 CWT（·）表示将信号变换到小波域。

5. 数据标准化

输入规范化是数据准备的基本步骤，它可以方便后续的数据处理，加速深度学习模型的收敛。因此，我们讨论了三种规范化方法对深度学习模型性能的影响。

（1）最大 – 最小标准化。

最大 – 最小（Maximum–Minimum）标准化可以表达为通过输入数据 x_i 与 x_i 中的最小值做差并与数据内的最值做商而得，具体表达形式如下：

$$x_i^{\mathrm{normalize-1}} = \frac{x_i - x_i^{\min}}{x_i^{\max} - x_i^{\min}}, \quad i=1,2,\cdots,N \qquad (6-30)$$

（2）[–1 1] 标准化。

该种标准化可以被表达为：

$$x_i^{\mathrm{normalize-2}} = -1 + 2 \times \frac{x_i - x_i^{\min}}{x_i^{\max} - x_i^{\min}}, \quad i=1,2,\cdots,N \qquad (6-31)$$

（3）z–score 标准化。

该种标准化表达为：

$$x_i^{\mathrm{normalize-3}} = \frac{x_i - x_i^{\mathrm{mean}}}{x_i^{\mathrm{std}}}, \quad i=1,2,\cdots,N \qquad (6-32)$$

式中　x_i^{mean}——x_i 的均值，mm/s²；

　　　x_i^{std}——x_i 的标准差，mm/s²。

6. 数据扩充算法

数据扩充对于使训练数据集丰富类别样本与缓解小样本问题造成的学习困难非常

重要。然而，用于智能诊断的数据扩充尚未得到深入研究。数据扩充的关键挑战是从现有样本中创建标签正确的样本，只有标签准确才能在有监督学习中发挥提升分类结果的正向作用，而扩充正向样本的过程主要依赖于领域知识。因此，本实验提供了一些数据扩充技术，但应用数据扩充技术的有效性与结果因数据集与任务而定。

（1）一维数据扩充。

1）随机加高斯噪声。

通过对数据中随机加入高斯噪声使其与原始数据存在一定差异，认为增加噪声后的数据与原始数据为不同数据，从而对样本进行了扩充，随机加高斯噪声的表达如下：

$$x' = x + n \tag{6-33}$$

式中　x——一维输入信号；

　　　n——满足分布$N(0, 0.01)$的高斯噪声。

2）随机尺度。

通过将信号与某一个范围内的随机因子相乘进行尺度层面上的伸缩变换从而使样本进行扩充，表达如下：

$$x' = \beta \times x \tag{6-34}$$

式中　x——一维输入信号；

　　　β——满足分布$N(0,0.01)$的随机数。

3）随机拉伸。

本策略将信号重采样为随机比例，并通过补零和截断确保相同比例因子下的信号之间的长度相等，获得拉伸后的重构信号。

4）随机覆盖。

该策略随机覆盖部分信号，其公式如下：

$$x := mask \times x \tag{6-35}$$

式中　x——一维输入信号；

　　　$mask$——满足分布$N(1,0.01)$的随机数。

其中 x 是一维输入信号,掩码是随机位置子序列为零的二进制序列。在本案例中,子序列的长度等于 10。

(2)一维数据扩充。

1)随机尺度。

通过将信号与某一个范围内的随机因子相乘进行尺度层面上的伸缩变换从而使样本进行扩充,表达如下:

$$x' = \beta \times x \tag{6-36}$$

其中 x 是二维输入信号,β 是满足分布 $N(1, 0.01)$ 的随机数。

7. 数据分割算法

智能诊断中数据分割的一种常见做法是无重叠随机分割策略,该策略的示意如图 6-46 所示。该示意图主要强调了预处理步骤,但没有重叠,如果样本制备过程存在任何重叠,分类算法的评估可能存在测试泄露(如果从预处理步骤开始分割训练集和测试集,可以避免测试数据泄露,如图 6-47 所示)。

图 6-46 显示了 4 折交叉验证的条件,如果没有测试集,我们通常使用 4 折交叉验证的平均精度来表示泛化精度。

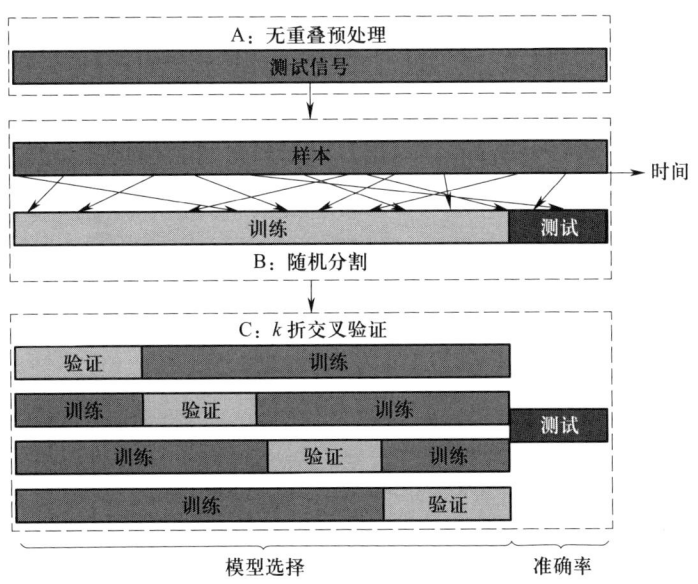

图 6-46 无重叠预处理随机分割

对于工业数据，它们很少是随机的，而且总是连续的（它们可能包含趋势或其他时间相关性）。因此，更适合根据时间序列分割数据（顺序分割）。图 6-48 显示了根据时间序列的数据分割策略图。从该图可以看出，按照时间顺序分割训练集和测试集，而不是随机分割数据。此外，图 6-48 还显示了 4 折交叉验证随时间变化的情况。

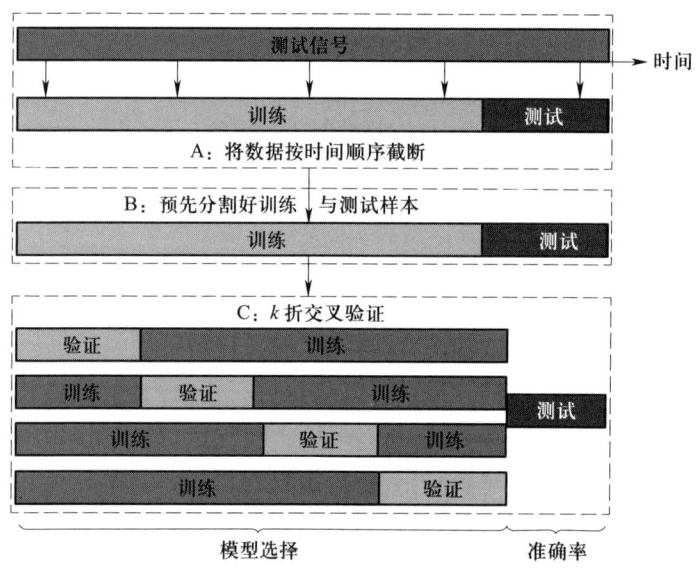

图 6-47　预先训练集与测试集分开

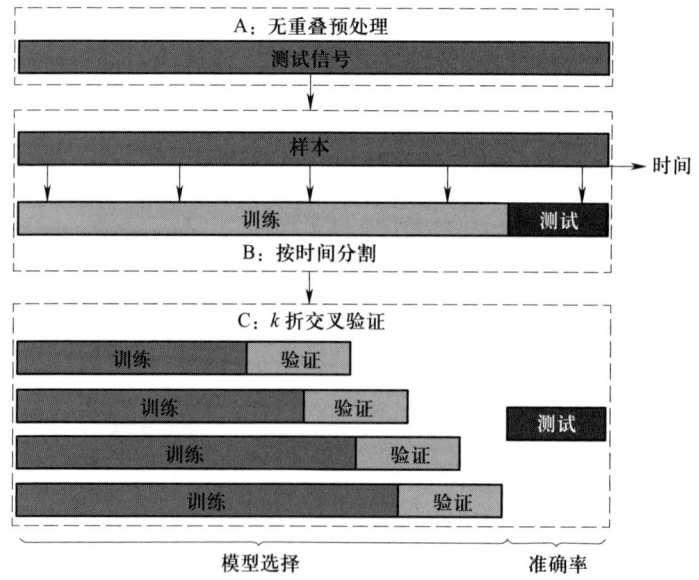

图 6-48　根据时间序列分割数据

8. 有监督网络模型

神经网络模型在近些年发展极为迅猛，网络架构种类较多无法悉数整理，由于计算机视觉领域的高速发展，在 CV 领域开源了较多网络结构，而对于初学者要应用时需要对其特定任务的结构进行修改，因此难免会存在较大困难，因此本实验课程综合现有轴承故障诊断的深度神经网络，整合了包括多层感知机（MLP）、卷积神经网络（CNN）、循环神经网络（RNN）、自编码器（AE）的四种主流架构供大家学习与仿照编写网络结构，从而系统地理解适应于轴承故障诊断的神经网络结构。

（1）多层感知机（Multilayer Perceptron，MLP）。

多层感知机是一个具有多个隐藏层的全连接网络，于 1987 年被提出作为人工神经网络的原型。

通过这种简单的结构，MLP 可以完成一些简单的分类任务，然而，随着任务变得越来越复杂，由于参数数量巨大，训练 MLP 将变得困难。图 6-49 为案例中对一维（1D）输入数据采用了具有五个完全连接层和五个批量归一化层的 MLP。

（2）自编码器（Auto Encoder）。

自编码器是 2006 年首次提出的一种降维方法。它可以在保留大部分信息的同时降低输入数据的维数。AE 由编码器和解码器组成，解码器尝试从编码器的输出重构输入，以重构误差用作损失函数。

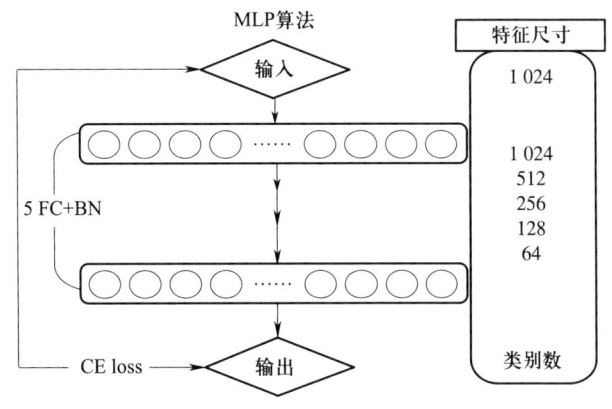

图 6-49 多层感知机网络结构

在本实验中，输入为一维数据（使用全连接层）和二维数据（使用卷积层）设计了一个深度 AE 及其导数。如图 6-50 所示，考虑到神经网络的不同特点，本实验分析了它们的结构并对模型超参数进行了设定。

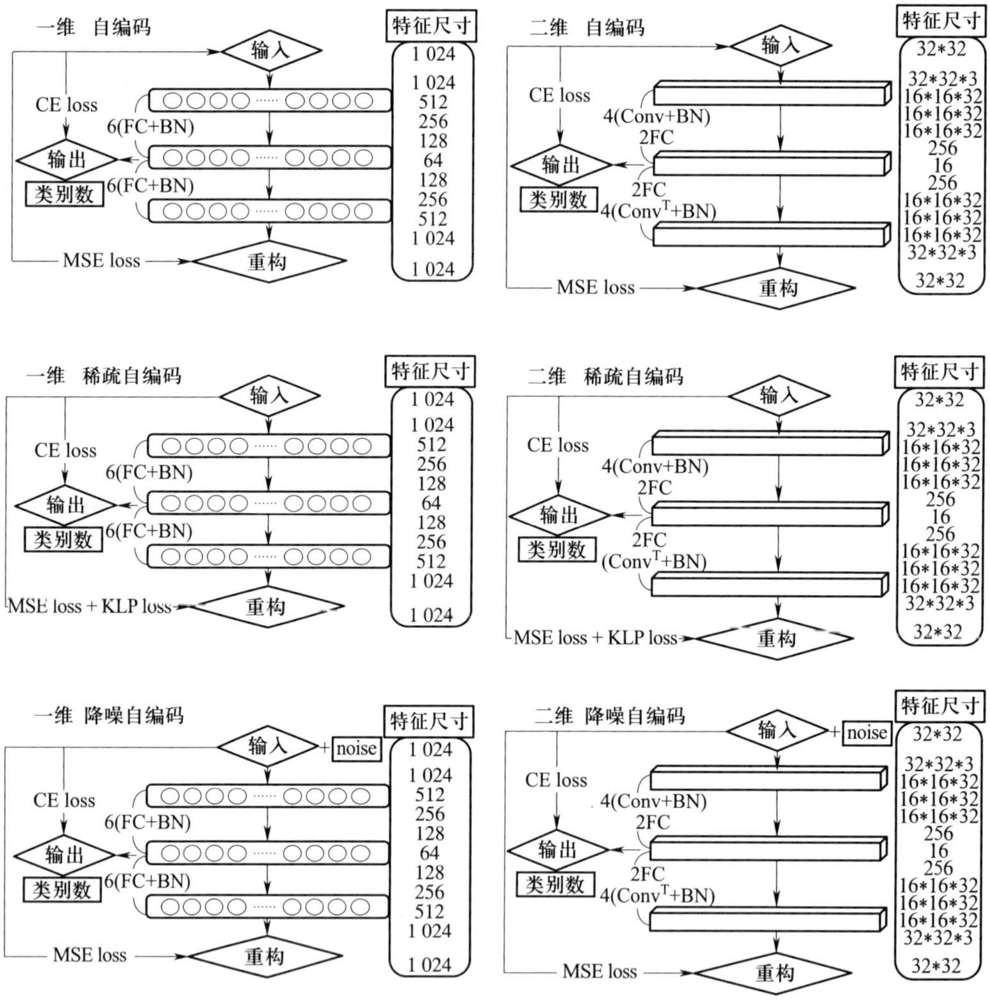

图 6-50 一维与二维自编码器结构

（3）卷积神经网络（CNN）。

卷积神经网络多尺度特征提取在处理一维、二维性能劣化场景数据中具有较大的优势。主要通过卷积和池化运算实现卷积神经网络中的稀疏交互、参数共享和特征表征。

我们分别为一维输入数据和二维输入数据设计了 5 层一维卷积神经网络和二维卷

积神经网络,并针对两种类型的输入数据采用了三种经典的卷积神经网络模型(LeNet、ResNet18 和 AlexNet)。具体网络结构与网络参数如图 6-51 所示。

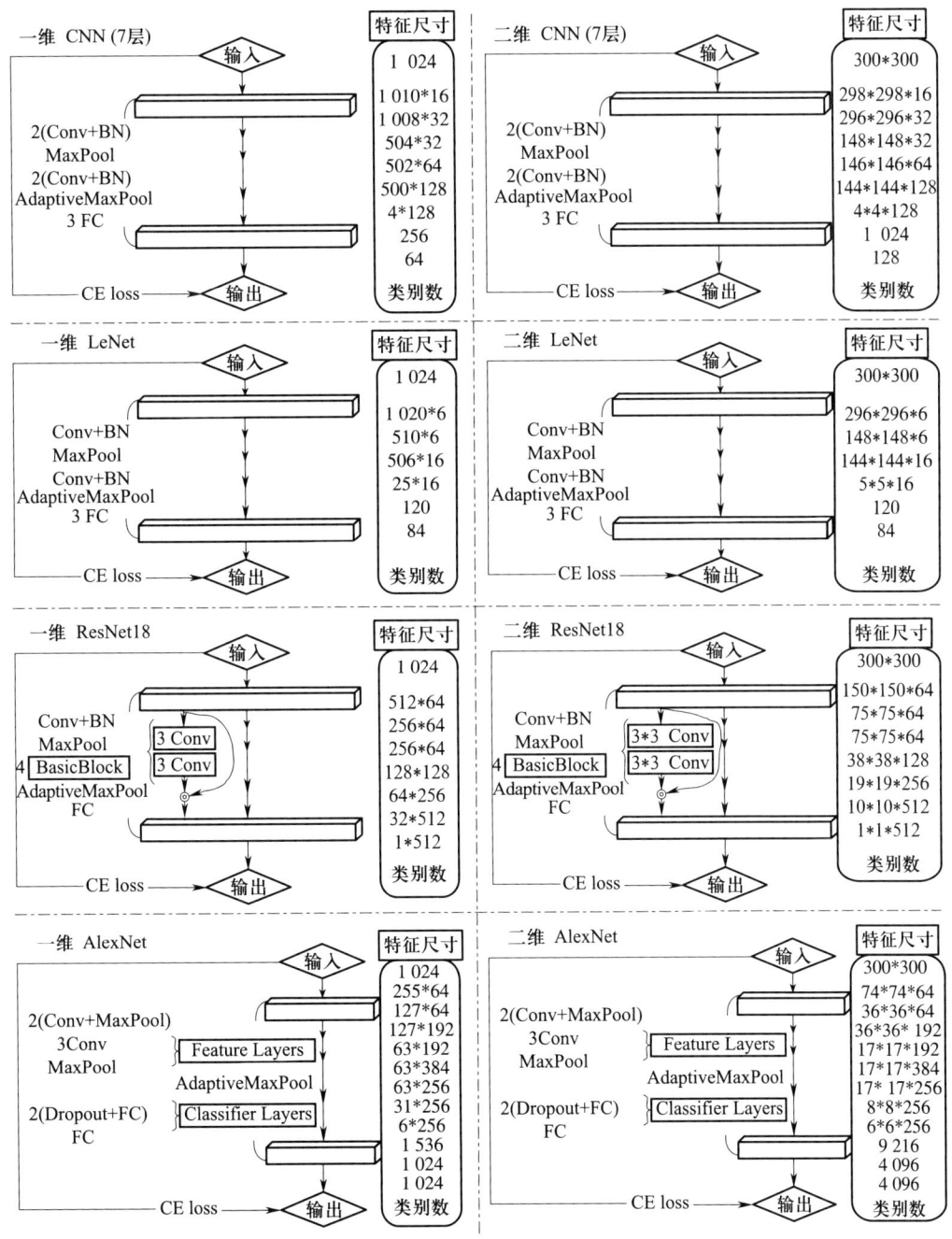

图 6-51　一维与二维卷积神经网络结构

（4）循环神经网络（RNN）。

RNN能够描述时间动态行为，非常适合处理时间序列。然而，RNN经常存在训练过程中的梯度消失和爆炸问题。为了克服这些问题，使用一维与二维的双向长短时记忆网络（BiLSTM）作为RNN的表示来处理分类任务的两种类型的输入数据。如图6-52所示。

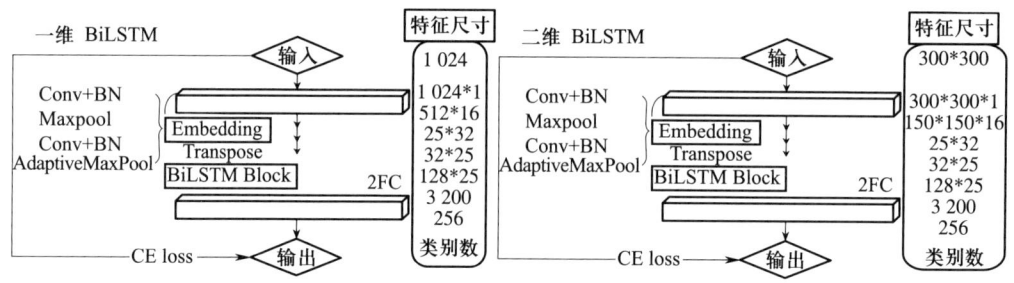

图6-52 一维与二维双向长短时记忆网络结构

四、平台认知实操流程

（一）数据集介绍

有监督学习中有数据以及标签，其主要任务是学习到一个可以将数据映射到标签的函数，标签可以有很多形式。因此有监督学习离不开良好标注的数据集，在云博视平台中已预先整合了具有准确标注的常见的轴承故障诊断数据集与轴承加速疲劳退化数据集，该类数据集具有数据与准确的故障类别标签，因此适合有监督学习算法的验证并有助于提供预训练模型，以下将介绍在本实验中会用到的数据集。

1. CWRU 数据集

凯斯西储大学（CWRU）数据集由凯斯西储大学轴承数据中心提供。在四种不同的电机负载下，以12 kHz或48 kHz的频率采集正常轴承和具有单点缺陷的损坏轴承的振动信号。在每种工作条件下，滚动体、内圈和外圈上的单点故障直径分别为0.007英寸、0.014英寸和0.021英寸。在实验中，使用了从驱动端采集的数据，采样频率为12 kHz。在表6-4中，根据不同的故障尺度大小，设计将一个健康轴承和三个故障模式（包括内圈故障、滚动体故障和外圈故障）分为十类（一个健康状态和九个故障状态）。凯斯西储大学试验台如图 6-53 所示。

表 6-4　　　　　　　　　　　　　凯斯西储数据描述

故障类型	描述
正常状态	工作在 1 791 rpm 与无负载下的正常轴承
内圈故障 1	工作在 1 791 rpm 与无负载下的 0.007 英寸内圈故障轴承
内圈故障 2	工作在 1 791 rpm 与无负载下的 0.014 英寸内圈故障轴承
内圈故障 3	工作在 1 791 rpm 与无负载下的 0.021 英寸内圈故障轴承
滚动体故障 1	工作在 1 791 rpm 与无负载下的 0.007 英寸滚动体故障轴承
滚动体故障 2	工作在 1 791 rpm 与无负载下的 0.014 英寸滚动体故障轴承
滚动体故障 3	工作在 1 791 rpm 与无负载下的 0.021 英寸滚动体故障轴承
外圈故障 1	工作在 1 791 rpm 与无负载下的 0.007 英寸外圈故障轴承
外圈故障 2	工作在 1 791 rpm 与无负载下的 0.014 英寸外圈故障轴承
外圈故障 3	工作在 1 791 rpm 与无负载下的 0.021 英寸外圈故障轴承

图 6-53　凯斯西储大学试验台

2. MFTP 数据集

机械故障预防技术学会（MFPT）数据集由机械故障预防技术学会提供。MFPT 数据集由三个轴承数据集组成：①在每个文件中以 97 656 Hz 采样 6 s 的基准数据集。②在每个文件中以 48 828 Hz 的频率采样 3 s 的 7 个外圈故障数据集。③在每个文件中以 48 828 Hz 采样 3 s 的 7 个内圈故障数据集。

在表6-5中，根据不同的载荷，将一个健康状态轴承和两个故障轴承（包括内圈故障和外圈故障）分为15类（1个健康状态和14个故障状态）。

表6-5　　　　　　　　　　　　　　MFTP 数据描述

故障类型	描述
正常状态	工作在 270 磅载荷下正常轴承
外圈故障 1	工作在 25 磅载荷下的外圈故障轴承
外圈故障 2	工作在 50 磅载荷下的外圈故障轴承
外圈故障 3	工作在 100 磅载荷下的外圈故障轴承
外圈故障 4	工作在 150 磅载荷下的外圈故障轴承
外圈故障 5	工作在 200 磅载荷下的外圈故障轴承
外圈故障 6	工作在 250 磅载荷下的外圈故障轴承
外圈故障 7	工作在 300 磅载荷下的外圈故障轴承
内圈故障 1	工作在 0 磅载荷下的内圈故障轴承
内圈故障 2	工作在 50 磅载荷下的内圈故障轴承
内圈故障 3	工作在 100 磅载荷下的内圈故障轴承
内圈故障 4	工作在 150 磅载荷下的内圈故障轴承
内圈故障 5	工作在 200 磅载荷下的内圈故障轴承
内圈故障 6	工作在 250 磅载荷下的内圈故障轴承
内圈故障 7	工作在 300 磅载荷下的内圈故障轴承

3. PU 轴承数据集

帕德博恩大学（PU）轴承数据集由帕德博恩大学轴承数据中心提供，如图6-54所示，PU 轴承数据集由 32 组电流信号和振动信号组成。轴承数据集分为：①6 个未损坏的轴承；②12 个人为损坏的轴承；③14 个加速寿命试验的轴承。每个数据集是在表6-6所示的四种工作条件下收集的。帕德博恩数据工艺描述见表6-7。

在本实验中，由于使用所有数据将导致巨大的计算时间，因此仅使用从实际损坏轴承（包括 KA04、KA15、KA16、KA22、KA30、KB23、KB24、KB27、KI14、KI16、KI17、KI18 和 KI21）收集的 N15_M07F10 工况下的数据进行性能验证。由于 KI04 与表6-6中完全显示的 KI14 相同，故并未选择 KI04，类的总数为 13。此外，仅使用振动信号对模型进行测试。

图 6-54 帕德博恩大学试验台

表 6-6 帕德博恩数据故障描述（S：单一故障，R：重复故障，M：复合故障）

轴承代号	故障类型	描述	轴承代号	故障类型	描述
K001	健康	测试前已跑合 50 小时	KA09	2级人工外圈故障	钻孔加工
K002	健康	测试前已跑合 19 小时	KI01	1级人工内圈故障	电火花加工
K003	健康	测试前已跑合 1 小时	KI03	1级人工内圈故障	精雕机加工
K004	健康	测试前已跑合 5 小时	KI05	1级人工内圈故障	精雕机加工
K005	健康	测试前已跑合 10 小时	KI07	2级人工内圈故障	精雕机加工
K006	健康	测试前已跑合 16 小时	KI08	2级人工内圈故障	精雕机加工
KA01	1级人工外圈故障	电火花加工	KA04	1级外圈故障（单点+S）	疲劳点蚀
KA03	2级人工外圈故障	精雕机加工	KA15	1级外圈故障（单点+S）	塑性变形与压痕
KA05	1级人工外圈故障	精雕机加工	KA16	2级外圈故障（单点+R）	疲劳点蚀
KA06	2级人工外圈故障	精雕机加工	KA22	1级外圈故障（单点+S）	疲劳点蚀
KA07	1级人工外圈故障	钻孔加工	KA30	1级外圈故障（均布+S）	塑性变形与压痕
KA08	2级人工外圈故障	钻孔加工	KB23	2级内外圈故障（单点+M）	疲劳点蚀

续表

轴承代号	故障类型	描述	轴承代号	故障类型	描述
KB24	3级内外圈故障（均布+M）	疲劳点蚀	KI16	3级内圈故障（单点+S）	疲劳点蚀
KB27	1级内外圈故障（均布+M）	塑性变形与压痕	KI17	1级内圈故障（单点+R）	疲劳点蚀
KI04	1级内圈故障（单点+M）	疲劳点蚀	KI18	2级内圈故障（单点+S）	疲劳点蚀
KI14	1级内圈故障（单点+M）	疲劳点蚀	KI21	1级内圈故障（单点+S）	疲劳点蚀

表6-7　　　　　　　　　　帕德博恩数据工况描述

序号	转速（rpm）	负载（Nm）	径向载荷（N）	数据集名称
0	1 500	0.7	1 000	N15_M07_F10
1	900	0.7	1 000	N09_M07_F10
2	1 500	0.1	1 000	N15_M01_F10
3	1 500	0.7	400	N15_M07_F04

4. XJTU-SY轴承数据集

XJTU-SY轴承数据集由西安交通大学提供。XJTU-SY轴承数据集由三种不同工作条件下的15个全生命周期轴承数据组成。如图6-55所示，数据集收集频率为2.56 kHz；共记录了32 768个数据点，采样周期为1分钟。轴承寿命和故障信息的详细信息见表6-8。本实验使用了表6-8中描述的所有数据，共有15类。本实验使用了全生命周期的数据进行验证。

5. JNU轴承数据集

江南大学（JNU）轴承数据集由江南大学提供。JNU轴承数据集由三个不同转速的轴承振动数据集组成，数据采集频率为50 kHz。JNU轴承数据集包含一种健康状态和三种故障模式，故障模式又包括内圈故障、外圈故障和滚动部件故障（见表6-9）。因此，根据不同的工作条件，类别总数为12个。

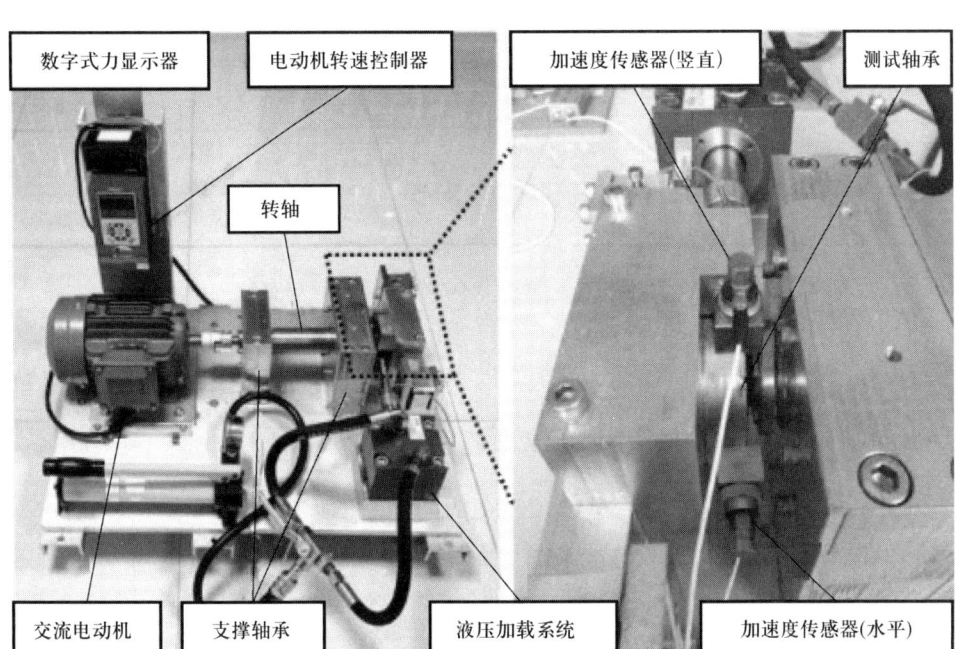

图 6-55 XJTU-SY 试验台

表 6-8 XJTU-SY 数据故障描述

工况	文件	生命周期	故障位置
转速：35 Hz 负载：12 kN	Bearing 1_1 Bearing 1_2 Bearing 1_3 Bearing 1_4 Bearing 1_5	2 h 30 min 2 h 41 min 2 h 38 min 2 h 2 min 52 min	外圈 外圈 外圈 保持架 内圈、外圈
转速：37.5 Hz 负载：12 kN	Bearing 2_1 Bearing 2_2 Bearing 2_3 Bearing 2_4 Bearing 2_5	8 h 11 min 2 h 41 min 8 h 53 min 42 min 5 h 39 min	内圈 外圈 保持架 外圈 外圈
转速：40 Hz 负载：12 kN	Bearing 3_1 Bearing 3_2 Bearing 3_3 Bearing 3_4 Bearing 3_5	42 h 18 min 41 h 36 min 6 h 11 min 25 h 15 min 1 h 54 min	外圈 全部 内圈 内圈 外圈

表 6-9　　　　　　　　　　　　　JNU 数据故障描述

故障类型	转速	故障类型	转速	故障类型	转速
健康	600 rpm	健康	800 rpm	健康	1 000 rpm
内圈	600 rpm	内圈	800 rpm	内圈	1 000 rpm
外圈	600 rpm	外圈	800 rpm	外圈	1 000 rpm
滚动体	600 rpm	滚动体	800 rpm	滚动体	1 000 rpm

（二）代码基本信息

在本实验中集成了美国凯斯西储大学 CWRU 数据集、德国帕德博恩 PU 轴承数据集、江南大学 JNU 轴承数据集、西安交通大学 XJTU-SY 轴承数据集、美国机械故障预防技术学会 MFPT 数据集。

数据存储于服务器的共享空间，关键程序见表 6-10。如需对数据进行修改请拷贝至个人文件夹并修改 train.py 中的 –data_dir 参数。

表 6-10　　　　　　　　　　　　　关键代码说明

文件名称	说明
CNN_datasets/***	除 AE 之外的模型数据加载程序
AE_datasets/***	AE 模型数据加载程序
Datasets/***	数据预处理方法程序
models/***	网络结构搭建
train.py	训练主程序，同时每一次训练后对测试集进行测试

对于以上的数据集，均提供了如图 6-56 所示的以下 5 种信号输入格式，以 CWRU 数据集为例。提供的原始时序输入（CWRU.py）、经快速傅里叶变换后的频域输入（CWRUFFT.py）、连续小波变换后的小波域输入（CWRUCWT.py）、短时傅里叶变换后的时频域输入（CWRUSTFT.py）、等距拼接后的二维矩阵输入（CWRUSlice.py）。

算法模型集成了如图 6-57 所示的一维与二维模型，包含自编码器（Ae、Dae、Sae）、经典卷积神经网络（CNN、Alexnet、LeNet、Resnet）、循环神经网络（BiLSTM）等有监督模型经典算法，可通过学习代码对基本网络结构进行理解加深。

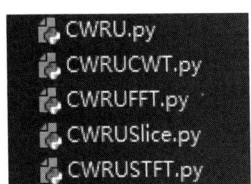

图 6-56 数据输入程序

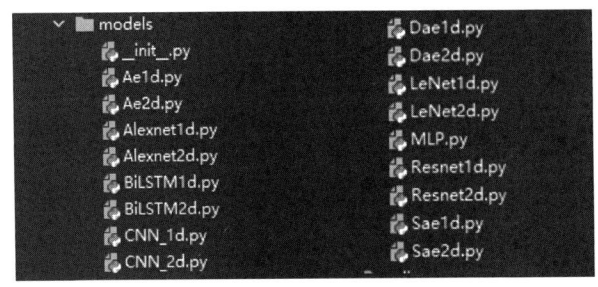

图 6-57 算法主体构成

(三)数据载入模块

1. 数据加载

本段程序主要作用为生成训练数据与测试数据,为模型训练做铺垫。

```
def data_load(filename,axisname,label):

def data_load(filename,axisname,label):

if eval(datanumber[0])< 100:

    realaxis = "X0" + datanumber[0]+ axis[0]

else:

    realaxis = "X" + datanumber[0]+ axis[0]

fl = loadmat(filename)[realaxis]

data = []

lab = []

start,end = 0,signal_size

while end <= fl.shape[0]:

    data.append(fl[start:end])

    lab.append(label)

    start += signal_size

    end += signal_size

    return data,lab
```

2. 数据标准化

在本段程序中访问标准化方法的字典，根据程序执行指定的标准化方法，数据标准化的执行方式如下文所示。

```python
class Normalize(object):
    def _init_(self,type = "0-1"):# "0-1","1-1","mean-std"
        self.type = type
    def _call_(self,seq):
        if self.type == "0-1":
            seq = (seq-seq.min())/(seq.max()-seq.min())
        elif self.type == "1-1":
            seq = 2*(seq-seq.min())/(seq.max()-seq.min())+ -1
        elif self.type == "mean-std" :
            seq = (seq-seq.mean())/seq.std()
        else:
            raise NameError('This normalization is not included!')
        return seq
```

3. 数据集划分

划分训练与测试数据，按照一般习惯训练数据占70%，测试数据占30%，本实验为有监督方法，因此将数据和标签对读入到DataFrame中，返回训练数据与验证数据。

```python
def train_test_split_order(data_pd,test_size=0.3,num_classes=10):
    train_pd = pd.DataFrame(columns=('data','label'))
    val_pd = pd.DataFrame(columns=('data','label'))
    for i in range(num_classes):
        data_pd_tmp = data_pd[data_pd['label']== i].reset_index(drop=True)
        val_pd = val_pd.append(data_pd_tmp.loc[int((1-test_size)*data_pd_tmp.shape[0]):,['data','label']],ignore_index=True)
    return train_pd,val_pd
```

4. 数据增强方式

为保证训练数据与测试数据满足相同分布，训练数据的数据增强方式与测试数据的数据增强方式一致，均包括在本节算法原理介绍的数据预处理方法中提及的"随机加高斯噪声""随机尺度""随机拉伸""随机覆盖"。

```python
def data_transforms(dataset_type="train",normlize_type="-1-1"):
transforms = {
  'train':Compose([
    Reshape(),
    Normalize(normlize_type),
    RandomAddGaussian(), # 信号中随机加高斯噪声
    RandomScale(), # 信号随机尺度变换
    RandomStretch(), # 随机拉伸
    RandomCrop(), # 随机覆盖部分信号
    Retype()]),
  'val':Compose([
    Reshape(),
    Normalize(normlize_type),
    Retype()])}
return transforms[dataset_type]
```

具体数据扩充方法如下文所示。

以加入随机高斯噪声为例，seq 为待增强序列，通过对待扩充序列加入相同尺度的高斯噪声构建扩充样本。

```python
class AddGaussian(object):
def __init__(self,sigma=0.01):
  self.sigma = sigma
```

```
def __call__(self,seq):
    return seq + np.random.normal(loc=0,scale=self.sigma,size=seq.shape)
class RandomAddGaussian(object):
    def __init__(self,sigma=0.01):
        self.sigma = sigma
    def __call__(self,seq)
        if np.random.randint(2):
            return seq
        else:
            return seq + np.random.normal(loc=0,scale=self.sigma,size=seq.shape)
```

5. 一维卷积神经网络实践代码

（1）创建一维卷积神经网络。

对于一维信号输入，卷积神经网络沿信号长度方向进行特征提取，对输入的信号进行学习建模，其中最为基本的一维卷积神经网络模型如下文所示，卷积神经网络相邻两层的输入输出通道数一致。实验要求在学习该一维卷积神经网络的基础上增加网络层数并计算网络输出维度进行修改。

```
class CNN(nn.Module):
    def __init__(self,pretrained=False,in_channel=1,out_channel=10):
        super(CNN,self).__init__()
        if pretrained == True:
            warnings.warn("Pretrained model is not available")
        self.layer1 = nn.Sequential(
            nn.Conv1d(in_channel,16,kernel_size=15), # 卷积运算输出通道 16
            nn.BatchNorm1d(16),# 批归一化处理
```

```
        self.layer2 = nn.Sequential(
            nn.Conv1d(16,32,kernel_size=3), # 32,24,24
            nn.BatchNorm1d(32),
            nn.ReLU(inplace=True),
            nn.MaxPool1d(kernel_size=2,stride=2)) # 32,12,12    (24-2)/2 +1
        self.layer3 = nn.Sequential(
            nn.Conv1d(32,64,kernel_size=3), # 64,10,10
            nn.BatchNorm1d(64),
            nn.ReLU(inplace=True))
        self.layer4 = nn.Sequential(
            nn.Conv1d(64,128,kernel_size=3), # 128,8,8
            nn.BatchNorm1d(128),
            nn.ReLU(inplace=True),
            nn.AdaptiveMaxPool1d(4)) # 128,4,4 # 最大池化层
        self.layer5 = nn.Sequential(
            nn.Linear(128 * 4,256),
            nn.ReLU(inplace=True),
            nn.Linear(256,64),# 线性回归层
            nn.ReLU(inplace=True))
        self.fc = nn.Linear(64,out_channel)
    def forward(self,x):
        x = self.layer1(x)
        x = self.layer2(x)
        x = self.layer3(x)
        x = self.layer4(x)
```

```
x = x.view(x.size(0),-1)
x = self.layer5(x)
x = self.fc(x)
return x
```

（2）数据载入模块。

由于本实验包括三种数据分割方式，在程序主体架构上对各种数据分割方式下均整合有各个数据集与数据输入类型的数据加载程序，因此在数据加载模块需设置判断函数判断数据分割类型，其中OA对应图6-46中的无重叠预处理随机分割，RA对应图6-47中的预先训练集与测试集分开，R_NA对应图6-48中根据时间序列分割数据。

```
if args.processing_type == 'O_A':
    from CNN_Datasets.O_A import datasets
    Dataset = getattr(datasets,args.data_name)
elif args.processing_type == 'R_A':
    from CNN_Datasets.R_A import datasets
    Dataset = getattr(datasets,args.data_name)
elif args.processing_type == 'R_NA':
    from CNN_Datasets.R_NA import datasets
    Dataset = getattr(datasets,args.data_name)
else:
    raise Exception("processing type not implement")
print(Dataset)
```

（3）模型函数定义。

定义模型主要分为定义优化器、学习率衰减函数、读取预训练节点等步骤。作为有监督分类模型,损失函数选用的交叉熵损失函数用于计算模型对于样本标签预测值与真实值之间的准确性,正是由于有监督学习算法在训练过程中提供了大量的"样本 – 标签对"通过优化损失函数提升模型预测的准确性。

```python
    self.model = getattr(models,args.model_name)(in_channel=Dataset.inputchannel,out_channel=Dataset.num_classes)
    if self.device_count > 1:
        self.model = torch.nn.DataParallel(self.model)
    # 定义优化器
    if args.opt == 'sgd':
        self.optimizer = optim.SGD(self.model.parameters(),lr=args.lr,momentum=args.momentum,weight_decay=args.weight_decay)
    elif args.opt == 'adam':
        self.optimizer = optim.Adam(self.model.parameters(),lr=args.lr,weight_decay=args.weight_decay)
    else:
        raise Exception("optimizer not implement")
    # 定义学习率衰减函数
    if args.lr_scheduler == 'step':
        steps = [int(step)for step in args.steps.split(',')]
        self.lr_scheduler = optim.lr_scheduler.MultiStepLR(self.optimizer,steps,gamma=args.gamma)
    elif args.lr_scheduler == 'exp':
        self.lr_scheduler = optim.lr_scheduler.ExponentialLR(self.optimizer,args.gamma)
    elif args.lr_scheduler == 'stepLR':
        steps = int(args.steps)
```

```
    self.lr_scheduler = optim.lr_scheduler.StepLR(self.optimizer,steps,args.gamma)
elif args.lr_scheduler == 'fix':
    self.lr_scheduler = None
else:
    raise Exception("lr schedule not implement")
# 引用模型并定义损失函数
self.model.to(self.device)
self.criterion = nn.CrossEntropyLoss()# 采用交叉熵损失函数
```

(4)迭代主函数。

迭代主函数位于 utils/model_utils.py 中，通过调用我们在（1）中创建一维卷积神经网络处搭建的一维卷积神经网络，对多个 Batch 数据在多个 epoch 中进行循环迭代。

在初始环境下初始准确率、损失函数值均设置为零，根据初始的 epoch 与最大 epoch 创建循环进行计算。根据随 epoch 变化的指定学习率调整策略进行学习率更新。在每个 epoch 中进行一次模型训练与模型测试，通过前向传播与反向传播计算训练过程中的损失值与测试集准确率。

```
def train(self):
    args = self.args
    step = 0
    best_acc = 0.0
    batch_count = 0
    batch_loss = 0.0
    batch_acc = 0
```

```
step_start = time.time()
for epoch in range(self.start_epoch,args.max_epoch):
    logging.info('-'*5 + 'Epoch {}/{}'.format(epoch,args.max_epoch-1)+'-'*5)
    #更新学习率
    if self.lr_scheduler is not None:
        logging.info('current lr:{}'.format(self.lr_scheduler.get_lr()))
    else:
        logging.info('current lr:{}'.format(args.lr))
    #每个epoch有训练与测试阶段
    for phase in ['train','val']:
        #定义临时变量
        epoch_start = time.time()
        epoch_acc = 0
        epoch_loss = 0.0
        #定义模型处于训练或测试模式
        if phase == 'train':
            self.model.train()
        else:
            self.model.eval()
        for batch_idx,(inputs,labels)in enumerate(self.dataloaders[phase]):
            inputs = inputs.to(self.device)
            labels = labels.to(self.device)
            #进行模型训练,在验证阶段我们不关注梯度
            with torch.set_grad_enabled(phase == 'train'):
                #前向传播
                logits = self.model(inputs)
```

```
loss = self.criterion(logits,labels)
pred = logits.argmax(dim=1)
correct = torch.eq(pred,labels).float().sum().item()
loss_temp = loss.item()* inputs.size(0)
epoch_loss += loss_temp
epoch_acc += correct
# 计算训练信息
if phase == 'train':
    # 反向传播
    self.optimizer.zero_grad()
    loss.backward()
    self.optimizer.step()
    batch_loss += loss_temp
    batch_acc += correct
    batch_count += inputs.size(0)
```

（5）模型保存。

为进行重复验证与模型参数重复使用，需要用大量数据获得的预训练模型的 Checkpoints 与 Model 进行存储。

Checkpoints 记录了模型使用的所有参数（tf.Variable）的确切值。Checkpoints 不包含任何由模型定义的关于运算的描述，因此 Checkpoints 通常只有在我们拥有能够运用这些保存的参数值的源代码的时候才有用。

SavedModel 格式除了包含参数值（checkpoint）以外，还包含对于模型定义运算的序列化描述。用这个格式保存的模型可以独立于创建这个模型的源代码。因此，它们适合通过 TensorFlow Serving，TensorFlow Lite，TensorFlow.js 或其他编程语言（C、C++、Java、Go、Rust、C#等 TensorFlow API）的程序进行部署。

```
            if phase == 'val':
                # 保存 checkpoint
                model_state_dic = self.model.module.state_dict() if self.device_count > 1 else self.model.state_dict()
                # 根据验证集精度保存最好模型
                if epoch_acc > best_acc or epoch > args.max_epoch-2:
                    best_acc = epoch_acc
                    logging.info("save best model epoch {},acc {:.4f}".format(epoch,epoch_acc))
                    torch.save(model_state_dic,os.path.join(self.save_dir,'{}-{:.4f}-best_model.pth'.format(epoch,best_acc)))
```

（6）训练模型。

```
python train.py
```

（7）获取实验结果并分析。

1）获取不同模型对于轴承故障诊断的结果；

2）获取相同模型对不同数据集的结果；

3）实验不同数据归一化方法、数据输入的结果；

4）分析故障诊断分类准确率与模型和预处理方法的关系。

第四节 无监督学习性能劣化场景构建认知实验

考核知识点及能力要求：

- 熟悉无监督性能劣化场景的实现流程与主要组成部分原理；
- 了解常见的无监督聚类模型及其实现思路；
- 了解常见的距离度量准则及其原理；
- 掌握一种无监督算法。

一、开发语言、实验平台与实验环境

（1）编程语言：Python。

（2）所需的扩展包：numpy、math、random、matplotlib、queue。

（3）实验平台：研发云 – 云桌面。

（4）运行软件：Spyder。

（5）研发云平台操作步骤如下文所述。

1）连接 Inode-VPN，如图 6-58 a）所示。

2）进入研发云网址 https://172.10.101.1/client2.0/accounts/login/?next=/client2.0/，登录研发云账户，如图 6-58 b）所示。

3）进入图 6-59 a）所示云桌面选项，点击如图 6-59 b）所示图标下载并安装可视化客户端 NIIDDM-View。

a）Inode-VPN登录界面　　　　　　b）研发云登录界面

图6-58　VPN和研发云登录界面

a）云桌面图标　　　　b）View下载图标　　　　c）NIIDDM-View

图6-59　登录图标选项

4）打开安装好的NIIDDM-View客户端如图6-59 c）所示，并在客户端中登录研发云账户，如图6-60所示。

5）配置并运行云桌面如图6-61 a）所示，然后连接桌面。

图6-60　NIIDDM-View客户端研发云账户登录界面

6）在云桌面中运行Spyder软件，如图6-61 b）所示。

7）如图6-62所示，在算法包文件夹所在位置新建工程。

a）云桌面配置启动界面

b）Spyder启动图标

图6-61 配置启动云桌面和Spyder

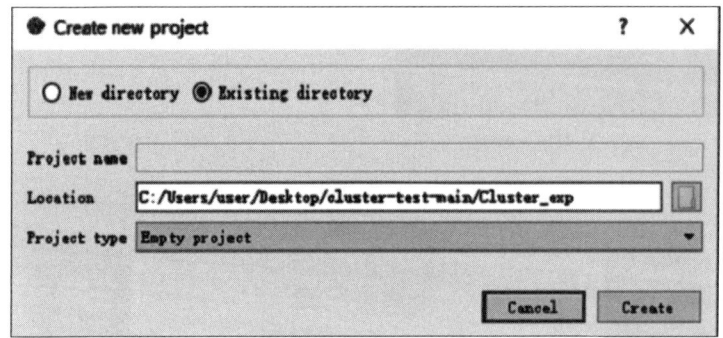

图6-62 新建工程

8）在如图6-63所示的Spyder工程界面中双击打开左边目录中的算法，并点击"Run"按钮，即可运行，在右下角观察计算结果。

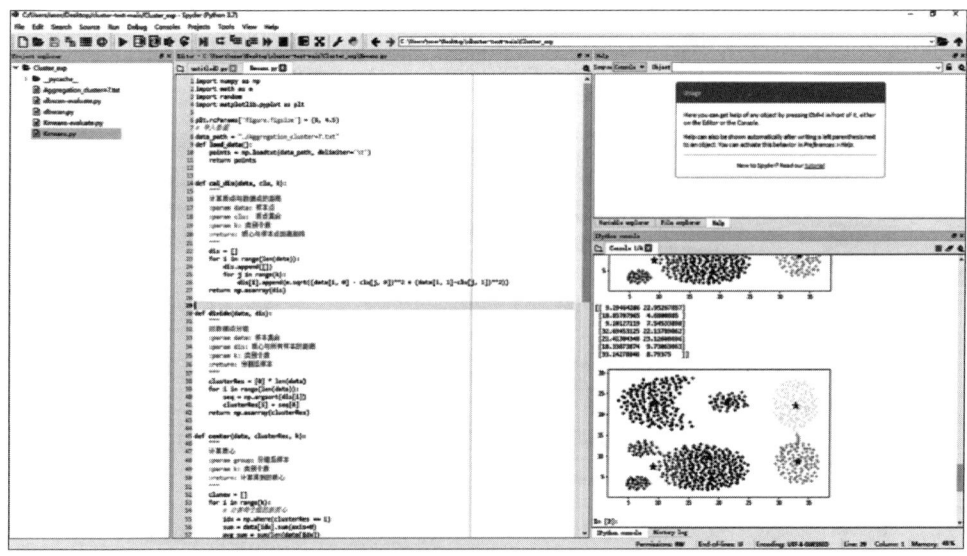

图6-63 Spyder工程界面

二、实验目的、要求及算法原理

（一）实验目的

（1）熟悉并掌握 K-Means 和 DBSCAN 聚类算法的代码实现及模型训练流程；

（2）了解 K-Means 和 DBSCAN 聚类算法超参数，尝试修改超参数以提升聚类效果。

（二）实验要求

（1）编写 K-Means 和 DBSCAN 聚类算法基本代码；

（2）运行 K-Means 和 DBSCAN，并输入实验数据集进行聚类分析；

（3）编写并运行聚类结果评价代码，从标准化互信息和纯度两个方面评价聚类结果；

（4）编写实验报告。

三、算法原理

（一）聚类方法的特点

无监督学习即不需要人的监督过程，即数据没有标签就可以实现模型的学习过程，需要根据数据自身结构特性来将数据分类。其中聚类是最常用的无监督学习方法之一。

聚类是一个将无标签的数据集划分为多个类的算法，是一种典型的无监督算法。其基本步骤如下：标准化数据特征并进行数据降维；选取有效的特征，转化为向量形式存储；对选择的特征进一步转化，输出更突出的特征；选择适合所选特征类型的距离函数，度量数据接近程度，再进行聚类；最后评估输出聚类结果的质量。聚类分析方法的特点有如下几个。

（1）扩展性。大多数聚类算法在小数据集时聚类效果较好，但是工业大数据可能包含数百万个数据对象。在这种情况下，利用数据采样方法进行聚类分析而得到的结果可能存在偏差，因此聚类算法需要具有可扩展性。

（2）处理不同结构类型数据的能力。大多数聚类算法是针对数值型数据来开发的，但是在处理数据对象时，可能会遇到符号型、二进制型数据。因此需要对聚类算法进行改进，用于处理混合类型的数据。

(3)输出任意形状的聚类。基于欧式距离和曼哈顿距离的聚类分析方法输出的聚类为圆形或球状聚类。在实际数据集中,各个聚类是多种形状的。因此,聚类算法需要具有能够发现任意形状聚类的能力,但设计出这样的算法是比较困难的。

(4)需要使用者输入初始参数。许多聚类算法在开始聚类之前,需要用户输入几个初始值,如聚类数目和一些阈值,因此聚类的结果容易受到初始值的影响。

(5)对孤立点的处理能力。部分聚类算法对数据集中孤立点的处理较为敏感,导致输出结果偏差较大。

(6)对数据顺序不敏感。大多数聚类算法对输入的数据顺序并不敏感,不影响输出的聚类结果。部分算法会因输入数据的顺序不同而输出不同的聚类结果,这就要求对算法进行改进,以获得对输入数据顺序不敏感的能力。

(7)高维数据处理能力。现在大多数的聚类算法在处理二维到四维数据时,聚类质量较稳定,当处理高维数据时,表现则差强人意,因此改进聚类算法,适应于高维数据聚类分析也是尤为重要的。

(8)具有解释性。聚类结果只是一个个数据团簇,为了能够便于理解和应用,需要将聚类的结果对应于现实的现象,或者提供合理的聚类结果解释。

(二)聚类分析中的数据类型

聚类分析中通常采用数据矩阵和相异度矩阵两种数据结构。

数据矩阵。数据矩阵是对象-变量结构的数据表达方式,数据集合中包含 n 个数据对象,每个对象选择了 p 个变量,第 i 个对象的第 j 个变量用 x_{ij} 表示,则 $n \times p$ 的矩阵如下:

$$\begin{bmatrix} x_{11} & x_{12} & \cdots & x_{1p} \\ x_{21} & x_{22} & \cdots & x_{2p} \\ \cdots & \cdots & \cdots & \cdots \\ x_{n1} & x_{n2} & \cdots & x_{np} \end{bmatrix} \quad (6-37)$$

相异度矩阵。存储 n 个对象相互之间的相似性,是一个 $n \times n$ 的对称矩阵如下:

$$\begin{bmatrix} 0 & & & \\ d(2,1) & 0 & & \\ \cdots & \cdots & \cdots & \\ d(n,1) & d(n,2) & \cdots & 0 \end{bmatrix} \quad (6-38)$$

其中 $d(i,j)$ 是数据对象 i 和 j 之间的相似性度量值，用于表示两个对象之间的相似程度。

聚类分析针对的数据类型包括区间标度变量、二元变量、标称变量、序数型变量、比例标度型变量，以及复合型变量，具体介绍如下：

1. 区间标度变量

区间标度变量是一种粗略线性标度的连续度量，为了实现度量标准化，可以将变量转化为无量纲变量，转化步骤如下：

（1）计算平均偏差 s_f：

$$s_f = \frac{1}{n-1}(|x_{1f}-m_f|^2+|x_{2f}-m_f|^2+\cdots+|x_{nf}-m_f|^2) \tag{6-39}$$

其中，x_{nf} 是对象 f 的度量值，m_f 是 f 的均值。

（2）计算标准度量值或 z-score：

$$z_{ij} = \frac{x_{ij}-m_f}{s_f} \tag{6-40}$$

事实上，有时候数据不进行标准化，直接采用对象之间距离表示其相似度即可，对于 P 维数据对象 $X_i=(x_{i1},x_{i2},\cdots,x_{ip})$ 和 $X_j=(x_{j1},x_{j2},\cdots,x_{jp})$，常用的距离计算函数如下。

（1）欧式距离：

$$d(i,j) = \sqrt{(x_{i1}-x_{j1})^2+(x_{i2}-x_{j2})^2+\cdots+(x_{ip}-x_{jp})^2} \tag{6-41}$$

（2）曼哈顿距离：

$$d(i,j) = |x_{i1}-x_{j1}|+|x_{i2}-x_{j2}|+\cdots+|x_{ip}-x_{jp}| \tag{6-42}$$

（3）切比雪夫距离：

$$d(i,j) = \max_{1 \leq k \leq p}(x_{ik}-x_{jk}) \tag{6-43}$$

（4）马氏距离：

$$d(i,j) = (x_i-x_j)^T \sum^{-1}(x_i-x_j) \tag{6-44}$$

其中 $\sum^{-1}(x_i-x_j)$ 为样本的协方差矩。

（5）明可夫斯基距离：

$$d_m(i,j) = \left[\sum_{k=1}^{p} (x_{ik} - x_{jk})^m \right]^{1/m} \quad (6\text{-}45)$$

当 $m=2$ 时，明氏距离为欧式距离；当 $m=1$ 时，明氏距离为曼哈顿距离。欧式距离和曼哈顿距离满足对距离函数的如下数学要求。

$d(i,j) \geq 0$：距离是一个非负数值；

$d(i,j) = 0$：对象与自身的距离是零；

$d(i,j) = d(j,i)$：距离函数具有对称性；

$d(i,j) \leq d(i,h) + d(h,j)$：空间中对象 X_i 到 X_j 的直接距离不会大于对象 X_i 到 X_h 和 X_h 到 X_j 的距离之和。

2. 二元变量

二元变量只有 0 和 1 两个状态，其中对称的二元变量是指变量的两个状态不具有优先权，非对称的二元变量对不同的状态重要性不同。

二元变量示意（见表 6-11），反映了 X 中两个对象之间的取值情况，q 为同取 1 的变量数目，t 为同取 0 的变量数目，p 为变量总数。如果二元变量的 0 和 1 状态等价且权重相同，则称二元变量对称。可用如下公式定义两个对象之间的相异度。

表 6-11   二元变量示意表

对象	对象 X_j			
		1	0	求和
对象 X_i	1	q	r	q+r
	0	s	t	s+t
	求和	q+s	r+t	p

$$d(i,j) = \frac{r+s}{q+r+s+t} \quad (6\text{-}46)$$

如果二元变量的两个状态不等价，则称两个二元变量不对称，此时可以用如下公式评价其相异度。

$$d(i,j) = \frac{r+s}{q+r+s} \quad (6\text{-}47)$$

3. 标称型、序数型和比例标度型变量

标称型变量类似于二元变量，但是其具有多种不同状态值，并且状态之间属于无序的状态。具有这种数据类型的属性也称为分类属性，这种数据类型的对象之间相异度匹配方法计算如下。

$$d(i,j) = \frac{p+m}{p} \qquad (6\text{-}48)$$

式中，m 是匹配的个数，也是 i 和 j 取值相同的变量数目，p 为全部变量的数目。

序数型变量进一步对标称变量进行约束，使其各个状态成为一个有意义的序列。序数型变量可以是离散的或者连续的。在连续型的序数变量中，状态向量中各元素值的相互顺序比大小更重要，计算对象之间的相异度时，需要把每个变量中的值映射到区间 [0，1] 上，以便于每个变量具有相同的权重，然后可以采用距离计算方法进行相异度评价。

比例标度型变量总是取正的值，其非线性标度近似遵循指数标度。比例标度型变量的相异度计算时可以采用与区间标度变量相同的方法，也可以先进行对数变换再计算距离，还可以类比于序数型变量，用区间标度的方法来评价相异度。

4. 混合型变量

实际情况中，大多数数据库中是混合型变量。在计算相异度时，一种方法是先将变量按类型分组，然后按类型分别进行聚类分析，如果不同类型变量聚类得到相容的结果，则表明此方法可行；另一种方法是把所有变量放在一起进行聚类分析，首先将不同类型的变量组合在同一个相异度矩阵中，进行归一化处理，再将变量转换到 [0，1] 区间上，进行相异度计算。

5. 向量对象

当数据对象为文本文档时，为了测量对象之间的相异度，需要引入非度量的相似度函数。对 P 维数据对象 $X_i = (x_{i1}, x_{i2}, \cdots, x_{ip})$ 和 $X_j = (x_{j1}, x_{j2}, \cdots, x_{jp})$，常用度量方式如下。

相关系数：

$$r_{jk} = \frac{\sum\limits_{i=1}^{n}(x_{ij}-\bar{x}_j)(x_{ik}-\bar{x}_k)}{\sqrt{\sum\limits_{i=1}^{n}(x_{ij}-\bar{x}_j)^2 \sum\limits_{i=1}^{n}(x_{ik}-\bar{x}_k)^2}} \qquad (6\text{-}49)$$

夹角余弦：

$$r_{jk} = \frac{\sum_{i=1}^{n} x_{ij} x_{ik}}{\sqrt{\sum_{i=1}^{n} x_{ij}^2 \sum_{i=1}^{n} x_{ik}^2}} \quad (6-50)$$

其中$|r_{jk}| \leq 1$，对于一切的j、k、$|r_{jk}| = |r_{kj}|$；对于一切的j、k、$|r_{jk}|$越接近于1，则x_j与x_k越相近，越接近于0则相似性越差。

（三）聚类算法的质量评价标准

四种常用的聚类算法以及聚类结果评价标准指的是Rand系数、调整Rand系数、标准化互信息、纯度。

通常为了评价一个聚类算法的质量标准，首先对聚类结果与真实结果情况进行比较，有如下四种可能：

（1）它们应归入一类，结果中确实归入一类；

（2）它们应归入一类，结果中归入不同类；

（3）它们应归入不同类，结果中归入一类；

（4）它们应归入不同类，结果中归入不同类。

若满足上面条件的数据对象个数分别为a、b、c、d，数据总量为n，则用如下公式评价聚类质量（Rand系数，RI）：

$$RI = \frac{2(a+d)}{n(n-1)} \quad (6-51)$$

对于随机结果RI不能保证分数接近于零，为了实现在聚类结果随机产生的情况下指标接近于0，提出了调整兰德系数（ARI）：

$$ARI = \frac{RI - E[RI]}{\max(RI) - E[RI]} \quad (6-52)$$

ARI取值范围为$[-1, 1]$，值越大表明聚类结果与真实情况越吻合。

标准化互信息（Normalized Mutual Information，NMI）：用于度量聚类结果的相似程度，是聚类结果评价的重要指标之一。其取值范围在$[0, 1]$，值越大表示聚类结果越相近，且对于$[1, 1, 1, 2]$和$[2, 2, 2, 1]$的结果判断为相同。

聚类纯度（Purity）：在聚类结果的评估标准中，一种最简单最直观的方法就是计算它的聚类纯度，实际上其和分类问题中的准确率有着异曲同工之妙。因为聚类纯度的总体思想也是用聚类正确的样本数除以总的样本数，因此它也经常被称为聚类的准确率。只是对于聚类后的结果，我们并不知道其中每个簇所对应的真实类别标签，因此需要取每种情况下的最大值。

（四）K-Means 算法和 DBSCAN 算法

1. K-Means 算法原理

K-Means 算法是最经典的基于划分的聚簇方法，也是十大经典数据挖掘算法之一。简单的说 K-Means 算法就是在没有任何监督信号的情况下将数据分为 K 份的一种方法。聚类算法就是无监督学习中最常见的一种，给定一组数据，需要聚类算法去挖掘数据中的隐含信息。聚类算法的应用很广，顾客行为聚类、google 新闻聚类等。K 值是聚类结果中类别的数量，简单的说就是希望将数据划分的类别数。

在数据集中根据一定策略选择 K 个点作为每个簇的初始中心，然后观察剩余的数据，将数据划分到距离这 K 个点最近的簇中，也就是说将数据划分成 K 个簇完成一次划分，但形成的新簇并不一定是最好的划分，因此生成的新簇中，重新计算每个簇的中心点，然后再重新进行划分，直到每次划分的结果保持不变。在实际应用中往往经过很多次迭代仍然达不到每次划分结果保持不变，甚至因为数据的关系，根本就达不到这个终止条件，实际应用中往往采用变通的方法设置一个最大迭代次数，当达到最大迭代次数时，终止计算。

K-Means 具体的算法步骤如下：

（1）随机选择 K 个中心点；

（2）把每个数据点分配到离它最近的中心点；

（3）重新计算每类中的点到该类中心点距离的平均值；

（4）分配每个数据到它最近的中心点；

（5）重复步骤（3）和（4），直到所有的观测值不再被分配或是达到最大的迭代次数（R 把 10 次作为默认迭代次数）。

K-Means 聚类能处理比层次聚类更大的数据集。另外，观测值不会永远被分到一类中,当提高整体解决方案时,聚类方案也会改动。不过不同于层次聚类的是,K-Means 会要求事先确定要提取的聚类个数。

K-Means 适用范围及缺陷:K-Means 算法试图找到使平方误差准则函数最小的簇。当潜在的簇形状是凸面时,簇与簇之间区别较明显,且簇大小相近时,其聚类结果较理想。对于处理大数据集合,该算法非常高效,且伸缩性较好。但该算法除了要事先确定簇数 K 和对初始聚类中心敏感外,经常以局部最优结束,同时对"噪声"和孤立点敏感,所以该方法不适于发现非凸面形状的簇或大小差别很大的簇。

克服缺点的方法有使用尽量多的数据;使用中位数代替均值来克服孤立点的问题。

2. DBSCAN 算法原理

DBSCAN(Density-Based Spatial Clustering of Applications with Noise,具有噪声且基于密度的聚类方法)是一种基于密度的空间聚类算法。该算法将具有足够密度的区域划分为簇,并在具有噪声的空间数据库中发现任意形状的簇,它将簇定义为密度相连的点的最大集合。

DBSCAN 算法将数据点分为三类:

(1)核心点:在半径 Eps 内含有超过 minPts 数目的点;

(2)边界点:在半径 Eps 内点的数量小于 minPts,但是落在核心点的邻域内的点;

(3)噪声点:既不是核心点也不是边界点的点。

DBSCAN 聚类流程:首先,选择一个在其半径内至少有 minPts 的随机点。然后对核心点的邻域内的每个点进行评估,以确定它是否在 Eps 距离内有 minPts(minPts 包括点本身)。如果该点满足 minPts 标准,它将成为另一个核心点,集群将扩展。如果一个点不满足 minPts 标准,它成为边界点。随着过程的继续,算法开始发展成为核心点"a"是"b"的邻居,而"b"又是"c"的邻居,以此类推。当集群被边界点包围时,表明这个聚类簇已经搜索完毕,因为在规定的范围内没有多余的数据点。此时选择一个新的随机点,并重复该过程以识别下一个簇。

DBSCAN 如下：

和传统的 K-Means 算法相比，DBSCAN 最大的不同就是不需要输入类别数 K，当然它最大的优势是可以发现任意形状的聚类簇，而不是如同 K-Means，仅仅使用于凸的样本集聚类。它在聚类的同时还可以找出异常点，这点和 BIRCH 算法类似。

那么什么时候需要用 DBSCAN 来聚类呢？一般来说，如果数据集是稠密的，并且数据集不是凸的，那么用 DBSCAN 会比 K-Means 聚类效果好很多。如果数据集不是稠密的，则不推荐用 DBSCAN 来聚类。

DBSCAN 的优点主要有以下几点：

（1）可以对任意形状的稠密数据集进行聚类。相对的，K-Means 之类的聚类算法一般只适用于凸数据集；

（2）可以在聚类的同时发现异常点，对数据集中的异常点不敏感；

（3）聚类结果没有偏倚。相对的，K-Means 之类的聚类算法初始值对聚类结果有很大影响。

DBSCAN 的缺点主要有以下几个：

（1）如果样本集的密度不均匀、聚类间距差相差很大时，聚类质量较差，这时用 DBSCAN 聚类一般不适合；

（2）如果样本集较大，聚类收敛时间较长，此时可以搜索最近临时建立的 KD 树或者球树进行规模限制来改进这一情况；

（3）调参相对于传统的 K-Means 之类的聚类算法稍复杂，主要需要对距离阈值 Eps、邻域样本数阈值 minPts 联合调参，不同的参数组合对最后的聚类效果有较大影响。

四、平台认知实操流程

（一）数据集介绍

在本实验中数据集为常用的 7 分类数据集，每个样本包含两个值，在二维坐标系中可视化如图 6-64 所示。

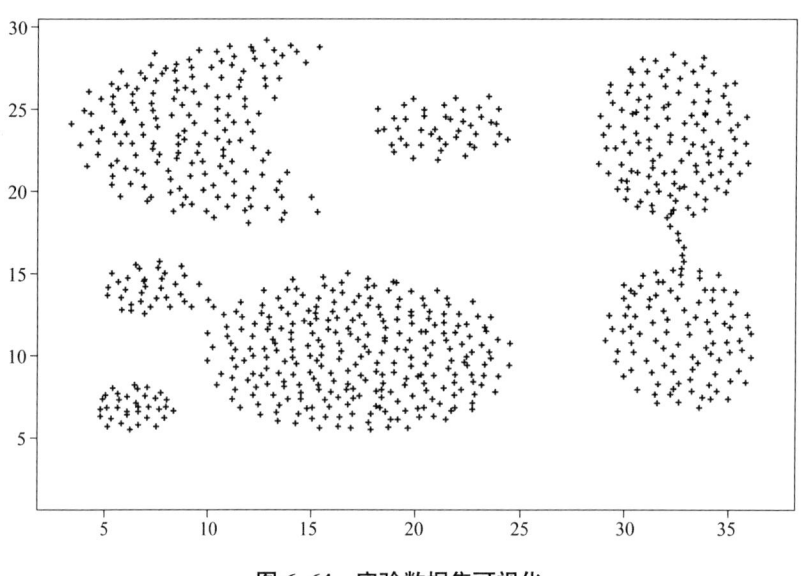

图 6-64 实验数据集可视化

（二）代码基本信息及其流程图

关键代码说明见表 6-12。

表 6-12　　　　　　　　　　关键代码说明

文件名称	说明
K-means.py	K-Means 聚类算法代码
K-means-evaluate.py	K-Means 算法变参数聚类结果评价代码
dbscan.py	dbscan 聚类算法代码
dbscan-evaluate.py	dbscan 算法变参数聚类结果评价代码

（代码注释见具体的代码文档）

（三）K-Means 算法实践代码

1. 函数包调用模块

调用函数库代码如下：

```
import numpy as np
import math as m
import random
import matplotlib.pyplot as plt
```

2. 数据载入模块

数据载入函数如下：

```
# 导入数据
data_path = "./Aggregation_cluster=7.txt"
def load_data():
    points = np.loadtxt(data_path,delimiter='\t')
    return points
```

3. 模型函数定义

```
def cal_dis(data,clu,k):
    """
    计算质点与数据点的距离
    :param data: 样本点
    :param clu: 质点集合
    :param k: 类别个数
    :return: 质心与样本点距离矩阵
    """
    dis = []
    for i in range(len(data)):
        dis.append([])
        for j in range(k):
            dis[i].append(m.sqrt((data[i,0]- clu[j,0])**2 + (data[i,1]-clu[j,1])**2))
    return np.asarray(dis)


def divide(data,dis):
    """
```

```
对数据点分组
:param data: 样本集合
:param dis: 质心与所有样本的距离
:param k: 类别个数
:return: 分割后样本
"""
clusterRes = [0]* len(data)
for i in range(len(data)):
    seq = np.argsort(dis[i])
    clusterRes[i]= seq[0]
return np.asarray(clusterRes)


def center(data,clusterRes,k):
    """
    计算质心
    :param group: 分组后样本
    :param k: 类别个数
    :return: 计算得到的质心
    """
    clunew = []
    for i in range(k):
        # 计算每个组的新质心
        idx = np.where(clusterRes == i)
        sum = data[idx].sum(axis=0)
        avg_sum = sum/len(data[idx])
        clunew.append(avg_sum)
```

```python
        clunew = np.asarray(clunew)
        return clunew[:,0:2]



def classfy(data,clu,k):
    """
    迭代收敛更新质心
    :param data: 样本集合
    :param clu: 质心集合
    :param k: 类别个数
    :return: 误差 , 新质心
    """
    clulist = cal_dis(data,clu,k)
    clusterRes = divide(data,clulist)
    clunew = center(data,clusterRes,k)
    err = clunew - clu
    return err,clunew,k,clusterRes
```

```python
def plotRes(data,clusterRes,clusterNum):
    """
    结果可视化
    :param data: 样本集
    :param clusterRes: 聚类结果
    :param clusterNum: 类别个数
    :return:
```

```python
"""
nPoints = len(data)
scatterColors = ['black','blue','green','yellow','red','purple','orange','brown']
for i in range(clusterNum):
    color = scatterColors[i % len(scatterColors)]
    x1 = [] ;   y1 = []
    for j in range(nPoints):
        if clusterRes[j]== i:
            x1.append(data[j,0])
            y1.append(data[j,1])
    plt.scatter(x1,y1,c=color,alpha=1,marker='+')
plt.show()
```

4. 模型迭代训练主函数

```python
if __name__ == '__main__':
    k = 7                               # 类别个数
    data = load_data()
    clu = random.sample(data[:,0:2].tolist(),k) # 随机取质心
    clu = np.asarray(clu)
    err,clunew, k,clusterRes = classfy(data,clu,k)
    while np.any(abs(err)> 0):
        print(clunew)
        err,clunew, k,clusterRes = classfy(data,clunew,k)
    plt.scatter(clunew[:,0],clunew[:,1],marker='*',s=200,c='black')
    clulist = cal_dis(data,clunew,k)
    clusterResult = divide(data,clulist)
    plotRes(data,clusterResult,k)
```

5. K-Means 聚类过程聚类中心转移结果

如图 6-65a）~d）所示，可以看出 K-Means 迭代过程中聚类中心的变化，其中 K 为设置的聚类个数，N 为 K-Means 迭代次数。

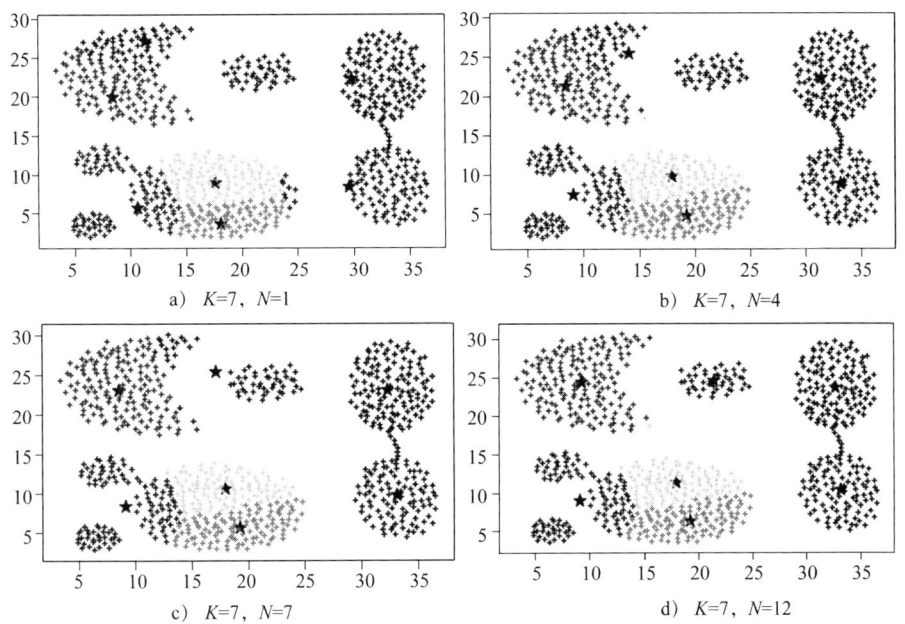

图 6-65　K-Means 迭代聚类中心变化

（四）DBSCAN 聚类算法实践代码

1. 函数包调用模块

```
import numpy as np
import math as m
import matplotlib.pyplot as plt
import queue
```

2. 数据加载模块

```
data_path = "./Aggregation_cluster=7.txt"
NOISE = 0
UNASSIGNED = -1
def load_data():
```

```
"""
导入数据
:return: 数据
"""
points = np.loadtxt(data_path,delimiter='\t')
return points
```

3. 模型主要函数定义

```
def dist(a,b):
    """
    计算两个向量的距离
    :param a: 向量 1
    :param b: 向量 2
    :return: 距离
    """
    return m.sqrt(np.power(a-b,2).sum())



def neighbor_points(data,pointId,radius):
    """
    得到邻域内所有样本点的 Id
    :param data: 样本点
    :param pointId: 核心点
    :param radius: 半径
    :return: 邻域内所用样本 Id
    """
    points = []
    for i in range(len(data)):
```

```
        if dist(data[i,0:2],data[pointId,0:2])< radius:
            points.append(i)
    return np.asarray(points)
```

```
def to_cluster(data,clusterRes,pointId,clusterId,radius,minPts):
    """
```

判断一个点是否是核心点，若是则将它和它邻域内的所用未分配的样本点分配给一个新类

若邻域内有其他核心点，重复上一个步骤，但只处理邻域内未分配的点，并且仍然是上一个步骤的类。

:param data: 样本集合

:param clusterRes: 聚类结果

:param pointId: 样本 Id

:param clusterId: 类 Id

:param radius: 半径

:param minPts: 最小局部密度

:return: 返回是否能将点 PointId 分配给一个类

```
    """
    points = neighbor_points(data,pointId,radius)
    points = points.tolist()
    q = queue.Queue()
    if len(points)< minPts:
        clusterRes[pointId]= NOISE
        return False
    else:
        clusterRes[pointId]= clusterId
```

```python
    for point in points:
        if clusterRes[point]== UNASSIGNED:
            q.put(point)
            clusterRes[point]= clusterId
        while not q.empty():
            neighborRes = neighbor_points(data,q.get(),radius)
            if len(neighborRes)>= minPts:                    # 核心点
                for i in range(len(neighborRes)):
                    resultPoint = neighborRes[i]
                    if clusterRes[resultPoint]== UNASSIGNED:
                        q.put(resultPoint)
                        clusterRes[resultPoint]= clusterId
                    elif clusterRes[clusterId]== NOISE:
                        clusterRes[resultPoint]= clusterId
    return True




def dbscan(data,radius,minPts):
    """
    扫描整个数据集，为每个数据集打上核心点，边界点和噪声点标签的同时为
    样本集聚类
    :param data: 样本集
    :param radius: 半径
    :param minPts: 最小局部密度
    :return: 返回聚类结果，类 id 集合
    """
    clusterId = 1
```

```python
    nPoints = len(data)
    clusterRes = [UNASSIGNED]* nPoints
    for pointId in range(nPoints):
        if clusterRes[pointId]== UNASSIGNED:
            if to_cluster(data,clusterRes,pointId,clusterId,radius,minPts):
                clusterId = clusterId + 1
    return np.asarray(clusterRes),clusterId


def plotRes(data,clusterRes,clusterNum):
    nPoints = len(data)
    scatterColors = ['black','blue','green','yellow','red','purple','orange','brown']
    for i in range(clusterNum):
        color = scatterColors[i % len(scatterColors)]
        x1 = [];    y1 = []
        for j in range(nPoints):
            if clusterRes[j]== i:
                x1.append(data[j,0])
                y1.append(data[j,1])
        plt.scatter(x1,y1,c=color,alpha=1,marker='+')
```

4. 模型迭代训练主函数

```python
if __name__ == '__main__':
    data = load_data()
    cluster = np.asarray(data[:,2])
    clusterRes,clusterNum = DBSCAN(data,2,14)
    plotRes(data,clusterRes,clusterNum)
    plt.show()
```

5. DBSCAN 聚类结果

如图 6-66 所示，通过上述 DBSCAN 聚类算法对数据集样本进行聚类，算法参数中 Eps 设置为 2，minPts 设置为 13。

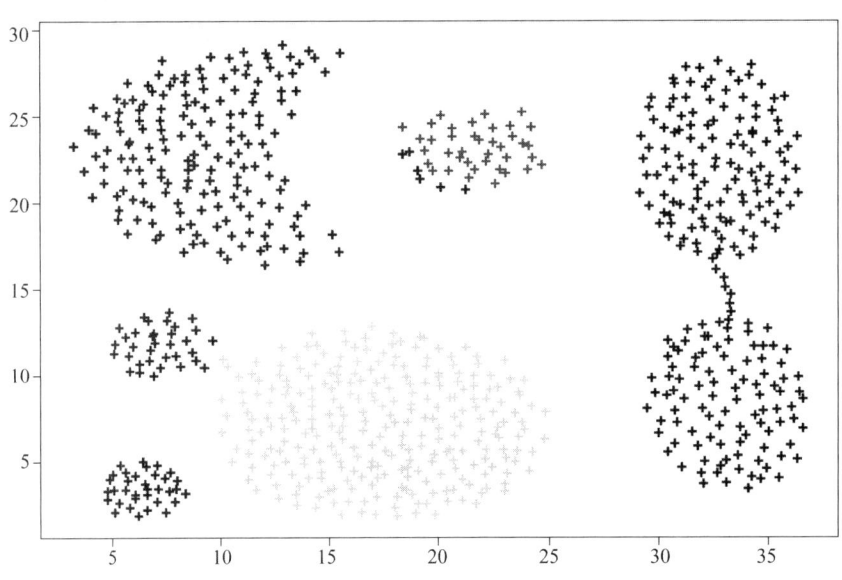

图 6-66 DBSCAN 聚类结果图（参数：Eps=2，minPts=13）

（五）获取实验结果，并分析聚类效果

1. 调整 K-Means 算法参数，并比较聚类效果

K-Means 算法参数选择原则：K 值对最终结果的影响至关重要，而它却必须要预先给定。给定合适的 K 值，需要先验知识，凭空估计很困难，或者可能导致效果很差。

K-Means 根据聚类结果的互信息和纯度评价聚类结果代码如下：

```
import math
import numpy as np
import Kmeans as KM


def eva(A,B):
```

```python
# 样本点数
total = len(A)
A_ids = set(A)
B_ids = set(B)
MI = 0
Eps = 1.4 e-45
purity = 0
for idA in A_ids:
    max_purity = 0.0
    for idB in B_ids:
        idAOccur = np.where(A == idA)              # 返回下标
        idBOccur = np.where(B == idB)
        idABOccur = np.intersect1d(idAOccur,idBOccur)
        px = 1.0*len(idAOccur[0])/total
        py = 1.0*len(idBOccur[0])/total
        pxy = 1.0*len(idABOccur)/total
        MI = MI + pxy*math.log(pxy/(px*py)+Eps,2)     # 互信息计算
        if len(idABOccur)> max_purity:                # 纯度计算
            max_purity = len(idABOccur)
            purity = purity + 1.0*len(idABOccur)/total
# 标准化互信息
Hx = 0
for idA in A_ids:
    idAOccurCount = 1.0*len(np.where(A == idA)[0])
    Hx = Hx - (idAOccurCount/total)*math.log(idAOccurCount/total+Eps,2)
```

```
Hy = 0
for idB in B_ids:
    idBOccurCount = 1.0*len(np.where(B == idB)[0])
    Hy = Hy - (idBOccurCount/total)*math.log(idBOccurCount/total+Eps,2)
NMI = 2.0*MI/(Hx+Hy)
return NMI,purity


if __name__ == '__main__':
    for i in range(10):
        k = i + 1                               #类别个数
        data = KM.load_data()
        clu = KM.random.sample(data[:,0:2].tolist(),k) # 随机取质心
        clu = np.asarray(clu)
        err,clunew, k,clusterRes = KM.classfy(data,clu,k)
        while np.any(abs(err)> 0):
            err,clunew, k,clusterRes = KM.classfy(data,clunew,k)
        clulist = KM.cal_dis(data,clunew,k)
        clusterResult = KM.divide(data,clulist)
        nmi,purity = eva(clusterResult,np.asarray(data[:,2]))
        print(nmi,purity)
```

根据测试输出结果画图如图 6-67 所示，可以看出在实验数据集中当聚类个数为 6～7 时，聚类结果的互信息和纯度评价较高，综合聚类效果较好。

2. 调整 DBSCAN 算法参数，并比较聚类效果

Eps 值选择规则：如果 Eps 值选取的太小，很大一部分数据将不会被聚类，一个大的值将导致聚类簇被合并，大部分数据点将会在同一个簇中。一般来说，较小的值

比较合适，并且作为一个经验法则，只有一小部分的点应该在这个距离内。

minPts 值选择规则：通常，我们应该将 minPts 设置为大于或等于数据集的维数。大多数时候可以用特征的维度数乘以 2 来确定它们的 minPts 值。

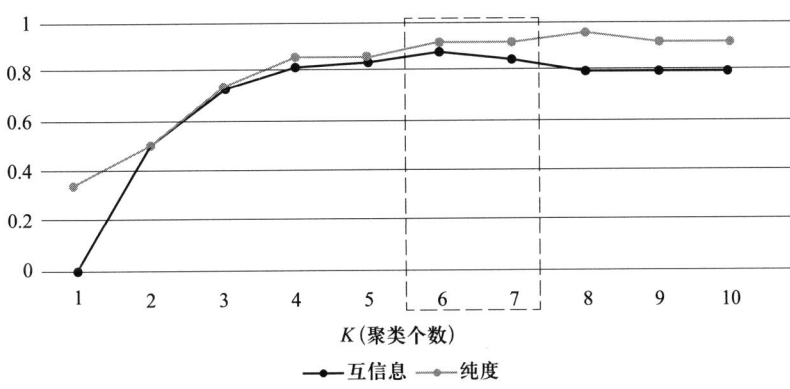

图 6-67　K-Means 变参数 K 聚类结果评价

同样采用标准化互信息和纯度评价不同参数下的 DBSCAN 效果，代码如下：

```
import math
import numpy as np
import DBSCAN as DB

def eva(A,B):
    # 样本点数
    total = len(A)
    A_ids = set(A)
    B_ids = set(B)
    MI = 0
    eps = 1.4 e-45
    purity = 0
    for idA in A_ids:
        max_purity = 0.0
```

```python
        for idB in B_ids:
            idAOccur = np.where(A == idA)                    # 返回下标
            idBOccur = np.where(B == idB)
            idABOccur = np.intersect1d(idAOccur,idBOccur)
            px = 1.0*len(idAOccur[0])/total
            py = 1.0*len(idBOccur[0])/total
            pxy = 1.0*len(idABOccur)/total
            MI = MI + pxy*math.log(pxy/(px*py)+eps,2)        # 互信息计算
            if len(idABOccur)> max_purity:                    # 纯度计算
                max_purity = len(idABOccur)
            purity = purity + 1.0*len(idABOccur)/total
    # 标准化互信息
    Hx = 0
    for idA in A_ids:
        idAOccurCount = 1.0*len(np.where(A == idA)[0])
        Hx = Hx - (idAOccurCount/total)*math.log(idAOccurCount/total+eps,2)
    Hy = 0
    for idB in B_ids:
        idBOccurCount = 1.0*len(np.where(B == idB)[0])
        Hy = Hy - (idBOccurCount/total)*math.log(idBOccurCount/total+eps,2)
    NMI = 2.0*MI/(Hx+Hy)
    return NMI,purity


if __name__ == '__main__':
    data = DB.load_data()
    cluster = np.asarray(data[:,2])
```

```
print('eps=1.5---2.4, 聚类结果评价 :')
for i in range(10):
    eps = 1.5+i/10
    clusterRes,clusterNum = DB.DBSCAN(data,eps,14)
    nmi,purity = eva(clusterRes,cluster)
    print(nmi,purity)
print('minPts=10-20, 聚类结果评价 :')
for i in range(10):
    minPts = 10 + i
    clusterRes,clusterNum = DB.DBSCAN(data,2,minPts)
    nmi,purity = eva(clusterRes,cluster)
    print(nmi,purity)
```

根据测试代码输出 DBSCAN 聚类结果如图 6-68 所示，其中 6-68a）图为固定 minPts 参数为 13，变 Eps 参数聚类结果评价，可以看出当 Eps 取值在 1.9～2.1 时，聚类效果较好；图 6-68b）图为固定 Eps 参数为 2，变 minPts 参数聚类结果评价，可以看出当 minPts 取值在 13、14 时，聚类效果较好。

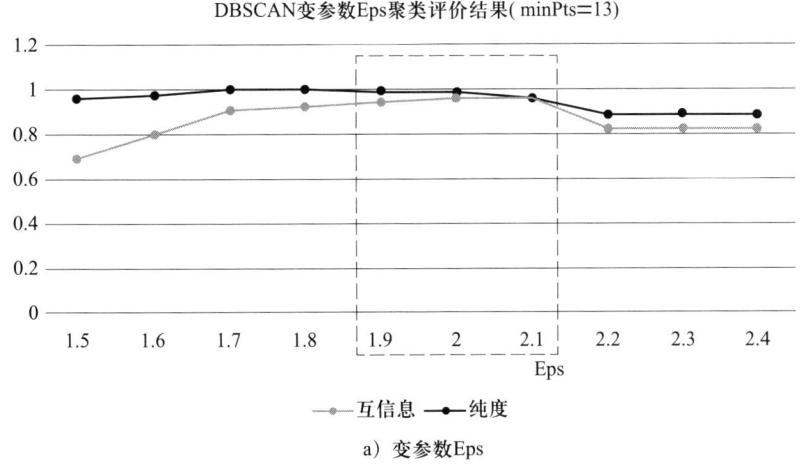

a）变参数Eps

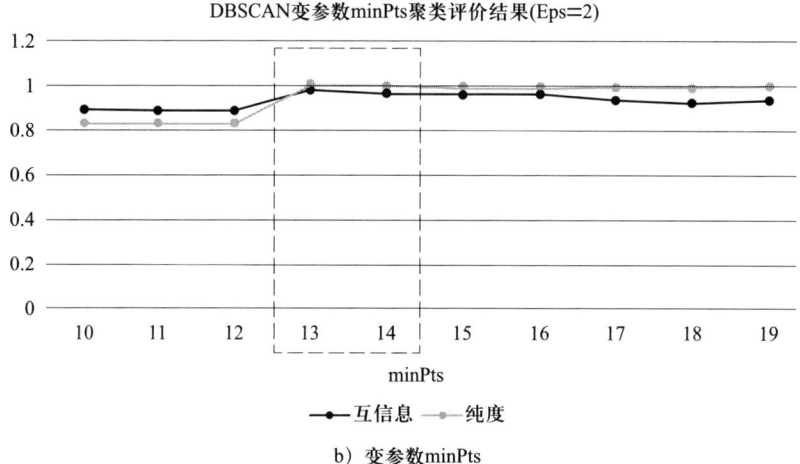

b）变参数minPts

图 6-68　DBSCAN 变参数聚类评价

思考题

1. 人工智能开源工具之间有哪些异同？

2. 工业场景深度学习算法主要结构有哪些共性？

3. 如何在现有平台下有效进行环境管理与创建？

4. 简述图学习算法的应用场景与应用数据类型。

5. 简述图学习算法的主要核心思想与现有框架之间的异同。

6. 试分析有监督学习场景与无监督学习场景之间的核心区别。

7. 有监督学习性能劣化场景的主要研究思路是什么？

8. 有监督学习性能劣化场景结合工业应用主要研究哪几类问题？

9. 有监督学习主要包含哪些主流模型结构？

10. 请简述特征增强的基本方法与其意义。

11. 请简述无监督性能劣化场景的主要挑战。

12. 请简述无监督性能劣化场景的主流模型结构。

参考文献

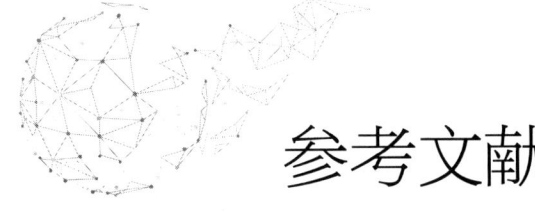

[1] 肖苏，张建芹，孙利，等. 市场调查与分析［M］. 北京：人民邮电出版社，2017.

[2] 曾令东，董鹏，王飞辉. 某工程项目需求管理实践应用分析［J］. 项目管理技术，2022，20（2）：128-133.

[3] 陈杨杨，蒋建民. 面向对象的需求规格说明文档研究［J］. 软件导刊，2020，19（4）：102-106.

[4] Stark R，Kind S，Neumeyer S. Innovations in digital modelling for next generation manufacturing system design［J］. CIRP Annals，2017，66（1）：169-72.

[5] 褚华，霍秋艳. 软件设计师教程［M］. 5版. 北京：清华大学出版社，2018.

[6] 任德凌. 面向对象的应用程序编程接口的设计与实现［J］，小型微型计算机系统，2001.

[7] 吕达. 浅析计算机网络存储技术与应用［J］. 信息通信，2016.

[8] 许萌，刘魁，阚明生. 基于远程过程调用的驱动中间件设计［C］. 北京：第十六届中国航空测控技术年会论文集，2019.

[9] 周志华. 机器学习［M］. 北京：清华大学出版社，2016.

[10] 谭志彬，柳纯录. 系统集成项目管理工程师教程［M］. 2版. 北京：清华大学出版社，2016.

[11] 尹燕杰. 产品五部曲：快速构建互联网产品知识体系［M］. 北京：机械工业

出版社，2017.

［12］Project Management Institute. A Guide to the Project Management Body of Knowledge（PMBOK® Guide），7th Edition［M］. New town Square：Project Management Institute，2021.

［13］Richard E. Neapolitan，Xia Jiang. Artificial Intelligence：With an Introduction to Machine Learning，2nd Edition［M］. Boca Raton：CRC Press，2018.

［14］Sandro Skansi. Introduction to Deep Learning：From Logical Calculus to Artificial Intelligence［M］. Cham：Springer，2018.

［15］Stuart Russell，Peter Norvig. Artificial Intelligence：A Modern Approach，4th Edition［M］. London：Pearson，2020.

［16］董越. 软件交付通识［M］. 北京：电子工业出版社，2021.

［17］戴坚锋. 软件项目开发与实施［M］. 北京：电子工业出版社，2009.

［18］Krizhevsky A，Sutskever I，Hinton G E. Imagenet classification with deep convolutional neural networks［J］. Communications of the ACM，2017，60（6）：84–90.

［19］Huang G，Liu Z，Van Der Maaten L，et al. Densely connected convolutional networks［C］//Proceedings of the IEEE conference on computer vision and pattern recognition. 2017：4700–4708.

［20］Van der Maaten L，Hinton G. Visualizing data using t–SNE［J］. Journal of machine learning research，2008，9（11）.

［21］Welling M，Kipf T N. Semi–supervised classification with graph convolutional networks［C］//J. International Conference on Learning Representations（ICLR 2017）. 2016.

［22］Hamilton W，Ying Z，Leskovec J. Inductive representation learning on large graphs［J］. Advances in neural information processing systems，2017（30）.

［23］Zhao Z，Zhang Q，Yu X，et al. Applications of unsupervised deep transfer learning to intelligent fault diagnosis：A survey and comparative study［J］. IEEE Transactions on Instrumentation and Measurement，2021（70）：1–28.

［24］Gardner M W，Dorling S R. Artificial neural networks（the multilayer perceptron）—

a review of applications in the atmospheric sciences[J]. Atmospheric environment, 1998, 32(14-15): 2627-2636.

[25] Hinton G E, Salakhutdinov R R. Reducing the dimensionality of data with neural networks[J]. science, 2006, 313(5786): 504-507.

[26] Shin H C, Roth H R, Gao M, et al. Deep convolutional neural networks for computer-aided detection: CNN architectures, dataset characteristics and transfer learning[J]. IEEE transactions on medical imaging, 2016, 35(5): 1285-1298.

[27] Hopfield J J. Neural networks and physical systems with emergent collective computational abilities[J]. Proceedings of the national academy of sciences, 1982, 79(8): 2554-2558.

[28] Smith W A, Randall R B. Rolling element bearing diagnostics using the Case Western Reserve University data: A benchmark study[J]. Mechanical systems and signal processing, 2015(64): 100-131.

[29] Lee D, Siu V, Cruz R, et al. Convolutional neural net and bearing fault analysis[C]//Proceedings of the International Conference on Data Science(ICDATA). The Steering Committee of The World Congress in Computer Science, Computer Engineering and Applied Computing(WorldComp), 2016: 194.

[30] Lessmeier C, Kimotho J K, Zimmer D, et al. Condition monitoring of bearing damage in electromechanical drive systems by using motor current signals of electric motors: A benchmark data set for data-driven classification[C]//PHM Society European Conference. 2016, 3(1).

[31] Wang B, Lei Y, Li N, et al. A hybrid prognostics approach for estimating remaining useful life of rolling element bearings[J]. IEEE Transactions on Reliability, 2018, 69(1): 401-412.

[32] Zhang Y, Zhou Y. Review of clustering algorithms[J]. Journal of Computer Applications, 2019, 39(7): 1869.

[33] 金建国. 聚类方法综述[J]. 计算机科学, 2014.

[34] Golalipour K, Akbari E, Hamidi S S, et al. From clustering to clustering ensemble selection: A review [J]. Engineering Applications of Artificial Intelligence, 2021 (104): 104388.

[35] Sinaga K P, Yang M S. Unsupervised K-means clustering algorithm [J]. IEEE access, 2020 (8): 80716-80727.

[36] Ashour W, Sunoallah S. Multi density DBSCAN [C]//Intelligent Data Engineering and Automated Learning-IDEAL 2011: 12th International Conference, Norwich, UK, September 7-9, 2011. Proceedings 12. Springer Berlin Heidelberg, 2011: 446-453.

[37] 宋董飞, 徐华. DBSCAN算法研究及并行化实现[J]. 计算机工程与应用, 2018.

后 记

在如今的社会环境中，人工智能成为重心，同时改善了数十亿人的生活，在诸多领域遍地开花，领域覆盖制造、交通、电力、金融、互联网等各行各业。人工智能产业规模增长迅速，但由于行业技术密集程度高、从业人员学历要求显著高于其他领域等原因，我国人工智能产业人才队伍还存在较大缺口。

《中华人民共和国国民经济和社会发展第十四个五年规划和2035年远景目标纲要》提出，发展算法推理训练场景，推动通用化和行业性人工智能开发平台建设。为深入实施人才强国战略，加强全国专业技术人才队伍建设，促进专业技术人才能力素质提升，根据国家"十四五"规划和2035年远景目标纲要，人力资源社会保障部、财政部、工业和信息化部、科技部、教育部、中国科学院联合发布《专业技术人才知识更新工程实施方案》，以进一步加强专业技术人才队伍建设，推进专业技术人才继续教育工作。

2019年4月，《人力资源社会保障部办公厅 市场监管总局办公厅 统计局办公室关于发布人工智能工程技术人员等职业信息的通知》（人社厅发〔2019〕48号）发布。

在人力资源社会保障部、工业和信息化部的部署和指导下，中国电子技术标准化研究院牵头开展《人工智能工程技术人员国家职业技术技能标准（2021年版）》（以下简称《标准》）的研制工作，北京航空航天大学、百度在线网络技术（北京）有限公司、上海依图网络科技有限公司、上海燧原科技有限公司、上海商汤智能科技有限公司、星云融创科技有限公司、北京旷视科技有限公司、科大讯飞股份有限公司、北京易华录信息技术股份有限公司、中国机械工程学会、第四范式（北京）技术有限公司、北京来也网络科技有限公司、青岛伟东云教育集团有限公司、中国国信信息总公司等单位共同编写。2021年9月，《标准》由人力资源社会保障部、工业和信息化部联合发布（详见人社厅发〔2021〕70号《人力资源社会保障部办公厅　工业和信息化部办公厅关于颁布集成电路工程技术人员等7个国家职业技术技能标准的通知》）。

为更好地指导人工智能从业人员开展技术技能培训和评价，补充人工智能人才缺口，根据《标准》，人力资源社会保障部专业技术人员管理司指导中国电子技术标准化研究院，组织有关专家开展了人工智能工程技术人员培训教程（以下简称教程）的编写工作，用于全国专业技术人员新职业培训。

人工智能工程技术人员是从事与人工智能相关算法、深度学习等多种技术的分析、研究、开发，并对人工智能系统进行设计、优化、运维、管理和应用的工程技术人员，共设三个等级，分别为初级、中级、高级。初级、中级、高级均设五个职业方向：人工智能芯片产品实现、人工智能平台产品实现、自然语言及语音处理产品实现、计算机视觉产品实现、人工智能应用产品集成实现。

与此相对应，教程也分为初级、中级、高级培训教程，分别对应其专业技术考核要求。此外，《人工智能基础知识》对应标准基本要求部分。《人工智能基础知识》教程是各等级培训教程的基础。

在使用本系列教程开展培训时，应当结合培训目标与受训人员的实际水平和专业方向，学习应掌握的内容。在人工智能工程技术人员各专业技术等级的培训中，《人工智能基础知识》是初级、中级、高级工程技术人员都需要掌握的；各职业方向培训过程中，可以根据培训方向与受训人员实际，选择掌握人工智能芯片产品实现、人工智能平台产品实现、自然语言及语音处理产品实现、计算机视觉产品实现、人工智能应用产品集成实现五个职业方向的相应内容。培训考核合格后，获得相应证书。

初级教程是《人工智能工程技术人员（初级）——人工智能芯片产品实现》《人工智能工程技术人员（初级）——人工智能平台产品实现》《人工智能工程技术人员（初级）——自然语言及语音处理产品实现》《人工智能工程技术人员（初级）——计算机

视觉产品实现》《人工智能工程技术人员（初级）——人工智能应用产品集成实现》。上述五册分别涵盖了《标准》中相应职业方向初级应具备的专业能力和相关知识要求。

本教程适用于大学专科学历（或高等职业学校毕业）及以上，电子信息类、自动化类、计算机类等工科专业学习背景，具有较强的学习能力、计算能力、表达能力和逻辑思维能力，参加全国专业技术人员新职业培训的人员。

人工智能工程技术人员需按照《标准》的职业要求参加有关培训课程，取得学时证明。初级 64 标准学时，中级 80 标准学时，高级 80 标准学时。

本教程是在人力资源社会保障部、工业和信息化部相关部门指导下，由中国电子技术标准化研究院组织编写，来自北京航空航天大学、西安交通大学、华南理工大学、江南大学、南京理工大学、华中科技大学、上海商汤智能科技有限公司、第四范式（北京）科技有限公司、北京数美时代科技有限公司、北京易华录信息技术股份有限公司、武汉船用机械有限责任公司、北京来也网络科技有限公司等高校及科研院所、企业的人工智能领域的核心专家参与了编写和审定，同时参考了多方面的文献，吸收了许多专家学者的研究成果，在此表示衷心感谢。

由于编者水平、经验与时间所限，本书的不足与疏漏之处在所难免，恳请广大读者批评与指正。

本书编委会
2022 年 11 月